数学教学论与案例分析

罗敏娜　王　娜　著

机械工业出版社

本书是一本以一般教学论为基础，广泛地应用现代教育学、心理学、逻辑学、数学教育学等方面的有关理论、思想和方法，参考国内外数学教育改革特别是我国基础教育课程改革的现状，将互联网信息技术与数学教育有效整合，依据教育部印发的《义务教育课程方案（2022 年版）》与《义务教育数学课程标准（2022 年版）》等，集作者长期工作经验之作。本书的特点是通过案例分析综合研究了数学教学活动的特殊规律、内容、过程与方法，并结合课堂教学实例介绍了 7 种不同的课堂教学模式。

本书可作为高等师范院校本科生数学教育的教学用书，也可作为攻读数学课程与教学论专业的研究生、攻读教育硕士专业学位的研究人员的学习用书，还可作为中学数学教师的教学参考用书。

图书在版编目（CIP）数据

数学教学论与案例分析/罗敏娜，王娜著. —北京：机械工业出版社，2023.8（2025.2 重印）
ISBN 978-7-111-73688-2

Ⅰ.①数⋯ Ⅱ.①罗⋯ ②王⋯ Ⅲ.①数学教学-教学研究 Ⅳ.①O1-4

中国国家版本馆 CIP 数据核字（2023）第 154399 号

机械工业出版社（北京市百万庄大街 22 号 邮政编码 100037）
策划编辑：汤 嘉 责任编辑：汤 嘉 赵晓峰
责任校对：张晓蓉 刘雅娜 陈立辉 封面设计：张 静
责任印制：常天培
北京机工印刷厂有限公司印刷
2025 年 2 月第 1 版第 3 次印刷
169mm×239mm · 18.25 印张 · 324 千字
标准书号：ISBN 978-7-111-73688-2
定价：68.00 元

电话服务 网络服务
客服电话：010-88361066 机 工 官 网：www.cmpbook.com
010-88379833 机 工 官 博：weibo.com/cmp1952
010-68326294 金 书 网：www.golden-book.com
封底无防伪标均为盗版 机工教育服务网：www.cmpedu.com

前　言

　　为了适应当前形势下，中学数学教育与教学研究的新课题，如数学课程标准理念下的数学教学活动、现代信息技术与数学教学的整合、研究性学习等内容，结合当前中学数学课程改革的具体情况，我们组织编写了本书。

　　本书理论部分广泛借鉴了数学教育学的很多成果，尤其是马忠林先生主编的《数学教学论》。本书分为四部分，共计 8 章。第一部分：主要介绍教师备课情况、课程设计、教案编写、课程实施、课程评价和教师能力，是本书的基础，此部分是第 1 章内容；第二部分：主要介绍中学数学课程标准及数学课程结构，通过案例分析初、高中的数学课程标准的具体内容及数学知识、过程、思想及能力，此部分是第 2、3 章内容；第三部分：主要介绍数学学习的基本理论、基本原则，解决数学能力与思维培养等问题，这部分是本书的重点，包括第 4~6 章内容；第四部分：主要介绍中学数学课堂教学方法和教学模式，并以教学案例形式介绍不同的课堂教学模式，包括信息技术影响下的新教学模式，为学生提供了自学资料，也为教师的教学提供了参考资料。这些教学案例分析由中学一线教师和教育硕士生共同取得的实践性成果精选汇编而成，此部分是第 7、8 章内容。

　　由于作者水平有限，书中难免有不足之处，恳请读者批评指正。

罗敏娜

目　录

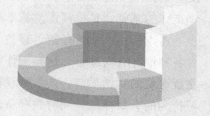

第 *1* 章

中学数学教师的基本工作

中学数学教师的主要工作有数学教学工作和班主任工作两个方面，而数学教学工作是教师最基本的工作。教学工作是指在特定环境下，在一定的时间内，有计划、有步骤地使学生学会《教学大纲》中所规定的基础知识和基本技能，并形成一定能力的一系列工作的总称。它主要包括备课、课程设计、教案编写、课程实施、课程评价、教师能力等。

1.1 备课

　　备课是教师根据学科课程标准的要求和本门课程的特点，结合学生的具体情况，选择最合适的表达方法和顺序，以保证学生能够有效地学习。备课是整个教学工作的基础，是提高课堂教学质量的关键和保证。

　　古人云："思则有备，有备无患。"也就是说，人们要善于思考，才有可能对各种情况有所准备，这样工作才能做得更好，能防患于未然。而备课作为教师在授课前的起始环节，是教师获得最佳课堂效果的前提，也是教师教学和学生学习行为的有效体现，同时教师备课扎实不扎实，准备是否充分，也直接影响着课堂教学的效果。因此，教无止境，备课亦无止境。

1.1.1 教师备课的重要性

　　教学规律告诉我们：学生是认识的主体，教为学服务。离开学生的学，教师教得再好也毫无意义。但是现在教师的备课多数备的是"讲案"，教师只是关注了自己在课堂上如何讲，而没有关注学生在课堂上会如何学，把学生当成了储存知识的容器。所以教师课前的备课就在课堂教学中显得特别重要。

1. 备课是提高课堂教学效率的前提与基础

　　备课的深度和广度直接影响着课堂的效率。同样一节课的内容，不同的教师设计出的教学方案对教材纵向、横向的理解，对教材中本节知识点重、难点的把握是不同的，出现这样的结果，究其原因就是我们在备课时没有对教材进行纵向、横向的深入研究，没有对教材、知识点进行深度的挖掘。一节优质的课，是教师对所教知识深入理解挖掘后才有的一种高度认识，可见教师对教材的理解、教材的把握、知识点本身深度和广度的开发决定了一节课的高效率和高质量。只有备好课才能上好课，才能提高课堂的效率和质量。

2. 有效备课能减轻师生负担

　　教师认真地备课、上好课，才能减轻学生的课业负担，以比较小的代价换取较大的效果，这就是良性循环。而在违背教学规律的情况下，教师的工作重心出现本末倒置现象。他们没有把更多的时间和精力用于认真备课、上好课，而是把主要精力和时间放在批改作业、课后辅导和频繁的考试上，这就造成了教学过程的恶性循环。所以，有效备课就是变恶性循环为良性循环。

3. 备课是教师专业成长的桥梁

　　备课中，教学设计能力既是教师的一种综合教学能力，又是一种创新能力，它在教师教学能力中居于核心地位。我们经常说要提高教师的专业化发展水平，如何提高？那就是需要脚踏实地、一步一个脚印地"磨课"，特别是一些特级教师的课例都会让我们看到"磨课"的影子，就像著名特级教师窦桂梅老师说的"三个超越"中提到的：教师一定要在备课中下功夫，做到尊重教材、超越教材。如果你能耐得住寂寞，守得住清静，把备课当成一种学习、提升、修炼的过程，你也可以成为"名师"。

1.1.2　教师备课备什么

随着新课程改革的不断深入，如何提高课堂教学的有效性，提高学生的学习效率，是教师面临的巨大挑战。"数学新课程标准"中明确指出，学生是学习的主体，教师是教学的组织者、引导者与合作者。学生学什么、怎么学、学得怎么样？都需要教师在课前精心地去设计。俗话说："磨刀不误砍柴工"，教学是一门艺术，而作为艺术创造和再创造的备课，自然在整个教学过程中具有举足轻重的作用。

教师备课，要备课标、备教材、备学生、备教法、备平台、备课件与教具、备语言、备导入、备练习、备小结、备反思等。

1. 备课标

"数学课程标准"是课程改革中指导数学教学的纲领性、指导性文件。它规定着数学学科的性质，数学课程的教学目标、教学要求和教学内容，是编写数学教材的依据，也是检查和评估数学教学质量的重要标准。作为教师必须了解数学课程的性质演变、了解数学内容学时设计、掌握课程教学目标。我们在把握数学课程目标时应注意以下三个方面：

1）一个注重。指课程标准首次将情感与态度作为目标单独设置，这足以体现出它在学生的数学学习中所起的重要作用。

2）课程目标的整体性。指知识技能、数学思考、解决问题和情感态度四个目标是一个密切联系的有机整体。这四个目标在教学中是同时、并列进行的，是不可分割的，既要强调知识与技能，更要强调过程与方法、情感态度与价值观。

3）课程目标的交融性。指知识与技能、过程与方法、情感态度与价值观三维目标应该相互交织、互相渗透、融为一体。

2. 备教材

教材是教学目标的载体，是课程内容的具体表现形式。备教材时应注意以下几个方面：

1）深研教学大纲和教材。钻研教学大纲，就是要了解教材体系和内容安排，明确本学科教学目标要求、内容范围和教学方法上的要求。钻研教材是指教师要反复钻研、透彻地掌握教材的全部内容，掌握教材体系的安排。

2）把握教学的重点。备课时要突出重点。一节课内，首先要在时间上保证重点内容重点讲，要紧紧围绕重点，以它为中心，辅以知识讲练，引导并启发学生加强对重点内容的理解，做到心中有重点。

3）突出教学难点。难点是数学中大多数学生不易理解和掌握的知识点。难点和重点有时是一致的。备课时要根据教材内容的广度、深度和学生的基础来确定，一定要注重分析、认真研究、抓住关键、突破难点。

4）联系知识的交点。数学知识本身系统性很强，章节、例题、习题都有密切的联系，要真正搞懂新旧知识的交点，才能沟通知识间的纵横联系，形成知识网络体系。不能讲一节备一节，开学前至少要把一本教材读一遍，知道哪些知识以前何时学过、是如何讲的，哪些知识是后面要用到的重点。

5）找出疑点问题。备课时要结合学生的基础及实际能力，找准疑点，充分准备。教师课前要做好充分准备，有意识地设置悬念，多用启发、讨论等教学方法，让学生积极思考、提出质疑，引导学生分析判断，教师指导则点到为止，让学生自己把能力充分发挥，将疑点搞清楚。

对新教师来说，还应广泛阅读有关教学资料和积累教学经验，贵在持之以恒，不断汲取新知识、发现新问题、学习新经验。

3. 备学生

陶行知先生曾说过："教什么，怎么教，绝不是凌空可以规定的，它都包括了人的问题，人不同，则教的东西、教的分量和教的次序都跟着不同了。"这就是说要因材施教，充分体现了教育"以人为本"的理念。在备学生环节，教师应了解学生以下三点内容：

1）了解学生的学习基础。数学教学中要让学生能很好地主动参与学习，必须根据学生的基础，创设能够参与学习的情境。教师首先应了解学生已经知道了什么、会做什么、能回忆起什么，进而在学习过程中分析哪些地方学生容易出现障碍，可能出现哪些误解。

2）了解学生的学习态度。学生的学习态度，不仅与学生的考试成绩有着直接的关系，而且与每位教师都有着直接的关系，应该纳入全体教师的工作职责。"态度决定一切"，态度的缺失是根本性的缺失。数学教学特别要注意培养学生积极的学习态度，了解学生对新的学习内容是否喜爱或抱有偏见，以及学生喜欢什么教学媒体或学习方式。

3）了解学生的学习方法。分析学生的作业、试卷，与学生交谈，找有代表性的学生摸底调查，与学生家长交谈，了解学生的基础知识、学习兴趣、学习态度、学习习惯。通过查阅任课教师的点名册及学生成绩册，了解学生的课堂学习状况并进行综合分析。

4. 备教法

一种好的教法只有在一定的教学条件下才能发挥积极作用，任何教法都不是放之四海而皆准的，应当视教学内容和教学对象而定，巧妙地将几种教法有机组合，才能产生理想的效果。教学的方法很多，如讲授法、谈话法、实验法、阅读指导法、自学辅导法、程序教学法、范例教学法、讨论法、发现法、欣赏法、角色扮演法等。这些教学方法都有着自身的特点、使用条件及应用范围。教师只有真正掌握了多种教学方法，才能根据特定的教学内容和教学目标，选择出符合学生认知规律、有利于发挥自身特长的教学方法。

一般来说每节课至少要有三种方法交替使用，这样才不至于使学生听课产生枯燥乏味的感觉。应根据课的性质，每节课以一种方法为主（如新授课以系统讲述为主），同时辅以其他方法。备教法很重要的一项原则是教师必须考虑学生的实际情况，选择不同的教授方法。备课时要尽量做到选用的教学方法富于变化。

任何一种教学方法都不是万能的，都有各自的优点和特定的功能，又有其不足的地方。有效的备课不仅要考虑具体教学方法的使用，更要考虑包括教学方法、组织形式及课堂管理因素的组合，应该使之形成一个连贯的整体，为实现课堂教学目标服务。

5. 备平台

各高校都在努力打造数学精品课，教育部以及各省市也在努力建设各种教育公共资源服务平台，如一师一优课、教学助手、优芽互动微课、科大讯飞等。利用这些平台能够提升教师的备课能力。因此，教师很有必要了解相关数学课程的网络平台、数据库平台、期刊平台等共享资源，以提升数学课程的备课金课率、降低水课率。

6. 备课件、教具

课件和教具在教学过程中起到重要的作用，有利于增强教学直观性和可操作性，加深学生对数学知识的理解和掌握。教师在备课时应根据教学的实际需要和教学方法的要求，利用新媒体技术，设计或开发适合于本课使用的教学课件、教学视频（微课）或实物模型等。

7. 备语言

有人说："教师是一名艺术家，是一个相声演员，必须想办法说好属于自己的单口相声"。这就要求教师不仅有熟练的专业知识，更应有独特的语言吸引学生。备课时要构思好教学语言，并且使自己的语言有感染力和吸引力。

8. 备导入

导入也属于语言准备方面，每节课导入很重要，它能引起学生学习的兴趣，让学生乐于思考、乐于探究。在课堂教学导入方面应注意：注重导入的趣味性、新颖性、针对性和主体性。

9. 备练习

练习是对一节课知识的检验，这既检验教师的教，也检验学生学的效果。所以练习要有针对性、层次性，针对重点、难点，一般由浅入深。教师在备课时，对一节课的练习做到心中有数，尤其是课后练习和练习册上的题目，有的内容有一定难度，在教材中涉及不多，教师在讲课时，就要适时有意渗透。

10. 备小结

小结是对一节课的总结，是该节课知识的凝练和升华，同时也能为下一节课埋下伏笔，让学生增加对知识的渴望。在小结上应力求做到：点明本节课的课题，讲清几个问题间的联系；强调重点和难点。

11. 备反思

反思时，教师要重视理论对分析的价值，教师虽然要结合具体问题进行分析，但是不能单纯凭经验分析问题。反思时，教师要重视理论对制定解决方案的价值，把已有的研究成果作为制定解决方案的重要参考。反思时，教师应当了解，在总体上反思是面向未来的。教师通过反思来不断改进、完善教学过程，使自己今后的教学能够更上一层楼。

总之，备好课不仅是上好课的重要前提，而且是提高教学质量的基本保证，也是教师不断丰富自己的教学经验和提高教育教学水平的重要途径。因此，在备课时教师要认真设计自己的教学方法，要坚持"教学有法，但无定法，贵在得法"的原则。作为一名数学教师，要充分认识备课的重要性，只有不断地努力，力争备好每一节课，才能最终将完美的课程展现在学生面前，才能让学生在课堂教学活动中既学到了知识，又提升了能力，从而达到高效的课堂教学效果。

1.1.3 教师备课的形式

教师备课分个人备课、合作备课、集体备课三种形式。个人备课是教师自己专研学科课程标准和教材的活动。合作备课是以学生存在的突出问题和学生发展的实际需要为基点，以数学教师为研究的主要力量，通过一定的合作程序与研究取得相应的成果，并将研究成果直接用于课堂的教育教学之中。集体备课是由相同学科和相同年级的教师共同钻研教材，解决教材的重点、难点和教学方法等问题的活动。那么教师应该怎样进行备课呢？这要根据不同的备课形式，提出不同的要求和采取不同的方法。

1. 个人备课

教师的个人备课是集体备课的基础，个人备课要遵循以下四条：

1）要根据学科教学计划的要求，认真钻研教学大纲和教材，这是备课的基础。

2）要在确定双基目标的基础上，落实思想品德教育和美育教育及每节课的目标要求，这是备课的关键。

3）要在深入了解学生实际情况的同时，了解学生的学习态度和兴趣、学习方法和意志，有针对性地激发学生的求知欲，这是备课中不可忽视的。

4）教师要在全面掌握全局的基础上，有目的地设计教学程序，对其讲授的内容、基本训练、教学方法、教具使用、复习提问的内容、板书设计、作业选择等，想好如何设计、怎样安排，并且都要周密计划好，使教学成为有目的的系统活动。在此基础上，要求教师写出课时计划，这是备课的重点。

2. 合作备课

合作备课成为教师合作交流、相互学习、各展所长、共享智慧的平台。一方面，教师可以在自己的强项上充分展示自己的才华，为其他的教师提供借鉴；另一方面，也可以把教师从繁重的教案书写中解放出来，把更多的精力投入到研究中去。因此它是提高教师专业水平和课堂教学质量的一种行之有效的良策。但是合作备课的组织与安排要受到各种客观条件的制约，仍然要有固定的组织、统一的时间、固定的地点，这在形式上很容易做到，但在实际操作中效果却不理想。比如，合作备课的时间长短无法固定，备课成员仅限于同一年级或同一学校的数学教师。

3. 集体备课（团队备课）

集体备课是指以备课组为单位，在教师个人钻研的基础上集体进行的教学研究活动。其目的是集中智慧共同讨论研究教学中的普遍性问题，使教学有目的、有计划地进行，以便提高教学质量。集体备课主要通过参加学年组的集体备课会议进行，其主要任务是：

1）讨论与制定学期教学计划、进度。

2）在讨论明确每章节和单元教学目的、重点的基础上讨论每节课需统一的问题。

3）讨论研究教材中的疑难问题。

总之，备课是一门艺术，艺术的生命在于创新，备课也应该不断创新。无论是小组还是个人，都应具备创新意识，博采众长，尝试网络合作备课，利用 QQ、论坛、个人空间、博客收发信息、浏览信息栏等方式。

1.2 课程设计

课程设计是按照课程目标将教材文字表达的课程内容，按照时间或空间的结构，设计成课程实施所需形式的过程。为了保证数学课程设计的科学性和有效性，本节以注重培养学生数学素养及创新创造能力为目标，对数学课程设计的概念进行一定的论述，研究数学课程设计的原则和数学课程如何进行内容的设计。

1.2.1 数学课程设计概述

数学课程设计是指依据教学目标，在教育学、心理学等理论的指导下，对数学课程内容的编排方式的设计，以使课程的展现过程不仅具有可接受性，而且有助于学生形成良好的数学素质。针对数学课程的特点，进行数学课程设计时注意以下几个方面：

1. 确定教学目标

教学目标包括课程目标、学年（学期）教学目标、单元教学目标和课时教学目标。课时教学目标主要描述学生通过学习后应知、应会的行为变化。应该做到教学目标具体明确，恰如其分。

2. 处理教材内容

根据本班学生的具体状况和教学的实际进展情况，对教材做出适当处理。可分两步进行：第一步，划分课时和分配教学任务并加以适当的分解组合，安排到各节课中；第二步，针对每一节课的教材内容，根据该课的教学目标做出处理，使教材内容的展开转化为一系列的教学活动。

3. 安排教学过程

做到重点突出、层次清楚、结构紧凑、过渡自然、方法灵活，让学生主动参与学习和探究，以实现课堂教学过程的最优化。教学过程包括复习准备、知识准备、教具及 PPT 课件准备；导入新课，激发学生兴趣和学习动机；讲授新课及练习，注意展示数学知识的发生发展过程，并让学生积极讨论学习；小结及教学反思等过程。

4. 选择教学方法

一节课采用哪些教学方法，应根据教学内容和学生的具体特点，教师灵活选择教学方法，但要注重体现学生自主学习，调动学生学习的积极性，把课堂还给学生。

5. 设计练习内容

应着重考虑以下几方面的问题：内容的针对性、安排的层次性、形式的多样性、要求的差异性、反馈的有效性、量和质的辩证性、活动性和游戏性。

1.2.2 数学课程设计的原则

数学课程设计的结果是一个完整的教案，由于课程标准下的数学教材注重与学生的生活实际联系，注重从学生实际情况出发，强调学生的活动与实践，强调数学的产生和发展过程，强调学生参与和探究，教师需要发挥自己的能动性和创造性，构思、安排教学环节及其细节。数学课程设计仍可采取多种形式，它应该遵循一些基本原则。

1. 数学教育重视发展学生的数学能力

数学能力使学生理解数学的概念和方法，并且在各种情况下辨明数学关系。它帮助学生逻辑地推理，解决一些常规的和非常规的问题。数学能力要求学生能够用数学方法阅读文献，能够用口头和书面的形式表达数量的和逻辑的分析。数学能力强的学生能够在他的日常生活中使用数学，他们将是数学思想的明智使用者，接受或拒绝表面上有数学论证的主张，他们将会用数学眼光看事情，知道什么时候数学的分析有助于把问题解释清楚。他们将有充分的数学知识去进行选择以及进一步学习要求精通数学的课程。

2. 基于核心素养的数学课程设计

学生可以在数学计算过程中归纳知识并提高核心素养。数学的一些定理、性质虽然比较抽象，但是却具有很强的实用性。在运用这些公式、定理解决问题时，也要注意进行总结、归纳、提炼、引导，让学生在学习中不知不觉地提升核心素养。另外，很多学生觉得数学的知识点"多且杂"，例如：仅是求极限就有多种方法，容易出现知识点混淆的问题。面对这种情况，数学教师可以结合教材中的具体案例进行讲解。如通过归纳可以得到求导的基本方法——定义法，对于

$y=f(x)$ 的导数，就是求 Δy 与相应的 Δx 的比值的极限。数学讲究做题步骤和做题思路，在练习的时候要及时归纳总结。通过这种形式，学习者不仅对数学知识有了更加深刻的印象，也能够从中逐渐掌握学习方法，形成核心素养。

3. 数学课程应当使用多媒体计算机教学

我国的现代教育正逐步摆脱传统的"教师——黑板——教材——学生"的教学模式，提出大力发展素质教育，提倡培养学生的积极主动性、创新能力及自主学习的能力。为适应学生学习的需求以及教育发展的需要，我们的教学引入了多种多样的教育技术手段。利用多媒体信息技术将那些抽象的语言用具象的方式呈现出来，降低学习者的理解难度。例如：学生在研究曲线斜率这个问题时，可以先通过几何画板展示运动的过程，从而得到了切线的定义——割线的极限位置就是切线，能让学生感受数学概念的发展过程，了解当时数学家是如何研究这个问题的。再讲授切线斜率与割线斜率的关系，加深学生对极限思想的理解。

4. 课程的每一部分都应当由其本身的价值来证明其必要性

数学提供了如此丰富、有趣、有用的思想，以至难以挑选。然而，课程中不能仅仅因为现在已经有了的概念或技能就应当保留。虽然在现在的课程中有许多是有效的，但是我们不能再把"课程中已经有了"作为这个课题应当保留的主要理由。

5. 数学教学应当促进学生积极参与教学

恰当使用新技术要求有新的数学教学方法，使学生成为更积极的学习者。除了使用新技术之外，关于学生如何学习的研究，人们提出了更多教数学的有效方法。数学教学必须适应这两方面的发展，大多数的数学教学不再适于传统的"老师教、学生被动地听"的模式。没有单独的一种教学方法，也没有一类单独的学习经验能够提高各种数学能力，需要的是各种活动，包括学生之间的讨论、实习作业、重要技术的实践、独立解决问题、日常的应用、调研工作以及教师讲解。

1.2.3 数学课程内容的设计

有了课程设计的原则作为依据，如何根据学生的心理特点将知识有效地传授给学生，使学生的学习达到事半功倍的效果是教育者共同关注的问题。学生对课程内容的认知历程包括感知、记忆、想象、思维等一系列的认知活动。我们将从数学课程内容的预热化、生活化、问题化、综合化几个方面进行讨论。

1. 数学课程内容的预热化

学生在认知新的课程内容时，必然要以已有的知识经验作为基础，要让已有的知识经验迅速地从大脑的库存中提取出来，"接近"将要学习的内容并活跃地进行新旧知识的相互作用，就需要"预热"。

1）需要找到新知识的"生长点"，同化新知识。如在"等腰梯形的特征"的教学中，要找准新旧知识之间的联系点——等腰三角形、平行四边形的特征，确保学生用于同化新知识的生长点。

2）指导学生自学，提高学习效率。自学和预习是良好的学习习惯，更是一种能力。教师可选择一些适合学生自学的课程，在课堂上指导学生自学，培养学生的预习习惯和自学能力。

3）积累经验，收集信息。指导学生通过有目的的观察、调查访问、实地勘探、动手实验等实践活动来获取新内容学习的相关经验，以及利用图书馆、实验室、校外的青少年活动基地等社区资源，或者上网收集相关信息，作为学习新知识的途径。

例如：在学习概率知识前，让学生收集有关概率知识的信息。学生经过查资料、上网及亲自试验"掷硬币"等各种形式，在对概率知识产生的历史有一个前期了解后，对应用概率知识有很好的推动作用。因此，让学生主动涉及与新知识有关的预习活动，在探索中有所体验、有所发现，再带着问题在合作中进行交流、重组，在学习中成长，在学习中发展。

2. 数学课程内容的生活化

让课程回归生活是课程改革的重要理念。课程内容的生活化，就是要充分注意课程内容与学生现实生活的联系、与经验世界的联系，促进学生运用来自现实生活的个性化经验去理解、把握所要学习的知识，在已有经验和新学知识之间实现结合并融会贯通，使学生的认知结构得到重建和改组。

学生的生活经历使学生有切身的感受与体会，更"刻骨铭心"。如果我们在教学过程中能让学生把知识与自己身边的事例相联系，并从中去感悟和领会其中的真谛，想必会事半功倍。这不仅有助于激发其学习的自信心和进取心，感受到自我价值，也能激发巨大的求知欲和学习内驱力。学生对于身边的生活事物比较熟悉，更能激发学生的学习兴趣。

例如：在"同类项"的教学中，首先给出一些动植物图片，让学生进行分类，分成植物类和动物类。每个学生都能做到，学生们也能感到新奇。这时教师抓住时机，自然地过渡到同类项的分类中来，分类的方法是把字母相同和指数相同的找出来。这时，学生会很自然地应用刚刚在动植物分类中形成的程序，先看字母，再看字母的指数。动植物的分类是按外部形态，而多项式的分类是按字母的系数和次数。因此学生将很快明白同类项的定义。

3. 数学课程内容的问题化

"问题"是指在目标确定的情况下却不明确达到目标的途径或手段。"问题"能揭示矛盾、激起疑惑，推动人们产生解决问题的欲望。课程内容的问题化，事实上是将"定论"形式陈述的材料转化为引导学生探究的"问题"形式，变被动接受式学习为主动探求式学习。新课程的实验教材已经基本采用这种方式呈现课程内容，这就要求教师们应创造性地使用教材，"制造"各种问题，挑起学生认知上的矛盾，形成认知冲突，使处于问题情境中的学生有强烈的追本求源的欲望，并通过解决一个又一个问题、与同学合作与探索，达到自主地建构知识、发展智慧与能力的目的。

例如：现实问题"测量不能直接到达的池塘两端的距离"就可以在学习等腰三角形、直角三角形、中位线等知识的课堂中作为问题引入，吊起学生的"胃口"，使他们跃跃欲试。这种基于开放问题的数学教学，重在帮助学生适当地将问题情境数学化，充分利用学生运用生活中的表象储备和生活积累来激活学生的想象力，发展学生的思维能力，促使学生运用自己的知识和技能寻找数学规律或关系，解决问题，检验结果。亲身经历"做数学"和"用数学"的过程。

4. 数学课程内容的综合化

课程内容的综合化是指数学知识与其他学科知识的综合。生活在内容丰富的社会环境下的学生，其需求和兴趣不在于某个学科，而在于他们生活中遇见的真实事件。如果学生的需求与兴趣合理，我们就可以将这些事实作为切入口，并将其作为教学活动中讨论的中心。

采用预热化、生活化、问题化和综合化的方法处理数学知识，可以使数学知识更能被学生接受，让学生感到亲切、自然、易学，不再那么"可怕"，真正使数学成为大众的、有价值的数学。

1.3 教案编写

教案是教师为顺利而有效地开展教学活动，根据教学大纲和教材要求及学生的实际情况，以课时为单位，对教学内容、教学步骤、教学方法等进行具体设计和精心安排的一种实用性教学文书。

教案编写的好坏是决定教学目的能否实现的重要因素之一，不重视教案的编写就等于在打一场没有周密计划的战斗。这节课主要讲述教案编写的基本内容、基本要求和教案的实施与完善。

1.3.1　教案编写的基本内容

教案编写一般要符合以下要求：明确教学目的，具体规定传授基础知识、培养基本技能、发展能力以及思想政治教育的任务，合理地组织教材内容，突出重点，解决难点，便于学生理解并掌握系统的知识。恰当地选择和运用教学方法，调动学生学习的积极性，面向大多数学生，同时注意培养优秀生和提高后进生，使全体学生都得到发展。教案编写由以下部分组成。

1. 说明部分

主要包括：授课班级、授课时间、授课教师、课型、教具使用、目的要求、教材处理意见（教学重点、难点和关键）和教学方法等。

以上内容有些可以省略。只有明确使用某种成型的教学方法时，才需要写明方法的名称。教学目的和教材处理意见都必须详细写。

2. 具体教学过程

教师要根据不同的教学目的选择不同的课型，并按课型的不同要求，结合其他备课结果，具体设计教学过程的计划。下面具体讲解教学过程设计的基本内容。

1）复习引入。这个环节应实现以下几个目的：①复习旧知识；②检查学生的学习情况，一般通过提问等教学方式；③引入新课，要讲清新课学习的必要性，激发学生的好奇心和学习兴趣，为新课讲解打好基础；④集中学生注意力，由于课间休息，可能使学生产生某方面的兴奋，造成学生注意力的分散，因此，教师应注意集中学生的注意力。

具体地说，复习引入应主要写：复习的内容及答案、复习采取的方式、学生可能出现的错误及纠正方法、引入新课的具体步骤以及引入采取的方式。

2）讲授新课。这个环节应实现以下几个目的：①理解新知识，即掌握新知识的本质，理解与其相关或相反知识的区别和联系，明确新知识同客观事物的关系；②记忆新知识，即要使学生准确表述知识的本质，教师应采取措施帮助学生记忆；③理解新知识的应用，教师应讲解新知识的作用和使用方法。

具体地说，讲解新课应主要写：知识本质的剖析过程、知识成立的条件、知识的准确表述、新知识同旧知识的区别和联系、知识的记忆方法、知识的数学符号和图形表述、知识应注意的问题以及各内容的实施应采取的方式等。

3）巩固新课。这个环节应实现以下几个目的：①掌握新知识，即达到对新知识的初步运用；②进一步记忆和表述知识，即结合具体例题、习题记忆新知识；③明确新知识应用的范围，即所选例题、习题应较全面地反映新知识的应用范围；④学习或模仿新知识的使用方法，即通过例题的示范作用，使学生掌握新知识的使用方法；⑤使学生形成一定的技能和能力，即让学生通过习题解答的具体训练形成某些基本技能和能力。

具体地说，巩固新课应主要写：例题和习题的具体内容、例题和习题的解法的思路分析、例题的标准书写格式、习题的答案、学生练习中可能出现的问题及解决办法、例题讲解应注意的问题以及各具体内容实施时所采取的具体方式等。

4）课堂小结。这个环节应使学生从整体上对新知识有更深刻的认识，即对该节课主要内容的概括和总结，要围绕教学重点和难点进行，并对学生提出具体要求。

具体地说，课堂小结应主要写：新知识的总体认识、新知识使用时应注意的问题、对学生的具体要求等。

5）布置作业。这个环节应实现以下几个目的：①进一步加强记忆水平；②进一步加强训练；③检查学生的学习情况。

布置作业应主要写：所留作业的题号或具体内容、为顺利完成作业所需要的必要提示。

3. 注意事项

注意事项是对教学过程中某些具体问题的补充说明。教师在备课时，通过设想具体的教学情境，设计的具体教学过程并不一定很适合学生的实际情况，这就需要改变教学过程。这里应着重写各教学环节中可能出现的各种问题及其解决方法。比如教学关键是为分散难点而设立的，但必须是学生很熟悉的，如果在复习引入的过程中，发现学生对所设的关键几乎全忘了或掌握不准确，这说明关键的设计不符合实际情况，教师应改变教学过程。为使教学过程的变化成为有目的、有计划的变化，就必须在备课时有所考虑，其结果应写在注意事项中。学生回答问题或做练习题中可能出现的各种解答，哪些是正确的，哪些是错误的，教师应如何引导学生得出正确答案。讲解某个问题时，如果发现学生没理解，教师应从哪些方面进一步地讲解，而不是重讲一遍。诸如此类问题，在教学过程中经常发生，如果新教师没有充分准备就可能会"挂黑板"，甚至影响教学目的的实现。

4. 教学反思

新课程把教师的教学反思作为教学改革的一项重要措施，这是一个很值得关注和研究的问题。数学教学反思有助于数学教师自身的发展与成长，教学反思被认为是"教师专业发展和自我成长的核心因素之一"。在课堂教学之后，教师对自己教案的设计、教学过程和教学效果进行反思。主要包括教学中的优缺点，学生在学习过程中出现意外现象或问题及自己解决的基本过程，学生练习时提出的特殊解法等。学会做有跨度的反思，做"贴着地面走的反思"，做有显著效果的反思，提升自身业务能力，提高教学质量，以促进教师和学生的共同发展。

教学反思的形式：一是记教学日志形式；二是建立教学反思档案袋；三是批判性对话。

总之，教学反思应该成为教师的一种生活态度，不仅在反思中寻找解决问题的具体方法，更要练就一把"思想之剑"：一方面斩断传统的、陈旧的做法对教师理性思维的束缚；另一方面，要勇敢地披荆斩棘，探索在时代背景下教育教学的规律。

1.3.2　教案编写的基本要求

教案是提高课堂教学质量的必要保证，一个好的教案可以使教学过程有计划、有步骤、有重点地得到实施，也有利于教师总结经验、提高教学质量。教案必须满足以下条件。

1. 时间性

一节课的教案要求必须在规定的时间内实现教学目的。因此，不论是在内容选择还是方法使用上，都应考虑时间允许的范围。由于教学过程的设计很难完全符合学生学习的实际情况，甚至出现某种意想不到的问题，因此教案设计的时间应比实际时间少，否则会使教学过程显得很匆忙。

2. 计划性

教案就是一节课的实施过程，必须是整个过程的完整计划。因此要求按教案的每一个步骤进行，不能简化设计过程而临场发挥。否则，如果经验不足，就可能影响教学效果。这就要求教学过程设计周密全面。

3. 规范性

教案内容的编写应符合一定的格式，层次清楚，内容准确，重点突出。规范的教案可以使教师形成良好的思维和书写习惯，形成一定的文学修养和教学修养，成为学生的表率。

4. 研究性

教案不仅应是教学过程的实施计划，而且还应成为教师积累教学经验、总结教学规律、进行教学研究的原始材料。教师在实施教学后，通过比较教案同实际教学的差异，发现教案的优点和不足，分析原因并提高自身水平。

1.3.3　教案编写的原则

教案编写是一项系统工程，不仅教学过程有计划、有步骤、有重点地得到实施，从而有效提高教学质量，而且也要遵循以下五项原则。

1. 同步设计原则

在高中数学教案设计中，教案设计和学案设计都非常重要。教案主要强调教法设计，学案主要涉及学法设计。学案和教案都是教师备课的内容，在设计学案时应该结合教案，二者要紧密结合。

2. 学科思想原则

在数学教案设计环节中，要充分体现数学学科思想，融入数学教学理念，提升教学的目的性。

3. 整体协调原则

数学学案和数学教案应该相互协调，数学学案中涉及的问题应该在数学教案中得到明确的解答。设计数学教案时还应该参考学生的知识基础和能力水平，关注学生的学习过程，提升教学的实效性。

4. 简单实用原则

在设计数学教案时，要突出重点。教案应该本着简单实用的原则，既要节省时间，还要明确教学思路。教案中应该体现对学生的课前预习情况进行检查，学案中还应该实现对书本知识的补充，完善学习方法并构建知识结构。

5. 发展动态原则

在设计数学教案时，要不断完善教案的形式和内容。在教案使用环节，教师要及时发现教案的不足之处，不断提高教案的编写能力，结合个人习惯，编制具有特点的教案。

1.3.4　教案实施的策略

1. 注重有效反馈，提升教学效果

在课程开始之前，教师应该将数学学案发给学生，让学生对学案的内容有充分的了解，利用学案预习课本知识。学生在学习了学案上的内容后，可以对新课有一定的了解，然后通过查阅书本，总结归纳知识，在课堂上通过小组讨论的方式，掌握学案上的所有内容。

2. 完善学生讨论，消除疑难问题

教师将学案发给学生后，学生要认真阅读学案上的内容。然后，教师将学案收回，分析学生在学案阅读中存在的问题，结合问题让学生分组讨论。

3. 通过细致地讲解，加深学生印象

学生在数学学科的学习中，常常会产生疑问。教师应针对学生提出的问题，在学生讨论的基础上，进行细致的讲解，从而帮助学生加深印象。

4. 总结课程内容

在每节课程完成后，教师可以结合教案总结每节课的重点内容，通过布置练习题的方式帮助学生巩固理论知识。然后，教师针对学生的练习情况重点讲解。学生总结教材内容，将难点记录下来，再结合练习题进行反思，采用记录的形式将错题反馈。通过总结，学生可以加深对数学这门学科的理解。

5. 整理错题内容

在每节课的学习结束后，学生可以将错题整理出来，进行反思。教师也可以结合教案对自己的教学行为进行反思，不断总结，做好书面记录。通过总结，教师设计的教案会更加具有针对性，数学教学质量也会得到提升。

在数学教案设计环节中，在明确了教案的组成部分后，要分析内容标题、学习目标、知识点、学习难点，然后对数学教案的设计原则进行分析，提升教案的整体性、科学性、可操作性、开放性和发展性。在教案实施中，结合具体的案例进行分析和讨论，通过学生之间以及师生之间的讨论，可以及时地消除学生的困惑。

1.4　课程实施

课程实施是一个复杂的、动态的过程，是课程环节中最复杂、最难于控制的阶段，它受制于多种因素的影响与制约，不可能完全事先预定，许多问题必须在实施中才能实现，也只有在实施中才能找到解决问题的办法。本节从全新的角度对数学教师应具备的能力进行诠释，同时认为课程实施是一个理解的过程、一个对话的过程和一个知识与意义建构和生成的过程。

1.4.1　课程实施概述

一般而言，课程实施有三种基本取向，即忠实取向、互相调适取向和创生取向。随着课程改革的深入，课程创生取向或课程创生观越来越成为课程实施研究中的新兴取向。这种取向认为，真正的课程是课程设计者、教师和学生联合创造的教育经验，课程实施本质上是在具体教育情境中创生新的教育经验的过程，既有的课程变革计划只是供这个经验创生过程选择的工具。相对于我们以前的认识，这是一种新的课程实施观，从这种视角对当前新课程的实施过程进行审视。新课程实施的过程就是教师与课程设计者之间、教师与学生之间进行理解的过程，是他们之间进行对话的过程，也是他们对知识与意义进行建构和生成的过程。

1. 课程实施是一个理解的过程

"理解"是哲学解释学的核心概念。哲学解释学的重要代表人物伽达默尔（Gadamer）认为，理解现象发生在人类生活的各个方面，它是整个人类经验的基础。哲学解释为，理解的目的不是把握作品的原意，而是要达到作品视界与读者视界的融合并产生新的意义，"理解从来不是一种达到某个所给定'客体'的主体行为，而是一种达到效果历史的主体行为"。从哲学解释学的理解观出发进行解读，课程实施过程中的理解，实际上包含两个互相联系的过程和环节：一是教师与课程设计者之间的理解；二是教师与学生之间的理解。

（1）教师与课程设计者之间的理解

教师与课程设计者之间的理解是课程实施过程的一个重要环节。一般认为，教师与课程设计者之间的理解主要指教师能在多大程度上领会课程设计者的思想，把握课程设计者的主旨，并能否在课程实施中加以具体运用。通常情况下，好的课程实施就是教师准确无误地领会课程专家（设计者）的意图，并忠实地履行既定的课程方案的过程。这是一种"单向度"的理解观，即只强调教师对课程设计者的理解，而忽视课程设计者与教师之间的互相理解。

（2）教师与学生之间的理解

课程实施也是教师和学生对课程文本和课程资源进行理解的过程，同时也是他们之间互相理解的过程。教师与学生之间的理解是课程实施过程的一个重要环节，它是在教学过程中实现的。

课堂教学中的课程实施以师生之间的理解为基础。在课堂中，教师和学生都是理解者，理解使他们能够不断吸取人类生活的智慧与经验。在具体教学展开过程中，主要是通过"解释"使教师和学生逐步实现对课程文本、对自我及其他者的理解。当然，理解并不仅仅是获得知识的一种方式，其本身更是一个教育过程。教育和教学无论在何种意义上都是以理解为基础，没有理解，就没有教学的发生。同样，理解也是使课程文本发生意义转化的一个重要前提。

2. 课程实施是一个对话的过程

在哲学解释学中，对话不仅指交往双方语言上的交流，更是指交往双方精神上的"敞开"和"接纳",是双方的互相倾听、互相吸引、互相包容和共同参与。这种对话更多的是指双方的相互接纳和共同分享,是双方精神上的相互承领。在对话中,双方通过沟通来实现对对方的理解。正如伽达默尔所说,"理解对象的意义是依赖于理解者的,是在与理解者的对话中出现的"。

（1）教师与课程设计者之间对话的过程

课程实施过程是教师与课程设计者进行对话的过程。对话是教师与课程设计者双方实现理解的重要途径。新课程的设计与开发要求教师与课程设计者双方共同参与、探讨课程计划,并提出各自关于课程的不同意见,最终以对话的方式不断取得双方的沟通和理解。这意味着教师与课程设计者不应是单独的、分工的、相互分离的课程工作者,而应是共同参与到课程研制与开发过程中的合作者。因此,对话是教师与课程设计者双方实现"视界融合"的重要途径,是教学中课程实施的具体表现形式。

（2）教师与学生之间对话的过程

课程实施过程同时也是师生对话的过程。师生对话是教学中课程实施的重要途径。在课堂教学中,师生通过对话、共同探讨课程文本、建构其自身不同的理解,最终形成新的意义。在这一过程中,课程内容和价值通过师生之间的对话而得以重构。师生对话是一种特殊的对话形式,它有其独特的内涵。师生对话是指师生双方在互相尊重、信任和平等的基础上,通过语言而进行的双向交流和沟通活动。师生对话的核心是师生作为平等的主体之间的坦诚相见,是师生双方互相关照、互相包容、共同成长,它不仅是师生之间交往的一种方式,更是弥漫、充盈于师生之间的一种教育情景和精神氛围。

师生对话就是创造,就是生成。创造寓于对话之中,创造是对话的基本特征,在对话中,充满了"创造的欢乐"。师生对话过程是创造和生成的过程,是知识交流、思想碰撞、个性交融和精神相遇的过程。在这一过程中,不同的个体获得了知识、丰富了思想、培养了个性、孕育了精神,学生因此成为崭新的自我。

3. 课程实施是一个知识与意义建构和生成的过程

在课堂教学中,学生获得知识的过程并不是消极、被动的,而是积极、主动的。课程实施过程就是教师和学生通过理解和对话,将课程知识转化为特定的表述形式,并对其加以内化和理解,从而生成新的知识和意义的过程。

建构主义心理学对我们理解课程实施过程中知识的社会建构同样具有重要的意义。建构主义知识观认为:第一,知识是学习者主动建构而不是被动接受的结果。知识建构不是由外而内地传输，而是从内部对外部的人、事、物的一种领悟或理解。第二，知识是学习者经验的合理化或适用化，而不是纯粹的记忆事实和材料。第三，知识是学习者通过与别人互动、磋商而形成的。建构知识的过程是在具体的社会文化环境中进行的，这一过程需要与他人不断地互动、磋商以调整个人主观建构起来的知识。因此可以说，建构主义知识观不仅仅强调学习的结果，而是更注重学习和获得知识的过程。

1.4.2 课程思政理念下的课程实施建设

2020 年，教育部印发的《高等学校课程思政建设指导纲要》指出：教育学类专业课程，要在课程教学中注重加强师德师风教育，突出课堂育德、典型树德、规则立德，引导学生树立学为人师、行为世范的职业理想，培育爱国守法、规范从教的职业操守，培养学生传道情怀、授业底蕴、解惑能力，把对家国的爱、对教育的爱、对学生的爱融为一体，自觉以德立身、以德立学、以德施教，争做有理想信念、有道德情操、有扎实学识、有仁爱之心的"四有"好老师，坚定不移走中国特色社会主义教育发展道路。在课程标准中突出内容主线（函数、几何与代数、统计与概率），强调数学应用（数学建模、数学探究），注意数学文化（数学文化贯穿始终）。作为未来的数学教师，提高数学专业学生的文化素养也是非常必要的。在中学数学教学时，需注意从以下几个方面入手进行设计。

1. 课程目标建设

课程要以"立德树人"为根本任务，建立产出导向教学目标，改变现有课程中每节课只有知识和能力目标的现状，增设德育目标，在课堂教学中实现"立德树人"，润物无声，构建教法课程育人新格局。

2. 课程团队构建

教师是课程的创新者与实践者，而教师的成长需要一段时间的积累与努力。结合专业培养目标、课程目标与课程思政的教学体系的需求，教师要善于挖掘专业课中的育人元素，科学拓展教法课程的广度和温度，因此课程的团队不但需要有高尚情操的任课教师，还需要专业的思政课教师引领。

3. 课程内容建设

围绕"课程思政"目标，通过传授教法把做人、做事的道理融合渗透进去，将"隐性"和"化合"方式同教法课内容相融合。

（1）引"精"据"典"隐性渗透式

德智融合于无声处，画龙点睛。比如，在课上可以选取与本节内容相关的历史人物故事、名人名言或者诗词歌赋等，潜移默化地对学生的人生观、价值观等产生积极的影响。

（2）知识点融合的元素化合式

把数学教法课的专业课与思政课知识点进行结合。

1.4.3 数学教师能力的诠释

在课程实施过程中，一切都在发生着显著的变化：培养目标发生了变化，教学内容发生了变化，教学形式发生了变化，评价导向发生了变化，学生生活发生了变化……但是，所有这些变革与发展都需要一线教师以及相关人员的积极参与，教师自身的理论素养和实践能力是决定课程与教学改革成败的关键。下面从全新的角度对新形势下数学教师应具备的能力进行诠释。

1. 教师具备组织和管理课堂活动的能力

在课程理念下，学生数学学习活动不应只限于接受、记忆、模仿和练习，还应提倡自主探索、动手实践、合作交流、阅读自学等学习数学的方式，强调让学生亲身经历将实际问题数学化的过程，并促进学生进行主动的观察、实验、猜测、验证、推理和交流。

一个教师组织和管理课堂能力的高低，在很大程度上事先决定了学生学习的效率。课堂活动若组织和管理得不好，那么除了人声喧哗，就是零零碎碎的毫无主题的讨论声，在这样一种课堂环境中学习的效果可想而知，有人曾参观荷兰的一节"活动课"，气氛非常热烈，但整个教室却很平静，无论学生和老师都在轻声地交流，甚至连走路也会放慢脚步，拿东西也十分小心。因此，数学教师一定要加快吸收组织管理课堂活动的各种知识和经验，提高自己的组织管理能力，在大力提倡教学活动化的今天，教师若还抱着旧观念不放，将注定被历史淘汰。

2. 教师具备综合各学科知识的能力

课程标准强调了学生提出问题、分析问题和解决问题的能力，"问题解决"逐渐受到重视。众所周知，"问题解决"中的问题已不再是教师"精心设计好"的有规则的数学题，它可以是教师提出的，也可以是学生自己选择和确定的；可以是数学学科知识的拓展延伸，也可以是对自然和社会现象的探究；可以是已证明的结论，也可以是未知的知识领域。这样一来，对教师就提出了更高的要求。

教师应当具备广博的知识，同时具备综合各学科知识的能力。因为他所面临的问题可能是三分之一数学、三分之一生物、三分之一物理，作为教师，不能因为缺乏某类知识就置之不理。这样不但降低自身的威信，更影响了学生认识问题解决问题的能力。所以，当今教师面临的一大挑战是提高自身素养、扩大知识面、具备综合各学科知识的能力。

3. 教师具备信息采集处理的能力

所谓信息采集处理不仅是指教师知道何时通过广阔的信息源采集一些必需的信息，并对之组织处理、进行教学，同时也指采集教学过程中学生所表现和蕴含的各种信息，并对其进行及时评价和反馈。多年以来，教师一直凭着一本教材打天下，甚至有的教师连教案设计也 n 年不变，如"分段函数"多年一直引用"邮局投寄信件"的例子，殊不知，现在的学生对于这样的例子已经很陌生了。

随着现代信息技术的广泛应用，教师所拥有的教学资源突然变得无边无际，大有取之不尽之感。因此，怎样敏锐地捕捉信息、果断地筛选信息、正确地评估信息、自如地交流信息和独创地应用信息，就显得十分重要了。同时，这一切也同样发生在学生面前。就这方面而言，教师处理和采集信息的能力未必优于学生，所以应该加强教师收集、分析、甄别、应用的能力。

4. 教师具备学习指导能力

数学教师是学生学习的指导者，这就是说，在学生学习困难时教师可以适当点拨、指导，提供必要的帮助。所以，教师必须具备学习指导能力。

课程目标提出了"以人为本，以学生的发展为本"的理念，但并不意味着教师的指导就不重要了，相反，教师的指导者角色是不容替代的。有效的学习离不开教师的指导，教师合理适时地指导会提高学生学习的效率。教师作为指导者，应当着重指导学生的哪些方面？我认为，应侧重于以下八个方面：①指导学生确定适当的学习目标；②指导学生掌握研究问题的思路和方法；③指导学生学习的策略；④指导学生收集、处理信息；⑤指导学生发展自己的优势和个性；⑥指导学生学会交往；⑦指导学生学会生活；⑧指导学生学会创造。

5. 教师具备交往与交流的能力

长期以来，教师的交往与交流能力一直没有受到应有的重视，在传统灌输式、填鸭式的教学方式中，每个数学教师只要能够精确地演示自己的解题过程和严密思维就行了，不需要太多的对话，更谈不上与学生的交流与交往。有的教师在教学上缺乏与他人的沟通，所以导致专业知识保守。教师必须明白的是，教学活动实际上是师生的共同活动，是交往的过程，教师必须学会交往，特别在课堂上，懂得交往能更好地表达自己、赢得信服。同时，也应该加强协作、扩大交流，才能实现更好的教学模式。1.6节中我们还会介绍其他几种能力。

1.5　课程评价

　　课堂教学质量评价是按照课堂教学目标，对教师和学生在课堂教学中的活动及由这些活动所引起的变化所做出的价值判断。通过课堂教学质量评价，可以及时调控教学过程，保证教学质量的稳步提高，同时可以积累翔实可靠的资料，提高教学质量评价的有效性和可靠性，也可以进一步指导反馈矫正系统的建立和合理进行的保障机制的建立。本节介绍课程评价的模式、原则和方法以及评价内容的构建。

1.5.1　构建课堂教学质量的综合评价模式

　　教师课堂教学质量评价的目的是为了总结教学经验，提高教学质量，促进学生的全面发展，提升其专业素质，保证人才的培养质量。结合课程改革的要求，构建课堂教学质量的综合评价模式，包括以下四个步骤：

　　1. 评价标准综合化

　　结合教学实践已有的各种课堂教学质量评价量表，并征求专家的意见，结合数学课程标准的要求，编制课堂教学质量综合评价表。

　　2. 评价主体多元化

　　数学课程标准要求评价主体多元化。这里课堂教学质量综合评价的主体由教师本人、同行（包括领导、专家等）和学生三部分构成。

　　3. 评价方法多样化

　　课程标准要求评价方法采用观察、面谈、调查、定量与定性等多样化的方式，使评价结果更加具有说服力且易于操作。

　　4. 评价结果科学化

　　由于评价的功能由注重甄别与选拔转向激励、反馈与调整，评价结果不应是简单的等级或分数的形式，而是对被评价者某章教学质量一个整体的综合分析报告，报告的内容以肯定被评价者的优点为主，同时对其不足之处在座谈或其他合适的场合提出建议，并征求被评价者的意见，最后由评价小组形成一个较为完善的评价报告。

1.5.2　实施课堂教学质量综合评价的原则

　　教学质量评价的原则是进行课堂教学质量综合评价时评价者需遵循的基本准

则和指导思想。它是根据教学质量评价过程中的客观规律的评价目的来确定的，它反映了课堂教学的客观规律和人们对课堂教学发展的客观认识。在进行课堂教学质量评价的过程中，遵循以下原则。

1. 方向性原则

教学质量评价的方向性原则，是指教学质量评价工作要对课堂教学的发展方向起到监督和保证作用，它是由我国教育体系的性质决定的。

遵循方向性原则，首先应充分认清评价的目的，其目的是为了改进教学，检测课堂教学是否达到素质教育的各项目标要求，而制订的评价指标体系是评价工作中体现其方向性的核心内容。其次，还应注意到评价的方向应对课堂教学改革具有直接的导向作用。在评价过程中，评价者应在新课程标准对课堂教学要求的指导下，充分肯定课堂教学的先进经验，促进课堂教学朝着规范化的方向发展。

2. 科学性原则

教学质量评价的科学性原则，是其生命力之所在。它是指评价指标的科学性、评价方法的科学性和评价过程的科学性，要求评价需符合教育规律，遵循课堂教学的逻辑规律，依据统计分析原理。

遵循科学性原则，首先应注意不宜过分强调量化，因为课堂教学是一种复杂的教学活动，完全对其进行量化是难以做到的。其次，应注意评价过程中遵循它的科学性，只有依据课程标准、教材、社会需要和儿童身心发展规律，制订的评价标准才是科学可靠的，才能充分调动评价双方的积极性，从而使评价活动走上科学的轨道。

3. 可行性原则

教学质量评价的可行性原则主要体现在评价指导思想和评价目标的切合实际性、评价对象的可比性、评价标准的简明可测性以及评价工作的简易可操作性。

遵循可行性原则，首先要考虑评价目标既要符合统一要求，又要符合评价对象的总体状况，制订评价标准既不能要求过高，也不能太低，否则难以激发评价对象的积极性，无法达到评价目的。其次，还要考虑如何正确处理评价标准的科学性与可行性之间的矛盾。制订的评价标准，都要具有充分的科学依据，每个评价项目，都要有独立精确的科学含义，使其具有可靠性。当然，在评价过程中有时也会遇到科学性与可行性难以兼顾的情况，如有人用高难的数学统计方法求算结果，计算繁杂，难以实施，这时应适当降低一点科学性要求，以保证其可行性。再者，评价方法的选用力求简便、易用、易推广。

4. 全面性原则

教学质量评价的全面性原则，就是要求评价者在处理问题时，要从全局的观点出发去了解事物的全貌，把握事物的整体及其发展的全过程，并进行全面分析和评价。

遵循全面性原则，首先应注重评价标准的全面性，即在制订评价指标时，要尽力反映出目标所包含的全部内容，否则得到的评价结果会令人产生怀疑。其次，应注重评价过程信息收集的全面性。评价一个教师课堂教学质量的优与劣，既要参考当前所听的课，还要参考平时的课；既要听取领导和同志的意见，也要听取本人及学生们的意见；既要看上课的效果，还要看其成效，避免从某一方面给课堂教学做出片面的评价。再者，还应注意贯彻全面性原则不是对评价标准中的各个项目等量齐观、不分主次，而应做到恰如其分、各得其所。

5. 差异性原则

教学质量评价的差异性原则，要求评价者在评价过程后，根据评价对象的不同，根据课堂教学的要求不同，评价标准的侧重点也应有所不同，它的实施与贯彻要求以客观性原则为基础。若离开评价的客观性，差异性原则就会因没有客观标准而不能与其他评价对象进行比较，没有外部参照点而做出的评价结果也就令人难以信服。

遵循差异性原则。首先，应注意评价对象的不同，评价的标准应有所侧重。其次，还应注意对于不同类型的课，因目的不同，评价也应有所差异，如对改革实验课、评优课以及检查课等的评价标准及方法都应有所差异。

1.5.3 课堂教学质量综合评价基本内容的建构

根据《数学课程标准》的要求，对中学数学课堂教学质量的评价，要求教师既要关注学生知识与技能的理解与掌握，还要关注他们情感态度的形成和发展；既关注学生数学学习的结果，更要关注他们在学习过程中的变化和发展。衡量课堂教学质量应注意以下五个方面的内容。

1. 课堂引入

课堂引入是依据现代科学理论，确定教学活动中的问题和需要，提出令学生非常感兴趣的问题，往往是一堂优秀课堂的良好开端。如何引入一个新课题，是课堂教学中不容忽视的问题。下面谈几种常用的课堂引入形式。

1）趣味式的"课堂引入"。从与课题有关的趣味事例出发，引入课题。例如讲"解任意三角形"一课时，我们可以采用这样的"开场白"：你能否不过河就能测出河宽？不上树就能量出树高？然后指出，这些都可运用"解三角形"知识获得解决。趣味式的"课堂引入"，能提高学生对所学内容的浓厚兴趣，调动学生学习的积极性。

2）提问式的"课堂引入"。通过提出与新课有紧密关联的问题，来引入课题。例如讲"两个平面垂直的判定定理"时，可提出问题：两个平面具有什么关系时，它们会相互垂直？通过模型演示，实例观察，学生完全可以找到问题的答案。提问式的"课堂引入"，把学生的学习变为自己寻求答案的主动活动，使他们思维活跃起来，教师只要根据课堂情况做一些引导，就能使教学收到理想的效果。

3）联想式的"课堂引入"。通过复习旧知识，拓展旧知识，使学生联想新知识来引入课题。例如指出"勾股定理"和"锐角三角函数"给出了直角三角形的边、角之间的关系，那么任意三角形中是否也有类似的关系呢？这就是我们将要学习的正弦定理，余弦定理内容。联想式的"课堂引入"，使学生不满足于已有知识，把拓展知识、学习新课题变成了他们的急切需求，课堂学习气氛当然就十分浓厚了。

4）发现式的"课堂引入"。设计一些试验，指出一些现象，引导学生自己去发现规律，归纳结论。例如讲"三角形内角和为180°"时，让学生用纸剪几个任意的三角形，再把三个角剪了拼在一起。这时学生发现，自己任意剪的几个三角形三内角都拼成了一个平角，再看别人的也一样，全班得出了同一情况，大家发现了"三角形三内角和等于180°"这个规律，对该规律的证明也在拼凑中得到启发。激发学生的思维活动，使学生学会分析问题、探索规律，达到发展智力的目的。

5）情景式的"课堂引入"。"课堂引入"的形式各种各样，教学中我们根据教材内容的实际情况和学生的实际情况而定，在设计"课堂引入"时，一定要注意紧扣课题并且所占时间要少（一般不超过5min），不能喧宾夺主，影响正课的进行。

2. 课堂学习

课堂学习是能否达到教学目标的核心组成部分。主要通过以下五个方面进行评价：

1）是否面向全体学生，多角度地指导学生自主或合作探索问题。

2）是否选择了合适的教学方法。常言说得好，"教学有法，但无定法，贵在得法"，教师采用的教学方法应有利于学生学习积极性、主动性的调动和主体地位的确立；有利于学生良好学习习惯的形成和学习能力的培养；有利于学生个性的充分发挥；有利于学生创新精神和实践能力的培养等。

3）教师是否能够有效调节教案以适应学生的需要。新课程标准要求教师不能机械地实施教案，应根据课堂教学过程中学生的实际情况进行有机地调节以适应学生的具体需要。

4）师生之间的发问情况。这方面要求：一是教师的发问应是有效的，并有利于学生做发散式的回答；二是学生能够勇于质疑和发问。

5）教师的指导情况，学生的反应情况。如教师引入课题时是否注意了学生的反应，以及教学过程中学生的情绪状态等。

3. 课堂小结

课堂小结在一堂课的最后时段，学生容易疲劳，在一定程度上影响当堂课的教学效果。小结运用得好，能使当堂课所学的知识得到概括、深化、甚至升华，同时对教学目标的落实也起到保证作用。下面简单介绍几种：

（1）知识小结

主要将一堂课所学的知识加以梳理、概括，理顺学生的认识，使学生对本堂课所学的内容起到强化作用。

（2）方法小结

教学最终目的是让学生学会学习，学会获取知识的方法。因此，一堂课除对知识进行系统小结外，还可以对学习的方法进行综合归纳。

（3）学情小结

教师在传授知识的过程中，要及时地掌握学生的学习情况，因此在课堂的最后，有时要对学生进行学情小结，这样可以引起学生的注意。

总之，课堂小结要根据不同的教学内容和课型去设计，这一阶段还要注意介绍一些能够调整学生思维活动和灵活运用新知识的方法，要让学生多动口、动手、动脑，调动学生将饱满的情绪投入学习中去，以达到巩固知识的目的。

4. 练习作业

练习作业主要包括题目的形式、数量以及批改等情况。

数学教学中的解题练习，既是帮助学生进一步理解掌握知识、提高运用知识能力的实践环节，又是培养学生学习兴趣、启发思维、发挥想象力的有效途径。在数学练习中，运用填空、选择、判断、改错、作图、编题等多种题型，使练习内容变得灵活多样，富有启发性和趣味性。

5. 辅导答疑

辅导答疑应该注意以下三个方面：

1）辅导答疑应根据课堂教学内容的难易程度来安排，要因材施教，可以采取集体辅导和个别辅导等不同方法，对学生学习中带有共性的问题，可以面对全班学生集体辅导，也可以针对个别学生存在的问题进行个别辅导。

2）辅导教师要认真做好答疑前的准备工作，要深入了解学生的学习情况和存在的疑难问题，征求学生对教学的意见，有针对性地进行辅导。

3）辅导答疑要抓住重点，解决关键问题，注意启发学生思维，开拓思路，发挥学生学习的主动性和自觉性，对学习优秀的学生要鼓励他们钻研更深的问题，对学习较差的学生要给予耐心辅导，使其掌握课程内容，完成基本学习任务。

1.5.4　课堂教学质量评价的基本方法

课堂教学质量评价按照评价基准来划分有三种，即相对评价法、绝对评价法和个体内差异评价法；按照是否采用数学方法分类可以分为数量化方法和非数量化方法；按照考察范围可分为分析评价法与综合评价法；按照评价主体可以分为自我评价法和他人评价法。

1. 按评价基准划分有三种，即相对评价法、绝对评价法和个体内差异评价法

（1）相对评价法

相对评价法是在某一类评价对象集合的内部将集合中各个元素与特定的元素进行比较，或者是把评价对象排列起来。应用这种评价方法，无论这个集合的整体情况如何，都可以进行比较，因而适应性强，应用面较广。但是，相对评价也有很大的缺陷。因为相对评价的实质是"从矮子里拔大个"，但所拔出的"大个"未必是真的"大个"，因此这种评价方法容易降低客观评价标准。其次，相对评价的结果并不表示被评价对象的实际水平，只表示他在集体中所处的位置。因而这种评价容易使评价对象产生激烈的竞争。

（2）绝对评价法

绝对评价法是在被评价对象的集合之处确定一个标准，这种标准被称为客观标准，在评价时，要把评价对象与客观标准进行比较。绝对评价是不考虑评价对象集合的整体状态的。高考就属于绝对评价，评价的尺度是分数。绝对评价的标准比较客观。若评价是准确的，那么评价之后，每个被评价者可以明确自己与客观标准的差距，从而可以激励被评价者积极上进。但是，绝对评价也有缺陷，其最主要的缺陷是客观标准很难做到客观。如布鲁姆所倡导的目标评价法即属绝对评价。

（3）个体内差异评价法

个体内差异评价法是把被评价集合中的各个元素的过去和现在进行比较，或者一个元素的若干侧面进行比较。

这种评价方法充分地照顾了个性的差异，在评价过程中不会给被评价者造成压力，对于师生了解自己的教学和学习情况，及时地进行自我调控是很有意义的。但是它也有较大的弊端。由于该评价法不与客观标准进行比较，所以易使被评价者自我满足。因此，它常与相对评价法结合起来使用。

2. 按是否采用数学方法分类可以分为数量化方法和非数量化方法

（1）数量化方法

数量化方法是指在评价过程中采用数学方法对课堂教学情况进行描述，随着教育测量学和教育评价学的发展，在评价中运用数量化方法的形式越来越多，数量化的方法也越来越复杂。其中最常见的包括累积分数法、统计分析法和综合评判法等。

累积分数法是把教学目标分解为若干项目，并确定出其最高分数，评价者借助于某种评价工具对于教学目标中的各个项目进行评分，然后将各项所得的分数求和即为被评价者应得的总分，用该总分再对被评价者做出某种价值判断。

统计分析法其实早就应用于教育实践活动中，是将评价内容分解为几个项目，分别进行评定。这种方法简单易行，可操作性较强。

综合评判法是对评价内容的整体进行评价，它是近年来我国的数学工作者和教育工作者将模糊数学应用于教育评价而形成的一种方法。由于这种方法要用到建立数学模型和模糊矩阵等的高难数学知识，所以对评价者提出很高的素质要求，操作起来不便。

（2）非数量化方法

凡在评价中不宜采用数学方法的都叫作非数量化方法，如等级法、评定法等都是非数量化方法。

1）等级法是我国的传统方法，它有多种形式，如上、中、下三级制，甲、乙、丙、丁四级制，以及优、良、中、及格、不及格五级制等。其优点是简便易行，缺点是粗略，标准不好掌握。

2）评定法是用简明的评语按项记述评价的结果。这种方法现在人们越来越重视，因为它可弥补数量化方法所带来的副作用。

3. 按评价主体可以分为自我评价法和他人评价法

（1）自我评价法

所谓自我评价就是评价者对自己所做的评价。自我评价的优点是比较容易进行，减轻了被评者的心理压力，而且通过反思教学，便于教师改进教学。其缺点是横向比较困难，评价的客观性较差。

（2）他人评价法

他人评价是指自我评价之外的评价。例如领导和同事们对某一教师的课堂教学质量进行评价。同行的评价就属于他人评价。其优点是与自我评价相比，评价结果较为客观。其缺点是组织工作较难，花费的人力、财力较多。

1.6 教师能力

随着网络时代和知识经济时代的到来，我们的教育正面临新的挑战，培养学生创新精神、创新意识和创新能力，注重学生的自主发展，尊重和发展学生的个性，这些都是新形势下对教师提出的新要求。要求有一支师德高尚、业务精湛、高能力的中学教师队伍，这是实现课程改革目标的关键所在。

1.6.1 教师能力的理解

1.4节中，我们对数学教师能力有了一些了解，现在谈以下几种观点。

1. 国外的一些观点

1）西方研究者诺尔、希勒及其同事所罗门等研究指出：教师在达到必要的知识和智力水平后，专业教育能力是教师不可缺少的特殊能力，与教育教学效果有较高的正相关关系，学生素质的发展水平、教育目标的实现程度往往取决于教师的能力。

2）苏联学者库留特金等人从教师的职业要求出发，把教师的能力概括为：理解别人内心世界的能力、对学生产生积极影响的能力、控制自己的能力。

3）苏联学者夫·恩·果诺波夫认为教师的职业要求教师具有九种能力：理解学生的能力、通俗易懂讲授教材的能力、劝说他人的能力、组织能力、把握教学分寸的能力、创造性工作的能力、迅速反映教育的情境并在其中保持举止灵活的能力、胜任所教学科的能力、引起学生兴趣的能力或在某一局部区域考查教师的能力。

2. 我国学者的一些观点

1）我国学者郑其恭将教师能力划分为：教学工作能力、思想品德教育能力、教育科研能力和语言表达能力。

2）张承芬将教师能力划分为：了解学生的能力、语言表达能力、教育机智、自我调控能力和组织能力。

3）罗树华等主编的《教师能力学》将教师能力划分为：基础能力、职业能力和自我完善能力，较为全面地反映教师在教育、教学、科研工作及自我提高过程中所需要的多种能力，并反映出教师能力的构成梯度。

我们可以发现从不同角度论述的教师能力结构虽互不相同却又大同小异，不外乎涉及教师组织教学、施行教育的活动及教师自我提高、自我发展的需要。不难看出，教师能力是一个相互作用、相互协同、不可分割的复杂体系。又由于教师的能力与教育教学活动密切相关，因此随着社会的剧烈变革对教育领域的冲击、影响，教师能力结构必然会发生改变。课程改革后，教师将面临许多新的情况，如综合课的设立、研究课的出现、评价手段的改变、校本课程的开发等。这就要求我们的教师不断学习，全面提升自己的业务能力，这是实施课程改革的当务之急。

1.6.2　适应课程改革提高教师能力的对策

1. 重视对教师的职后培训，实施多种课改培训模式，努力提高培训针对性与实效性。以下总结了各种不同课改内容的培训，包括有

1）集中式通识培训。即培训对象的全员性：教育行政人员、教研人员、校长和实验教师。培训内容的系统性：聘请课程专家做主要侧重于课程改革的指导思想及新的教育理念的培训。培训目的定位于通过培训使教师对新课程产生思想、观念、情感上的认同感。

2）有计划的学科专业培训。即培训对象均为各学科专业教师，培训内容主要侧重于课程标准的解读。培训目的定位于通过培训吃透课标，树立用教材而不是教教材的观念。

3）专题研讨式培训。随着课改实施的深入，校本课程、综合实践活动课、发展性评价等问题作为专题研讨培训，聘请课改专家与实验教师共同研讨解决。

4）课堂点评式培训。培训对象针对具体授课教师，依据因事因人的点拨式培训指导。培训目的是实现新课程理念在课堂上的落实和内化为教师的信念与行为。

2. 建立和完善适合教师多种需求、适合学校发展的校本培训机制

从学校管理的角度要开展这样几种类型的培训：技能型培训，如基本功、说课、微格教学；实践型培训，如听课评课、主题班会观摩、课堂教学评优；研究型培训，如在学校真实环境中开展教育科研，开发选题、提供设计方案、开展调查研究等。

3. 重视教师自我发展，增强教育研究意识，提高教师的反思能力

教师不仅应该具有完善的知识结构，还必须具有基本的研究能力。教师参加教育科学研究，是提高自身素质的重要途径。对教师而言，它表现为对自己的教育实践和教育现象的反思能力。一名反思型的教师会经常地对自己的目标、行为和成就进行质疑，并就教学对学生产生的近期和远期影响进行思考。反思是教师自我发展的重要机制，培养教师的反思能力是提高教师职业素养的重要途径。教师可依据三个阶段来开展反思活动：第一课前反思，第二课中反思，第三课后反思。这三个阶段，构成教育教学反思的"三阶段模式"，有助于帮助教师形成对教学过程的系统反思，促进教师教育研究能力的提高，推动其自我发展机制的完善，使教师的教学反思伴随教学活动的常规化而逐渐自动化，不断提高教育教学的质量。

1.6.3 教师应具备的能力

教师所具有的多重角色身份表明其教育职能的多样性，因而也要求教师必须具备相应的多方面的能力。在1.4节中，我们已经介绍了几种能力。在每一种特定的教育活动中，都要求教师具有以一种或几种能力为主的多种教育能力。

1. 教育预见能力

所谓教育预见能力就是教育活动开始以前对教育对象的身心状况、教育内容的适合性、各种影响因素的干扰可能性以及教育效果的估计能力。教师应具有教育预见能力是为学校教育的目的性、计划性和组织性所要求的。教师只有对教育对象、内容、影响因素和效果有一个比较客观的、准确的估计，才能最大限度地保证教育活动目的的实现和教育计划、组织尽可能排除无关因素的干扰。否则教育活动的影响就要受到削弱甚至失败。教师教育预见能力的核心是教育思维。这种思维是建立在教师的准备工作基础之上的。教师只有对教育对象和教育内容有足够和充分的认识和了解，对各种影响因素的产生基础有充分自信的熟悉，才能对教育活动做出分析、判断，达到比较科学的估价。教育预见不等于料事如神，要求教师形成教育预见的能力也应实事求是。

2. 教育传导能力

所谓教育传导能力是指教师将处理过的信息向学生输出，使其作用于学生身心的本领。要求教师具有教育传导能力是由教育过程信息传递的规律决定的。教师是借助信息传递的媒介，作用、影响、教育学生的。教育传导能力的核心是语言能力，语言是教师面向学生传导影响的最主要的工具。教师的语言能力有正式语言能力和非正式语言能力。正式语言能力即符号化的语言能力，包括口头语言能力和书面语言能力。因此，前者表现为语言的组织能力，具有较强的连贯性、逻辑性，结构上完整和严密，也表现在语言具有形象性、情感性、准确性。教师的书面语言能力，主要表现在完成批改作业、课堂板书等活动中。教师的非正式语言能力即体势语言能力，包括面部表情和身体动作、空间和触摸、声音暗示、服装及其他装饰品等，是正式语言的补充。

3. 教育科研的能力

在越来越开放的教学环境中，各种问题和信息都是公开的，教师不再是学生获取知识的唯一源泉，而且常常在学生面前无计可施。这就需要教师去思考、去研究。也正因为如此，教师的科研能力必须受到重视。特别是教师要努力挖掘身边发生的很多实际且具有重要现实意义的事情，如何创造开放的课堂文化、如何培养学生的数学应用意识、如何应用各种成功或失败的教学案例总结等。可见，教师的科研不能仅仅在教学法上打转，而应大力提高数学素养、教育素养，要努力拓宽视野，在更高的理论层面上进行思考和研究。

思考题 1

1. 如何备好一节课？
2. 教师备课的形式有哪几种？
3. 如何进行课程设计？
4. 编写教案需要注意哪几点？
5. 课程实施是怎样的一个教学过程？
6. 实施课堂教学质量综合评价的原则是什么？
7. 课堂教学质量评价的基本方法是什么？
8. 新形势下提高教师能力的对策是什么？
9. 教师应该具备哪些能力？

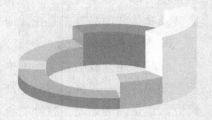

第 2 章

中学数学课程标准

　　中学数学课程标准是以纲要的形式规定中学数学教学内容和基本要求的指导性文件，它是编写教材的直接依据，也是进行教学的主要依据，是检查和评定学生学业成绩和衡量教师教学质量的重要标准。历来人们对于课程标准改革的关注，主要在于课程标准中教学内容的增加或减少方面。然而，随着信息化社会的到来，课程标准的教学内容不可能包罗万象，又必须不断地充实先进的近现代知识，为学生的良好发展奠定基础。本章主要从初中数学课程标准、高中数学课程标准以及新课程标准的变化三个角度对中学数学课程标准进行分析。

2.1 初中数学课程标准

2022 年 4 月，教育部印发了《义务教育数学课程标准（2022 年版）》，并于 2022 年秋季学期开始执行。初中部分内容如下。

2.1.1 课程性质

数学是研究数量关系和空间形式的科学。数学源于对现实世界的抽象，通过对数量和数量关系、图形和图形关系的抽象，得到数学的研究对象及其关系；基于抽象结构，通过对研究对象的符号运算、形式推理、模型构建等，形成数学的结论和方法，帮助人们认识、理解和表达现实世界的本质、关系和规律。数学不仅是运算和推理的工具，还是表达和交流的语言。数学承载着思想和文化，是人类文明的重要组成部分。数学是自然科学的重要基础，在社会科学中发挥着越来越重要的作用，数学的应用渗透到现代社会的各个方面，直接为社会创造价值，推动社会生产力的发展。随着大数据分析、人工智能的发展，数学研究与应用领域不断拓展。

数学在形成人的理性思维、科学精神和促进个人智力发展中发挥着不可替代的作用。数学素养是现代社会每一个公民应当具备的基本素养。数学教育承载着落实立德树人根本任务、实施素质教育的功能。义务教育数学课程具有基础性、普及性和发展性。学生通过数学课程的学习，能够掌握适应现代生活及进一步学习必备的基础知识和基本技能以及基本思想和基本活动经验；激发学习数学的兴趣，养成独立思考的习惯和合作交流的意愿；发展实践能力和创新精神，形成和发展核心素养，增强社会责任感，树立正确的世界观、人生观、价值观。

2.1.2 课程理念

义务教育数学课程以习近平新时代中国特色社会主义思想为指导，落实立德树人根本任务，致力于实现义务教育阶段的培养目标，使得人人都能获得良好的数学教育，不同的人在数学上得到不同的发展，逐步形成适应终身发展需要的核心素养。

1. 确立核心素养导向的课程目标

义务教育数学课程应使学生通过数学的学习，形成和发展面向未来社会和个人发展所需要的核心素养。核心素养是在数学学习过程中逐渐形成和发展的，不同学段发展水平不同，是制定课程目标的基本依据。

课程目标以学生发展为本，以核心素养为导向，进一步强调使学生获得数学基础知识、基本技能、基本思想和基本活动经验（简称"四基"），发展运用数学知识与方法发现、提出、分析和解决问题的能力（简称"四能"），形成正确的情感、态度和价值观。

2. 设计体现结构化特征的课程内容

数学课程内容是实现课程目标的重要载体。

课程内容选择。保持相对稳定的学科体系，体现数学学科特征；关注数学学科发展前沿与数学文化，继承和弘扬中华优秀传统文化；与时俱进，反映现代科学技术与社会发展需要；符合学生的认知规律，有助于学生理解、掌握数学的基础知识和基本技能，形成数学基本思想，积累数学基本活动经验，发展核心素养。

课程内容组织。重点是对内容进行结构化整合，探索发展学生核心素养的路径。重视数学结果的形成过程，处理好过程与结果的关系；重视数学内容的直观表述，处理好直观与抽象的关系；重视学生直接经验的形成，处理好直接经验与间接经验的关系。

课程内容呈现。注重数学知识与方法的层次性和多样性，适当考虑跨学科主题学习；根据学生的年龄特征和认知规律，适当采取螺旋式的方式，适当体现选择性，逐渐拓展和加深课程内容，适应学生的发展需求。

3. 实施促进学生发展的教学活动

有效的教学活动是学生学和教师教的统一，学生是学习的主体，教师是学习的组织者、引导者与合作者。

学生的学习应是一个主动的过程，认真听讲、独立思考、动手实践、自主探索、合作交流等是学习数学的重要方式。教学活动应注重启发式，激发学生学习兴趣，引发学生积极思考，鼓励学生质疑问难，引导学生在真实情境中发现问题和提出问题，利用观察、猜测、实验、计算、推理、验证、数据分析、直观想象等方法分析问题和解决问题；促进学生理解和掌握数学的基础知识和基本技能，体会和运用数学的思想与方法，获得数学的基本活动经验；培养学生良好的学习习惯，形成积极的情感、态度和价值观，逐步形成核心素养。

4. 探索激励学习和改进教学的评价

评价不仅要关注学生数学学习结果，还要关注学生数学学习过程，激励学生学习，改进教师教学。通过学业质量标准的构建，融合"四基""四能"和核心素养的主要表现，形成阶段性评价的主要依据。采用多元的评价主体和多样的评价方式，鼓励学生自我监控学习的过程和结果。

5. 促进信息技术与数学课程融合

合理利用现代信息技术，提供丰富的学习资源，设计生动的教学活动，促进数学教学方式方法的变革。在实际问题解决中，创设合理的信息化学习环境，提升学生的探究热情，开阔学生的视野，激发学生的想象力，提高学生的信息素养。

2.1.3　初中数学课程标准的课程内容要求

义务教育阶段数学课程内容由数与代数、图形与几何、统计与概率、综合与实践四个学习领域组成。

数与代数、图形与几何、统计与概率以数学核心内容和基本思想为主线循序渐进，每个学段的主题有所不同。综合与实践以培养学生综合运用所学知识和方法解决实际问题的能力为目标，根据不同学段学生特点，以跨学科主题学习为主，适当采用主题式学习和项目式学习的方式，设计情境真实、较为复杂的问题，引导学生综合运用数学学科和跨学科的知识与方法解决问题。

根据学段目标的要求，初中阶段各领域的主题的具体安排见表 2.1.1。

表 2.1.1　初中阶段各领域的主题

序号	领域	主　　题
1	数与代数	1. 数与式 2. 方程与不等式 3. 函数
2	图形与几何	1. 图形的性质 2. 图形的变化 3. 图形与坐标
3	统计与概率	1. 抽样与数据分析 2. 随机事件的概率
4	综合与实践	重在解决实际问题，以跨学科主题学习为主，主要包括主题活动和项目学习等。初中阶段可采用项目式学习

1. 数与代数

数与代数是数学知识体系的基础之一，是学生认知数量关系、探索数学规律、建立数学模型的基石，可以帮助学生从数量的角度清晰准确地认识、理解和表达现实世界。

数与代数领域的学习，有助于学生形成抽象能力、推理能力和模型观念，发展几何直观和运算能力。

（1）数与式

1）有理数。

① 理解负数的意义（见例1）；理解有理数的意义，能用数轴上的点表示有理数，能比较有理数的大小。

② 借助数轴理解相反数和绝对值的意义，掌握求有理数的相反数和绝对值的方法。

③ 理解乘方的意义。

④ 掌握有理数的加、减、乘、除、乘方及简单的混合运算（以三步以内为主）；理解有理数的运算律，能运用运算律简化运算。

⑤ 能运用有理数的运算解决简单问题。

2）实数。

① 了解无理数和实数，知道实数由有理数和无理数组成，了解实数与数轴上的点一一对应。

② 能用数轴上的点表示实数，能比较实数的大小。

③ 能借助数轴理解相反数和绝对值的意义，会求实数的相反数和绝对值。

④ 了解平方根、算术平方根、立方根的概念，会用根号表示数的平方根、算术平方根、立方根。

⑤ 了解乘方与开方互为逆运算，会用平方运算求百以内完全平方数的平方根，会用立方运算求千以内完全立方数（及对应的负整数）的立方根，会用计算器计算平方根和立方根。

⑥ 能用有理数估计一个无理数的大致范围。

⑦ 了解近似数，在解决实际问题中，能用计算器进行近似计算，会按问题的要求进行简单的近似计算（见例2）。

⑧ 了解二次根式、最简二次根式的概念，了解二次根式（根号下仅限于数）加、减、乘、除运算法则，会用它们进行简单的四则运算。

3）代数式。

① 借助现实情境了解代数式，进一步理解用字母表示数的意义。

② 能分析具体问题中的简单数量关系，并用代数式表示；能根据特定的问题查阅资料，找到所需的公式。

③ 会把具体数代入代数式进行计算。

④ 了解整数指数幂的意义和基本性质，会用科学计数法表示数（包括在计算器上表示）。

⑤ 理解整式的概念，掌握合并同类项和去括号的法则；能进行简单的整式加减运算，能进行简单的整式乘法运算（多项式乘法仅限于一次式之间和一次式与二次式的乘法）。

⑥ 理解乘法公式 $(a+b)(a-b)=a^2-b^2$，$(a\pm b)^2=a^2\pm 2ab+b^2$，了解公式的几何背景，能利用公式进行简单的计算和推理。

⑦ 能用提公因式法、公式法（直接利用公式不超过二次）进行因式分解（指数为正整数）。

⑧ 了解分式和最简分式的概念，能利用分式的基本性质进行约分和通分；能对简单的分式进行加、减、乘、除运算。

⑨ 了解代数推理（见例 3）。

例 1　负数的引入。

借助历史资料说明人们最初引入负数的目的，感悟负数的本质特征，了解中华优秀传统文化。

【说明】　负数的概念最早出现在中国古代著名的数学专著《九章算术》中。该书经过历代各家增补修订，最迟成书于东汉早期（约公元 1 世纪）。魏晋时期伟大的数学家刘徽（生卒年不详）和唐代杰出的天文学家、数学家李淳风（602—670）等人进行了校注，使得这部书得以完整呈现，北宋时期刊刻为教科书。书中还提出了正负数加减运算的法则。

例如，《九章算术》中第八章（方程篇）的第八题关于三元一次方程组的建立和求解，述说了这样的问题背景：一个人有一次到家畜市场，卖了马和牛，买了猪，有所盈利，可以列一个三元一次方程，在列方程的过程中，把卖马和牛得到的钱算作正，把买猪付出的钱算作负。负数就是这样出现的。

由此可以看到，负数和正数一样，都是对数量的抽象，负数与对应的正数"数量相等，意义相反"，于是人们发明了用绝对值表述"相等"的数量。如果收入定义为正，那么支出则为负；如果向东行走定义为正，那么向西行走则为负；如果向上升高定义为正，那么向下降落则为负。虽然意义相反，但数量本身是一样的，可以用绝对值予以表示。

在学习的过程中，可以让学生体会我国古代数学家在数学上的贡献，增强学好数学的自信心。

例 2 简单近似计算。

计算 $\sqrt{2}+\sqrt{7}$，保留小数点后两位。

【说明】 伴随数据分析的需要，近似计算也变得越来越重要。在初中阶段，学生只需要了解简单的近似计算。在计算过程中，"舍去"的方法是比计算结果要求的精度多保留一位小数，最后对计算结果四舍五入。例如，取 $\sqrt{2}\approx1.414$，$\sqrt{7}\approx2.645$。虽然 $\sqrt{7}\approx2.6457$，但不对其进行四舍五入近似，直接舍去万分位上的数字。因此，得到

$$\sqrt{2}+\sqrt{7}\approx1.414+2.645=4.059\approx4.06。$$

例 3 代数推理。

1）设 $\overline{abcd}$ 是一个四位数，若 $a+b+c+d$ 可以被 3 整除，则这个数可以被 3 整除。

2）研究两位数 $\overline{a5}$ 平方的规律。

【说明】 这个例子表明，初中数学在图形与几何领域有推理或证明的内容，在数与代数领域也有推理或证明的内容。这个例子中的两个结论，都是小学数学学习过的，初中阶段可以论证其结论的正确性，让学生在逻辑论证的过程中，逐渐形成推理能力，培养科学精神。两个结论的论证过程分别表述如下。

1）$\overline{abcd}=1000a+100b+10c+d=(999a+99b+9c)+(a+b+c+d)$，显然 $(999a+99b+9c)$ 能被 3 整除，因此，如果 $(a+b+c+d)$ 能被 3 整除，那么 $\overline{abcd}$ 就能被 3 整除。

2）引导学生用归纳的方法，依次计算发现个位上数字是 5 的两位数平方的规律：

$$15\times15=225=(1\times2)\times100+25，$$
$$25\times25=625=(2\times3)\times100+25，$$
$$35\times35=1225=(3\times4)\times100+25，$$
$$\cdots$$

可以猜想并且证明下面的一般结论：

$$\overline{a5}^2=(10a+5)^2=100a^2+2\times50a+25=100a(a+1)+25。$$

在归纳的过程中引导学生发现，依次计算或尝试合理的、有利于发现事物变化规律的方法，从而养成有条理做事的习惯。

（2）方程与不等式

1）方程与方程组。

① 能根据实际情况理解方程的意义，能针对具体问题列出方程，理解方程解的意义，经历估计方程解的过程。

② 掌握等式的基本性质；能解一元一次方程和可化为一元一次方程的分式方程。

③ 掌握消元法，能解二元一次方程组。

④ 能解简单的三元一次方程组（选学内容）。

⑤ 理解配方法，能用配方法、公式法、因式分解法解含有数字系数的一元二次方程。

⑥ 会用一元二次方程根的判别式判别方程是否有实根及两个实根是否相等。

⑦ 了解一元二次方程的根与系数的关系（见例4）。

⑧ 能根据具体问题的实际意义，检验方程解的合理性。

2）不等式与不等式组。

① 结合具体问题，了解不等式的意义，探索不等式的基本性质。

② 能解数字系数的一元一次不等式，并能在数轴上表示出解集，会用数轴确定两个一元一次不等式组成的不等式组的解集。

③ 能根据具体问题中的数量关系，列出一元一次不等式，解决简单的问题。

例4　一元二次方程的根与系数的关系。

知道一元二次方程的根与系数的关系，能通过系数表示方程的根，能用方程的根表示系数。

【说明】　引导学生了解一元二次方程的一般表达式：

$$ax^2+bx+c=0(a\neq0)$$

的关键是用字母表示方程的系数，可以写出方程根的一般表达式；知道这样的表达是算术转变为代数的"分水岭"。

设 $ax^2+bx+c=0(a\neq0)$ 为一元二次方程，将方程变化为 $\left(x+\dfrac{b}{2a}\right)^2=\dfrac{b^2-4ac}{4a^2}$，于是，当 $b^2-4ac\geq0$ 时方程有两个根：

$$x_1=\frac{-b+\sqrt{b^2-4ac}}{2a},x_2=\frac{-b-\sqrt{b^2-4ac}}{2a}。$$

直接计算得到，一元二次方程的两个根 x_1，x_2 满足：

$$x_1+x_2=-\frac{b}{a},x_1x_2=\frac{c}{a}。$$

这就是韦达定理。

学生在这样的过程中，感悟符号表达对于数学发展的作用，积累用数学符号进行一般性推理的经验。

（3）函数

1）函数的概念。

① 探索简单实例中的数量关系和变化规律，了解常量、变量的意义，了解函数的概念和表示法，能举出函数的实例。

② 能结合图像对简单实际问题中的函数关系进行分析（见例5）。

③ 能确定简单实际问题中函数自变量的取值范围，会求函数值。

④ 能用适当的函数表示法刻画简单实际问题中变量之间的关系，理解函数值的意义（见例6）。

⑤ 结合对函数关系的分析，能对变量的变化情况进行初步讨论。

2）一次函数。

① 结合具体情境体会一次函数的意义，能根据已知条件确定一次函数的表达式（见例7），会运用待定系数法确定一次函数的表达式。

② 能画一次函数的图像，根据图像和表达式 $y=kx+b(k\neq0)$ 探索并理解 $k>0$ 和 $k<0$ 时图像的变化情况，理解正比例函数。

③ 体会一次函数与二元一次方程的关系。

④ 能用一次函数解决简单实际问题。

3）二次函数。

① 通过对实际问题的分析，体会二次函数的意义。

② 能画二次函数的图像，通过图像了解二次函数的性质，知道二次函数系数与图像形状和对称轴的关系。

③ 会求二次函数的最大值或最小值，并能确定相应自变量的值，能解决相应的实际问题（见例8）。

④ 知道二次函数和一元二次方程之间的关系，会利用二次函数的图像求一元二次方程的近似解。

4）反比例函数。

① 结合具体情境体会反比例函数的意义（见例9），能根据已知条件确定反比例函数的表达式。

② 能画反比例函数的图像，根据图像和表达式 $y=\dfrac{k}{x}$ （$k\neq0$）探索并理解 $k>$

0 和 $k<0$ 时图像的变化情况。

③ 能用反比例函数解决简单实际问题。

例 5　通过图像分析函数关系。

如图 2.1.1 所示，对于给定图像能够想象出图像所表示的函数关系。

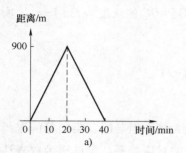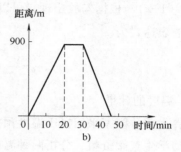

图　2.1.1

【说明】　在许多情况下，有效的教学不仅能从条件推演结果，也可从结果想象条件。

对于图 2.1.1 给出的图像，可以想象这样的情节。小明的父母出去散步，从家走了 20min 到一个离家 900m 的报亭；母亲随即按原来的速度返回，如图 2.1.1a 所示。父亲在报亭看报 10min，然后用 15min 返回家，如图 2.1.1b 所示。在这样的过程中，加深学生对函数的理解，发展学生的几何直观，培养学生数学学习的兴趣。

例 6　得到函数表达式。

如图 2.1.2 所示，等边 $\triangle ABC$ 的边长为 1，D 是 BC 边上的一点，过 D 作 AB 边的垂线，交 AB 于 G，用 x 表示线段 AG 的长度。显然，$\text{Rt}\triangle GBD$ 的面积 y 是线段长度 x 的函数，试给出这个函数的表达式。

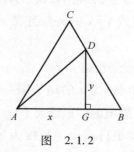

图　2.1.2

【说明】　这是一个典型的用代数式表达几何结论的问题，有利于培养学生的几何直观和推理能力。

首先确定自变量 x 的取值范围。由于 $\triangle ABC$ 是等边三角形，容易得到这个取值范围可以表示为 $\frac{1}{2}<x<1$。其次，在 Rt$\triangle GBD$ 中，GB 的长度为 $1-x$，斜边 DB 的长度为 $2(1-x)$，根据勾股定理，可以得到 DG 的长度为 $\sqrt{3}(1-x)$，所以，所求面积函数的表达式为

$$y=\frac{\sqrt{3}}{2}(1-x)^2。$$

例7 温度的计量。

全世界大部分国家采用摄氏温度预报天气，但美国、英国等国家仍然采用华氏温度。请学生查阅资料，分析两种温度的对应关系，尝试用函数表达它们的对应关系。

【说明】 引导学生查阅相关资料，给出计量值的对应表，如得到表 2.1.2 中的数据。

表 2.1.2 两种温度的对应关系

摄氏温度 x/℃	0	10	20	30	40	50
华氏温度 y/℉	32	50	68	86	104	122

启发学生在平面直角坐标系中描出相应的点。因为表 2.1.2 中摄氏温度从 0℃ 开始，所以设摄氏温度为横坐标比较方便。可以看到，两种温度的关系是一次的，能够得到该一次函数的表达式：$y=\frac{9}{5}x+32$；还可以让学生推算 0℉ 的摄氏温度，以及华氏温度值是否可能与摄氏温度值相等。

这个例子的分析，有助于学生理解函数表达式中的系数可以通过特殊点的取值确定；还有助于学生理解直线 $y=x$ 的特殊意义，感悟如何借助几何直观来分析代数问题。

例8 二次函数的最大值或最小值。

如图 2.1.3 所示，计划利用长为 a 的绳子围一个矩形围栏，其中一边是墙。试确定其余三条边，使得围栏圈出的面积最大。

【说明】 设矩形围栏与墙平行的边的长度为 x，则另外两条边等长，均为 $\frac{1}{2}(a-x)$，于是，矩形的面积为

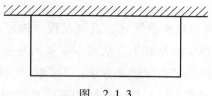

图　2.1.3

$$y = \frac{1}{2}x(a-x) = -\frac{1}{2}\left(x - \frac{1}{2}a\right)^2 + \frac{1}{8}a^2。$$

因此，当 $x = \frac{1}{2}a$ 时，围成的矩形面积最大。

学生通过这个实例分析，可以进一步熟悉求二次函数最大值的方法，感悟如何用数学的思维解决现实问题。

例 9　反比例函数的引入。

尝试由 $xy = k(k \neq 0)$ 所表示的关系过渡到反比例函数 $y = \frac{k}{x}(k \neq 0)$。

【说明】　因为小学阶段不讲反比例关系，所以初中阶段最好能通过实例，让学生感知由反比例关系过渡到反比例函数的过程。反比例关系要求两个变量 x 和 y 一起变化，以保证乘积不变；反比例函数表达的是一个量变化，另一个量随之变化。

例如，可以用 x 表示矩形的长度、y 表示矩形的宽度，那么乘积不变意味着这个矩形的面积 $xy = k(k \neq 0)$ 不变，如果 x 增大 y 就要减小，y 增大 x 就要减小，x 与 y 是成反比例关系的；而表达式 $y = \frac{k}{x}(k \neq 0)$ 意味着矩形的宽度 y 等于面积 k 除以长度 x，当长度 x 变化时宽度 y 随之变化，y 与 x 是函数关系。因此，反比例函数比反比例关系更为一般。

2. 图形与几何

通过小学阶段对图形与几何领域的学习，学生对立体图形和平面图形有了初步的认识，掌握了简单图形的周长、面积、体积的计算方法，初步认识了图形的平移、旋转和轴对称，能判断物体的方位，用数对描述平面上点的位置，形成了初步的空间观念和几何直观。

初中阶段图形与几何领域包括"图形的性质""图形的变化"和"图形与坐标"三个主题。学生将进一步学习点、线、面、角、三角形、多边形和圆等几何图形，从演绎证明、运动变化、量化分析三个方面研究这些图形的基本性质和相互关系。

"图形的性质"强调通过实验探究、直观发现、推理论证来研究图形，在用几何直观理解几何基本事实的基础上，从基本事实出发推导图形的几何性质和定理，理解和掌握尺规作图的基本原理和方法；"图形的变化"强调从运动变化的观点来研究图形，理解图形在轴对称、旋转和平移时的变化规律和变化中的不变量；"图形与坐标"强调数形结合，用代数方法研究图形，在平面直角坐标系中用坐标表示图形上点的位置，用坐标法分析和解决实际问题。

这样的学习过程，有助于学生在空间观念的基础上进一步建立几何直观，提升抽象能力和推理能力。

（1）图形的性质

1）点、线、面、角。

① 通过实物和模型，了解从物体抽象出来的几何体、平面、直线和点等概念。

② 会比较线段的长短，理解线段的和、差，以及线段中点的意义。

③ 掌握基本事实：两点确定一条直线。

④ 掌握基本事实：两点之间线段最短。

⑤ 理解两点间距离的意义，能度量和表达两点间的距离。

⑥ 理解角的概念，能比较角的大小；认识度、分、秒等角的度量单位，能进行简单的单位换算，会计算角的和、差。

⑦ 能用尺规作图：作一个角等于已知角；作一个角的平分线。

2）相交线与平行线。

① 理解对顶角、余角、补角等概念，探索并掌握对顶角相等、同角（或等角）的余角相等、同角（或等角）的补角相等的性质。

② 理解垂线、垂线段等概念，能用三角板或量角器过一点画已知直线的垂线。

③ 能用尺规作图[⊖]：作一条线段的垂直平分线；过一点作已知直线的垂线（见例10）。

④ 掌握基本事实：同一平面内，过一点有且只有一条直线与已知直线垂直。

⑤ 理解点到直线的距离的意义，能度量点到直线的距离。

⑥ 识别同位角、内错角、同旁内角。

⊖　在尺规作图中，学生应了解作图的原理，保留作图的痕迹，不要求写出作法。

⑦ 理解平行线的概念。

⑧ 掌握平行线基本事实Ⅰ：过直线外一点有且只有一条直线与这条直线平行。

⑨ 掌握平行线基本事实Ⅱ：两条直线被第三条直线所截，如果同位角相等，那么这两条直线平行。

⑩ 探索并证明平行线的判定定理：两条直线被第三条直线所截，如果内错角相等（或同旁内角互补），那么这两条直线平行。

⑪ 掌握平行线的性质定理Ⅰ：两条平行直线被第三条直线所截，同位角相等。（选学内容）了解定理的证明（见例 11）。

⑫ 探索并证明平行线的性质定理Ⅱ：两条平行直线被第三条直线所截，内错角相等（或同旁内角互补）。

⑬ 能用三角板和直尺过已知直线外一点画这条直线的平行线。

⑭ 能用尺规作图：过直线外一点作这条直线的平行线。

⑮ 了解平行于同一条直线的两条直线平行。

3）三角形。

① 理解三角形及其内角、外角、中线、高线、角平分线等概念，了解三角形的稳定性。

② 探索并证明三角形的内角和定理。掌握它的推论：三角形的外角等于与它不相邻的两个内角的和。

③ 证明三角形的任意两边之和大于第三边。

④ 理解全等三角形的概念，能识别全等三角形中的对应边、对应角。

⑤ 掌握基本事实：两边及其夹角分别相等的两个三角形全等。

⑥ 掌握基本事实：两角及其夹边分别相等的两个三角形全等。

⑦ 掌握基本事实：三边分别相等的两个三角形全等。

⑧ 证明定理：两角分别相等且其中一组等角的对边相等的两个三角形全等。

⑨ 理解角平分线的概念，探索并证明角平分线的性质定理：角平分线上的点到角两边的距离相等；反之，角的内部到角两边距离相等的点在角的平分线上。

⑩ 理解线段垂直平分线的概念，探索并证明线段垂直平分线的性质定理：线段垂直平分线上的点到线段两端的距离相等；反之，到线段两端距离相等的点在线段的垂直平分线上。

⑪ 理解等腰三角形的概念，探索并证明等腰三角形的性质定理：等腰三角

形的两个底角相等；底边上的高线、中线及顶角平分线重合。探索并掌握等腰三角形的判定定理。有两个角相等的三角形是等腰三角形。探索等边三角形的性质定理：等边三角形的各角都等于60°。探索等边三角形的判定定理：三个角都相等的三角形（或有一个角是60°的等腰三角形）是等边三角形。

⑫ 理解直角三角形的概念，探索并掌握直角三角形的性质定理：直角三角形的两个锐角互余，直角三角形斜边上的中线等于斜边的一半。掌握有两个角互余的三角形是直角三角形。

⑬ 探索勾股定理及其逆定理，并能运用它们解决一些简单的实际问题。

⑭ 探索并掌握判定直角三角形全等的"斜边、直角边"定理。

⑮ 了解三角形重心的概念。

⑯ 能用尺规作图：已知三边、两边及其夹角、两角及其夹边作三角形；已知底边及底边上的高线作等腰三角形；已知一直角边和斜边作直角三角形。

4）四边形。

① 了解多边形[○]的概念及多边形的顶点、边、内角、外角与对角线；探索并掌握多边形内角和与外角和公式。

② 理解平行四边形、矩形、菱形、正方形、梯形的概念，以及它们之间的关系；了解四边形的不稳定性。

③ 探索并证明平行四边形的性质定理：平行四边形的对边相等、对角相等、对角线互相平分。探索并证明平行四边形的判定定理：一组对边平行且相等的四边形是平行四边形；两组对边分别相等的四边形是平行四边形；对角线互相平分的四边形是平行四边形。

④ 理解两条平行线之间距离的概念，能度量两条平行线之间的距离。

⑤ 探索并证明矩形、菱形的性质定理：矩形的四个角都是直角，对角线相等；菱形的四条边相等，对角线互相垂直。探索并证明矩形、菱形的判定定理：三个角是直角的四边形是矩形，对角线相等的平行四边形是矩形；四边相等的四边形是菱形，对角线互相垂直的平行四边形是菱形。正方形既是矩形，又是菱形；理解矩形、菱形、正方形之间的包含关系。

⑥ 探索并证明三角形的中位线定理。

5）圆。

① 理解圆、弧、弦、圆心角、圆周角的概念，了解等圆、等弧的概念；探

───────

○ 指凸多边形。

索并掌握点与圆的位置关系。

② 探索并证明垂径定理：垂直于弦的直径平分弦以及弦所对的两条弧。

③ 探索圆周角与圆心角及其所对弧的关系，知道同弧（或等弧）所对的圆周角相等。了解并证明圆周角定理及其推论：圆周角等于它所对弧上的圆心角的一半；直径所对的圆周角是直角，90°的圆周角所对的弦是直径；圆内接四边形的对角互补。

④ 了解三角形的内心与外心。

⑤ 了解直线与圆的位置关系，掌握切线的概念（见例 12）。

⑥ 能用尺规作图：过不在同一直线上的三点作圆，作三角形的外接圆、内切圆；作圆的内接正方形和内接正六边形。

⑦（选学内容）能用尺规作图：过圆外一点作圆的切线（见例 13）。

⑧（选学内容）探索并证明切线长定理：过圆外一点的两条切线长相等。

⑨ 会计算圆的弧长、扇形的面积。

⑩ 了解正多边形的概念及正多边形与圆的关系。

6）定义、命题、定理。

① 通过具体实例，了解定义、命题、定理、推论的意义。

② 结合具体实例，会区分命题的条件和结论，了解原命题及其逆命题的概念。会识别两个互逆的命题，知道原命题成立其逆命题不一定成立。

③ 知道证明的意义和证明的必要性（见例 14），知道数学思维要合乎逻辑（见例 15），知道可以用不同的形式表述证明的过程，会用综合法的证明格式。

④ 了解反例的作用，知道利用反例可以判断一个命题是错误的（见例 16）。

⑤ 通过实例体会反证法的含义（见例 11）。

例 10　尺规作图：垂直平分线。

1）作一条线段的垂直平分线；

2）过一点作已知直线的垂线。

【说明】　在学生知道作相等长度的线段及相等大小的角的基础上，尝试引导学生基于图形的性质或关系作图，建立几何直观。

1）如图 2.1.4a 所示，在透明纸上画出线段 AB，把透明纸对折使点 A 与 B 重合，可以直观判断折痕是线段 AB 的垂直平分线，分析折痕特征，可以知道，折痕上任意一点到点 A 和 B 的距离相等。依据这个特征作图，分别以点 A 和 B 为圆心，以超过线段 AB 长度一半的长度为半径，在线段 AB 的两侧分别画弧，得到交点 C 和 D，作过点 C 和 D 的直线，与线段 AB 交于点 M。可以验证画出的直线与之前的折痕重合，因此，点 M 是线段 AB 的中点，$\angle AMC = \angle BMC = 90°$。所以，过点 C 和 D 的直线就是所要求的垂直平分线。

2）这是上一个作图问题的直接推论。设给定的点 P 和给定的直线 l 如图 2.1.4b 所示，以点 P 为圆心作圆弧交直线 l 于点 A 和 B 两点，然后作线段 AB 的垂直平分线，这也是给定直线的垂线。

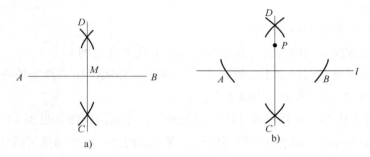

图　2.1.4

例 11　感悟反证法。

证明平行线性质定理：两条平行直线被第三条直线所截，同位角相等。

【说明】　反证法是一种重要的数学证明方法，平行线性质定理的证明是学生第一次接触到反证法的证明，因此，非常重要。在教学过程中，在让学生感知反证法作用的同时，还要让学生感悟反证法的逻辑和论证流程，感知矛盾律和排中律，形成初步的推理能力。

如图 2.1.5 所示，设 $l_1 /\!/ l_2$，l 截 l_1 和 l_2 于点 P 和 Q，证明：$\angle 1 = \angle 2$。

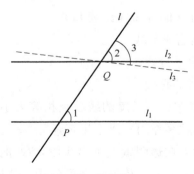

图　2.1.5

假设 $\angle 1 \neq \angle 2$，那么，可以过点 Q 作直线 l_3，使 l_3 与 l 形成的 $\angle 3 = \angle 1$，于是，l_1 和 l_3 被 l 所截的同位角相等，由平行线基本事实 Ⅱ 可知，$l_1 /\!/ l_3$。这样，过

点 Q 的两条直线 l_2 和 l_3 都与直线 l_1 平行，由平行线基本事实 I 可知，这是不可能的。

因此，假设 $\angle 1 \neq \angle 2$ 不成立，则 $\angle 1 = \angle 2$ 成立。

例 12 通过直观理解概念。

通过直线和圆的位置关系，理解切线的概念，探索切线与过切点的半径的位置关系。

【说明】 基于直线和圆的位置关系，一条直线与一个圆的位置关系有三种可能的情况：不相交、交于两点、交于一点。这里只需要分析后两种情况。

交于两点。如图 2.1.6a 所示，直线 l 与 $\odot O$ 交于两点 P 和 Q，连接 OP，OQ，则 $\triangle OPQ$ 为等腰三角形。

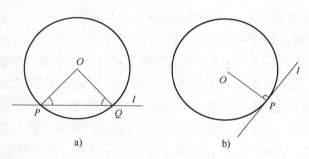

图 2.1.6

交于一点。如图 2.1.6b 所示，直线 l 与 $\odot O$ 只有一个交点 P。此时称 l 为 $\odot O$ 在点 P 处的切线，称点 P 为切点。因为 l 上的其他点到点 O 的距离都大于点 P 到点 O 的距离，所以 $OP \perp l$。因此，切线与过切点的半径垂直。

例 13 尺规作图：过圆外一点作圆的切线。

会过圆外的一个定点作圆的两条切线，知道这两条切线关于定点与圆心的连线对称。

【说明】 设圆心为 O，点 P 为 $\odot O$ 外一定点，连接线段 OP。因为直径对应的圆周角为直角，作以 OP 为直径的圆，那么两圆的交点就是过点 P 的直线与 $\odot O$ 相切时的切点。

如图 2.1.7 所示，作线段 OP 的中点 A（可以参考例 10），以 A 为圆心，以 AO 为半径作 $\odot A$，与 $\odot O$ 交于两点 Q 和 R，连接 PQ，PR，OQ，OR，则 $\angle OQP$ 和 $\angle ORP$ 均为直角。根据切线的判断，直线 PQ 和直线 PR 是 $\odot O$ 的两条切线。因为 $OQ = OR$，$OP = OP$，由 Rt$\triangle OQP \cong$ Rt$\triangle ORP$ 得，$PQ = PR$，$\angle OPQ = \angle OPR$，所以过点 P 的两条切线长度相等，且关于直线 OP 对称。

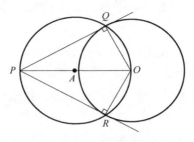

图 2.1.7

例 14 感悟证明的必要性。

通过梅森素数的故事，感悟数学猜想，理解数学证明的必要性。

【说明】 法国数学家梅森（Mersenne）1644 年提出一种快速验证大素数的方法，这就是计算形如 2^p-1 的数，其中 p 是素数。他断言，当 $p=2,3,5,7,13,$ $17,19,31,67,127,257$ 时，这种形式的数都是素数。其中前 7 个数是他整理前人的工作得到的，后 4 个数是他猜测的。后来，人们称这种形式的素数为梅森素数，并按照上述 p 的大小顺序依次称为第 1 个梅森素数、第 2 个梅森素数……

1772 年，欧拉（Euler）验证了 $p=31$ 的情况：梅森的猜想是正确的，这是第 8 个梅森素数。但是，到了 1903 年事情发生了变化。美国数学家柯尔（Cole）否定了 $p=67$ 时梅森的猜测，因为他得到 $2^{67}-1=193707721\times761838257287$。

这也告诫人们，没有经过证明的猜想只能是猜想，包括著名的哥德巴赫猜想，虽然至今为止计算机的计算结果均验证哥德巴赫猜想是正确的。

后来，人们可以用计算机验证梅森素数，使超大素数的搜索成为可能。2018 年 12 月 7 日，美国人帕特里克·拉罗什（Patrick Laroche）利用改进的互联网梅森素数大搜索（GIMPS）程序，找到了第 51 个梅森素数，这个数字是 $2^{82589933}-1$，是一个 24862048 位数，也是到 2018 年为止人们知道的最大素数。可以安排有兴趣的学生进一步查阅资料。

例 15 推理过程的逻辑。

通过实例感悟推理过程的逻辑性，包括通过归纳推理得到结论的过程，也包括通过演绎推理验证结论的过程。

【说明】 例 3（2）要求学生发现并证明个位上数字是 5 的两位数的平方的规律，先通过几个特例归纳得到一般结论，然后通过演绎证明一般结论。这是一个代数推理的过程。事实上，还可以推出更一般的结论。在这个过程中，学生还可以体会到，所有的计算都属于演绎推理。如图 2.1.8 所示，考虑一个几何的例子。

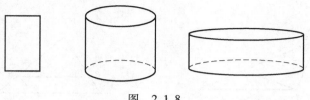

图　2.1.8

有一个长方形，想象让这个长方形分别以长边和短边所在直线为轴旋转得到两个圆柱，猜想哪个圆柱的体积更大。可以用两类非常极端的情况启发学生思考，一类是长边与短边相差不多，另一类是长边与短边相差很大，然后通过计算证明自己的猜想。

针对三角形，可引导学生思考类似的问题，猜想一般多边形的规律，然后想办法证明自己的猜想。

可以看到，无论是代数问题，还是几何问题，论证的路径大体是一致的，都是基于特殊情况成立的结论，通过归纳（更多用于代数问题）或类比（更多用于几何问题）推断一般情况下类似结论成立。在推断的过程中，研究对象与研究结论在本质上没有发生变化，因此，这样的推断具有传递性，是有逻辑的，对于推断得到的结论，还需要经过数学证明（包括数学计算）的验证，数学证明方法包括三段论、反证法、数学归纳法等，这些方法都具有传递性，是有逻辑的。因此，数学验证的过程也是有逻辑的。

努力让学生感悟上述论证的路径是获得数学结论的基本过程。验证的过程是从特殊到一般，是归纳推理，推断的过程是从一般到特殊，是演绎推理。

例 16　感悟反例的作用。

利用举反例的方法反驳下面的结论。

1）两条边与一个角分别对应相等的两个三角形全等。

2）三个角分别对应相等的两个三角形全等。

【说明】　在说明的过程中让学生感悟，如果要反驳一个命题的结论，只需要举出一个反例。

1）如图 2.1.9 所示，设 $AC = AC'$，在 $\triangle ABC$ 和 $\triangle ABC'$ 中，$AC = AC'$，$AB = AB$，$\angle B = \angle B$，即两条边和一个非这两边夹的角对应相等，但这两个三角形不全等。因此，命题的结论不成立。

2）如图 2.1.10 所示，在 $\triangle ABC$ 和 $\triangle AB'C'$ 中，$BC /\!/ B'C'$，$\angle B = \angle B'$ 和 $\angle C = \angle C'$，即 $\triangle ABC$ 和 $\triangle AB'C'$ 的三个角分别对应相等，但这两个三角形不全等。因此，

命题的结论不成立。

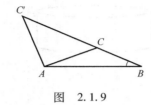

图 2.1.9

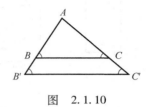

图 2.1.10

（2）图形的变化

1）图形的轴对称。

① 通过具体实例理解轴对称的概念，探索它的基本性质，呈轴对称的两个图形中对应点的连线被对称轴垂直平分。

② 能画出简单平面图形（点、线段、直线、三角形等）关于给定对称轴的对称图形。

③ 理解轴对称图形的概念；探索等腰三角形、矩形、菱形、正多边形、圆的轴对称性质。

④ 认识并欣赏自然界和现实生活中的轴对称图形。

2）图形的旋转。

① 通过具体实例认识平面图形关于旋转中心的旋转。探索它的基本性质：一个图形和旋转得到的图形中，对应点到旋转中心距离相等，两组对应点分别与旋转中心连线所成的角相等（见例17）。

② 了解中心对称、中心对称图形的概念，探索它们的基本性质：成中心对称的两个图形中，对应点的连线经过对称中心，且被对称中心平分。

③ 探索线段、平行四边形、正多边形、圆的中心对称性质。

④ 认识并欣赏自然界和现实生活中的中心对称图形。

3）图形的平移。

① 通过具体实例认识平移，探索它的基本性质：一个图形和它经过平移所得的图形中，两组对应点的连线平行（或在同一条直线上）且相等。

② 认识并欣赏平移在自然界和现实生活中的应用。

③ 运用图形的轴对称、旋转、平移进行图案设计。

4）图形的相似。

① 了解比例的基本性质、线段的比、成比例的线段，通过建筑、艺术上的实例了解黄金分割。

② 通过具体实例认识图形的相似。了解相似多边形和相似比。

③ 掌握基本事实：两条直线被一组平行线所截，所得的对应线段成比例。

④ 了解相似三角形的判定定理：两角分别相等的两个三角形相似，两边成比例且夹角相等的两个三角形相似，三边成比例的两个三角形相似。（选学内容）了解相似三角形判定定理的证明。

⑤ 了解相似三角形的性质定理（这些定理不要求学生证明）：相似三角形对应线段的比等于相似比，面积比等于相似比的平方。

⑥ 了解图形的位似，知道利用位似可以将一个图形放大或缩小。

⑦ 会利用图形的相似解决一些简单的实际问题（见例 18）。

⑧ 利用相似的直角三角形，探索并认识锐角三角函数（$\sin A$，$\cos A$，$\tan A$），知道 $30°$，$45°$，$60°$ 角的三角函数值。

⑨ 会使用计算器由已知锐角求它的三角函数值，由已知三角函数值求它的对应锐角。

⑩ 能用锐角三角函数解直角三角形，能用相关知识解决一些简单的实际问题。

5）图形的投影。

① 通过丰富的实例，了解中心投影和平行投影的概念。

② 会画直棱柱、圆柱、圆锥、球的主视图、左视图、俯视图，能判断简单物体的视图，并会根据视图描述简单的几何体。

③ 了解直棱柱、圆锥的侧面展开图，能根据展开图想象和制作模型。

④ 通过实例，了解上述视图与展开图在现实生活中的应用。

（3）图形与坐标

1）图形的位置与坐标。

① 理解平面直角坐标系的有关概念，能画出平面直角坐标系；在给定的平面直角坐标系中，能根据坐标描出点的位置，由点的位置写出坐标。

② 在实际问题中，能建立适当的平面直角坐标系，描述物体的位置。

③ 对给定的正方形，会选择合适的平面直角坐标系，写出它的顶点坐标，体会可以用坐标表达简单图形。

④ 在平面上，运用方位角和距离刻画两个物体的相对位置。

2）图形的运动与坐标。

① 在平面直角坐标系中，以坐标轴为对称轴，能写出一个已知顶点坐标的多边形的对称图形的顶点坐标，知道对应顶点坐标之间的关系。

② 在平面直角坐标系中，能写出一个已知顶点坐标的多边形沿坐标轴方向平移一定距离后图形的顶点坐标，知道对应顶点坐标之间的关系。

③ 在平面直角坐标系中，探索并了解将一个多边形依次沿两个坐标轴方向平移后所得到的图形和原来图形具有平移关系，体会图形顶点坐标的变化。

④ 在平面直角坐标系中，探索并了解将一个多边形的顶点坐标（有一个顶点为原点）分别扩大或缩小相同倍数时所对应的图形与原图形是位似的。

例 17 图形中心旋转的变与不变。

在一个平面上，确定旋转中心和旋转角，通过多边形中心旋转的前后变化，分析运动过程中的变与不变。

【说明】 先考虑点的变化，再考虑多边形的变化。

如图 2.1.11 所示，在平面上，确定旋转中心 O 和旋转角 θ，点 P 与中心 O 连接得到线段 OP，让线段 OP 绕点 O 逆时针旋转 θ 角，得到线段 OP'。这样，称点 P' 为点 P 通过中心旋转得到的点。可以看到，旋转前后线段的长度没有发生变化，即 $OP = OP'$。因此，通过中心旋转，虽然点 P 的位置发生了变化，但旋转前后的点到旋转中心的距离没有发生变化。

现在，考虑一个多边形的旋转。如图 2.1.12 所示，四边形 $ABCD$ 绕点 O 顺时针旋转 α 角，得到四边形 $A'B'C'D'$，因为图形上的每个点都绕点 O 顺时针旋转了同一个角度 α，到点 O 的距离都保持不变，从而 $\triangle AOB \cong \triangle A'OB'$，所以 $AB = A'B'$。因此，可以得到结论，在旋转过程中，图形上任意两点间的距离保持不变。

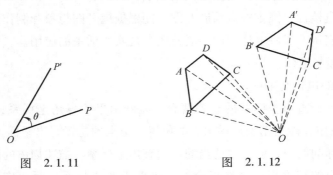

图 2.1.11   图 2.1.12

例 18 利用图形的相似解决问题。

在现实生活中，对于较高的建筑物，人们通常用图形相似的原理测量建筑物的高度。

【说明】 如图 2.1.13 所示，右边是一个高楼的示意图。可以组织一个教学活动，启发学生利用相似三角形测量高楼的高度。

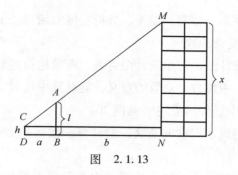

图　2.1.13

　　在距高楼 MN 为 b 的点 B 处竖立一个长度为 l 的直杆 AB，让学生调整自己的位置，使得他直立时眼睛 C、直杆顶点 A 和高楼顶点 M 三点共线。测量人与直杆的距离为 DB，记为 a；测量学生眼睛高度 CD，记为 h。设高楼的高度 MN 为 x，由相似三角形可以得到

$$\frac{x-h}{l-h}=\frac{a+b}{a}。$$

　　因此，高楼的高度为

$$x=h+\frac{(a+b)(l-h)}{a}。$$

3. 统计与概率

　　在小学阶段，学生学习了收集、整理、描述、分析数据的简单方法，会定性描述简单随机现象发生可能性的大小，建立了数据意识。初中阶段统计与概率领域包括"抽样与数据分析"和"随机事件的概率"两个主题，学生将学习简单的获得数据的抽样方法，通过样本数据推断总体特征的方法，以及定量刻画随机事件发生可能性大小的方法，形成和发展数据观念。

　　"抽样与数据分析"强调从实际问题出发，根据问题背景设计收集数据的方法，经历更加有条理地收集、整理、描述、分析数据的过程，利用样本平均数估计总体平均数，利用样本方差估计总体方差，体会抽样的必要性和数据分析的合理性"随机事件的概率"强调经历简单随机事件发生概率的计算过程，尝试用概率定量描述随机现象发生的可能性大小，理解概率的意义。

　　统计与概率领域的学习，有助于学生感悟从不确定性的角度认识客观世界的思维模式和解决问题的方法，初步理解通过数据认识现实世界的意义，感知大数据时代的特征，发展数据观念和模型观念。

　　（1）抽样与数据分析

　　1）体会抽样的必要性，通过实例认识简单随机抽样（见例 19）。

2）进一步经历收集、整理、描述、分析数据的活动，了解数据处理的过程；能用计算器处理较为复杂的数据。

3）会制作扇形统计图，能用统计图直观、有效地描述数据。

4）理解平均数、中位数、众数的意义，能计算中位数、众数、加权平均数，知道它们是对数据集中趋势的描述（见例20）。

5）体会刻画数据离散程度的意义，会计算一组简单数据的离差平方和以及方差。

6）经历数据分类的活动，知道按照组内离差平方和最小的原则对数据进行分类的方法（见例21）。

7）通过实例，了解频数和频数分布的意义，能绘制频数直方图，能利用频数直方图解释数据中蕴含的信息。

8）体会样本与总体的关系，知道可以用样本平均数估计总体平均数，用样本方差估计总体方差。

9）会计算四分位数，了解四分位数与箱线图的关系，感悟百分位数的意义（见例22）。

10）能解释数据分析的结果，能根据结果做出简单的判断和预测，并能进行交流。

11）通过表格、折线图、趋势图（见例23）等，感受随机现象的变化趋势。

（2）随机事件的概率

1）能通过列表、画树状图等方法列出简单随机事件所有可能的结果，以及指定随机事件发生的所有可能结果，了解随机事件的概率（见例24）。

2）知道通过大量重复试验，可以用频率估计概率。

例19 设计调查方案。

了解本年级的学生是否喜欢某部电视剧。调查的结果适用于学校的全体学生吗？适用于全地区的电视观众吗？如果不适用，应当如何改进调查方法？

【说明】 对于许多问题，不可能也不必要得到与问题有关的所有数据，只需要得到一部分数据（样本）就可以对总体的情况进行估计，这就是随机抽样。显然，如果得到的样本能够客观反映问题，那么估计就会准确一些，否则就会差一些。因此，需要寻找一个好的抽取样本的方法，使得样本能够客观地反映总体。本学段主要学习简单随机抽样方法，这是收集数据的通用方法。

对于本例的问题，由于同一个年级的学生差异不大，采用简单随机抽样方法比较合适。可以在上学时在学校门口随机问询，也可以按学号随机问询。为了分析方便，需要把问题结果数字化，如将"喜欢这部电视剧"记为 1，"不喜欢这部电视剧"记为 0，对于这样的问题，被问询的学生人数不能少于 20，取 40~50 比较合适。当然，能问到的学生越多越好，但需要花费更多的精力。由此可见，一个好的抽样方法不仅希望"精度高"，还希望"花费少"。

假设被问询的学生人数为 n，记录数据的和为 m，则说明学生中喜欢这部电视剧的比例为 $\dfrac{m}{n}$。可以依此估计本年级的学生中喜欢这部电视剧的比例。由于不同年级的学生差异较大，这个调查结果一般不适合学校的全体学生。

用这个数据估计全地区的电视观众喜欢这部电视剧的比例是不合适的，因为不同年龄段的人喜欢的电视剧往往不同。为了对全地区的电视观众是否喜欢这部电视剧的情况进行估计，可以采用分层抽样方法，例如：依据年龄分层，需要知道各年龄段人口的比例，按照人口比例分配样本容量，而在各层内部采取随机抽样；或者依据职业分层。教师应该了解分层抽样方法，而学生只需学习简单随机抽样方法。

例 20　分布式计算平均数或百分数。

1）已知若干网站的用户日人均上网时间，估计网民的日人均上网时间。

2）已知若干网站的用户对某个热点话题的关注度，估计网民对这个热点话题的关注度。

【说明】　以两家网站为例进行分析，设这两家网站分别为 A 网站和 B 网站。

1）平均数。启发学生思考这样的现实情境，知道两家网站的用户日人均上网时间分别为 a 和 b，希望知道这两家网站所有用户的日人均上网时间。显然，基于这些信息不可能得到结论，教师要通过启发最终使学生理解，如果还知道两家网站平均每天的上网用户人数分别为 n 和 m，那么就可以得到两家网站所有用户的日人均上网时间，即

$$\frac{na+mb}{n+m}=\frac{n}{n+m}a+\frac{m}{n+m}b。$$

这是两家网站的用户日人均上网时间 a 和 b 的加权平均数。

2）百分数。启发学生思考这样的现实情境，对于某一个热点话题，知道两家网站认为"这个话题重要"的用户所占百分比分别为 75% 和 62%，希望知道这两家网站所有用户中认为"这个话题重要"的用户所占比例。与上一个问题类似，基于这些信息不可能得到结论，教师要通过启发最终使学生理解，如果还知道两家网站参与评价的用户人数分别为 n 和 m，那么可以得到两家网站所有用

59

户中认为"这个话题重要"的用户比例为

$$\frac{0.75n+0.62m}{n+m}=\frac{n}{n+m}\times 0.75+\frac{m}{n+m}\times 0.62。$$

这也是两家网站认为"这个话题重要"的用户所占百分比 75% 和 62% 的加权平均数。最后只需把这个结果化为百分数就可以了。

通过上面两个例子可以看到，如果按照定义，无论是平均数还是百分数的计算，都需要用数量总数除以参与计算的个数。例如：平均数的问题，需要用两家网站用户上网的总时间除以用户总人数；百分数的问题，需要用两家网站认为热点话题重要的用户总人数除以参与评价的用户总人数。而现在，利用已经计算出的两家网站各自的平均数或者百分数，可以非常方便地通过加权直接计算得到两家网站的所有用户日人均上网时间或对某个热点话题的关注度。这样的计算，在形式上是加权平均，在程式上是分别计算，是分布式计算的最简单形式，是大数据计算的热门算法。

教师还可以引导学生关注网络上的其他问题，进一步积累收集数据的经验，尝试用类似的方法解决问题，逐步建立数据观念。

例 21 数据分组的原则。

表 2.1.3 中记录了我国 10 个省份 2020 年人均地区生产总值（人均 GDP）的数据，数据表明，这 10 个省份的人均 GDP 是有区别的。如果要把这 10 个省份依据人均 GDP 的多少分为两个组，你认为应当如何划分，并说出划分的道理。

表 2.1.3 2020 年 10 个省份人均 GDP 数据

省份序号	人均 GDP/万元
1	15.68
2	6.24
3	10.11
4	7.18
5	16.42
6	12.13
7	7.37
8	10.07
9	8.85
10	7.16

【说明】 在大数据分析中，数据的分组是重要的方法之一。虽然可以有多

种方法对数据进行分组，但是，使得"组内离差平方和最小"的方法是最传统的，也是非常合理的。

先讨论一般的方法。假设有 n 个数据，不失一般性，假设这些数据都不相等，表示为 $x_1, x_2, \cdots, x_n$。如果把这些数据分为两组，例如，前 m 个数据为一组（称为第一组），后 $(n-m)$ 个数据为一组（称为第二组），那么，这 n 个数据的离差平方和可以分解为两类离差平方和：一类反映两个组内数据的离散程度，另一类反映两组数据之间的差异程度。用公式表示如下：

$$
\begin{aligned}
S^2 &= (x_1-\overline{x})^2 + (x_2-\overline{x})^2 + \cdots + (x_n-\overline{x})^2 \\
&= (x_1-\overline{x})^2 + (x_2-\overline{x})^2 + \cdots + (x_m-\overline{x})^2 + (x_{m+1}-\overline{x})^2 + (x_{m+2}-\overline{x})^2 + \cdots + (x_n-\overline{x})^2 \\
&= (x_1-\overline{x_1}+\overline{x_1}-\overline{x})^2 + (x_2-\overline{x_1}+\overline{x_1}-\overline{x})^2 + \cdots + (x_m-\overline{x_1}+\overline{x_1}-\overline{x})^2 + (x_{m+1}-\overline{x_2}+\overline{x_2}-\overline{x})^2 + \\
&\quad (x_{m+2}-\overline{x_2}+\overline{x_2}-\overline{x})^2 + \cdots + (x_n-\overline{x_2}+\overline{x_2}-\overline{x})^2 \\
&= (x_1-\overline{x_1})^2 + (x_2-\overline{x_1})^2 + \cdots + (x_m-\overline{x_1})^2 + (x_{m+1}-\overline{x_2})^2 + (x_{m+2}-\overline{x_2})^2 + \cdots + (x_n-\overline{x_2})^2 + \\
&\quad m(x_1-\overline{x})^2 + (n-m)(x_2-\overline{x})^2 \\
&= \left[(x_1-\overline{x_1})^2 + (x_2-\overline{x_1})^2 + \cdots + (x_m-\overline{x_1})^2 + (x_{m+1}-\overline{x_2})^2 + (x_{m+2}-\overline{x_2})^2 + \cdots + (x_n-\overline{x_2})^2 \right] + \\
&\quad \left[m(\overline{x_1}-\overline{x})^2 + (n-m)(\overline{x_2}-\overline{x})^2 \right] \\
&= S_1^2 + S_2^2,
\end{aligned}
$$

其中，

$$
S_1^2 = (x_1-\overline{x_1})^2 + (x_2-\overline{x_1})^2 + \cdots + (x_m-\overline{x_1})^2 + (x_{m+1}-\overline{x_2})^2 + (x_{m+2}-\overline{x_2})^2 + \cdots + (x_n-\overline{x_2})^2,
$$

$$
S_2^2 = m(\overline{x_1}-\overline{x})^2 + (n-m)(\overline{x_2}-\overline{x})^2,
$$

$$
\overline{x} = \frac{1}{n}(x_1+x_2+\cdots+x_n), \ \overline{x_1} = \frac{1}{m}(x_1+x_2+\cdots+x_m), \ \overline{x_2} = \frac{1}{n-m}(x_{m+1}+x_{m+2}+\cdots+x_n)。
$$

通常称 S_1^2 为组内离差平方和，它表达了两个组内数据的离散程度；称 S_2^2 为组间离差平方和，它表达了两个组间的差异。一个合理的分组原则是使 S_1^2 达到最小、S_2^2 达到最大。由于总体离差平方和 S^2 不变，只需考虑使组内离差平方和达到最小即可。

现在，通过对表 2.1.3 中数据的分析，说明按照上述原则分组的方法。问题是"把 10 个省份依据人均 GDP 的多少分为两个组"。显然，按照组内离差平方和最小的原则，就能保证人均 GDP 相差不多的省份在一个组。可以先将 10 个数据按从小到大排列，得到

6.24, 7.16, 7.18, 7.37, 8.85, 10.07, 10.11, 12.13, 15.68, 16.42。

然后，将这些数据依次分为两组，有下面 9 种情况：

61

第一组 1 个、第二组 9 个数据，计算组内离差平方和得到 $S_{1,1}^2$；

第一组 2 个、第二组 8 个数据，计算组内离差平方和得到 $S_{1,2}^2$；

$\vdots$

第一组 9 个、第二组 1 个数据，计算组内离差平方和得到 $S_{1,9}^2$。

对上面的分组依次计算，可以利用计算机完成，因此可以与信息科技教师合作，设计跨学科主题学习。在解决现实问题的过程中，引导学生设计算法、编写程序，让学生感悟科学技术发展带来的便捷，发展创新意识。经过计算，可以得到表 2.1.4 中的结果。

表 2.1.4　计算结果

分组情况	组内离差平方和
第一组 1 个，第二组 9 个	99.546
第一组 2 个，第二组 8 个	87.023
第一组 3 个，第二组 7 个	70.706
第一组 4 个，第二组 6 个	50.822
第一组 5 个，第二组 5 个	40.050
第一组 6 个，第二组 4 个	36.286
第一组 7 个，第二组 3 个	24.713
第一组 8 个，第二组 2 个	28.399
第一组 9 个，第二组 1 个	72.195

计算结果表明，将排序后的前 7 个数据分为一组、后 3 个数据分为另一组，可以使组内离差平方和达到最小值。最后，依据数据对应的省份，分出的两组是：{省份 2，省份 3，省份 4，省份 7，省份 8，省份 9，省份 10}，{省份 1，省份 5，省份 6}。

通过数据也可以看到，这样的分组是合理的。

需要特别说明的是，对于不同分组个数之间的比较，需要更加细致地分析。例如，对于上面的数据，可以提出"是不分组合适，还是分两组合适，抑或分三组合适"的问题，因此，需要在数据分析的过程中消除分组个数不同带来的影响。如果有学生对这类问题感兴趣，教师可以引导这些学生查阅有关 AIC 或 BIC

分类准则的资料，或者查阅其他介绍大数据分类方法的图书。

例 22　箱线图与百分位数。

某银行有 A 和 B 两个理财经营团队。2018～2020 年，这两个理财团队分别负责经营 12 项理财产品，收益率（%）如下：

A：4.77，3.98，6.44，4.89，2.15，3.85，3.64，3.21，3.18，2.02，4.11，4.10；

B：3.18，3.84，3.99，3.67，3.40，3.60，4.10，4.21，4.15，4.44，3.87，3.91。

试评价 A 和 B 两个团队的经营水平。

【说明】　根据学习过的知识，学生可以用平均数（μ）、方差（σ^2）这两个统计量来评价两个团队的经营水平，通过计算可以得到

$$\mu_A \approx 3.8617\%，\sigma_A^2 \approx 1.448；$$
$$\mu_B \approx 3.8633\%，\sigma_B^2 \approx 0.127。$$

通过分析可以看到，团队 B 要比团队 A 经营得好一些。

但是，对于 12 个项目，仅用平均数进行评价似乎不够全面，还可以用采纳更多信息的方法，如百分位数，特别是四分位数的方法。

百分位数是一类统计量。如果把一组数据从小到大排序，用 m_{50} 表示中位数，称为第 50 百分位数，那么中位数把这组数据分为两部分，分别记为 S 和 T；进一步，用 m_{25} 和 m_{75} 分别表示 S 和 T 的中位数，那么，所有数据中小于或等于 m_{25} 的占 25%、小于或等于 m_{75} 的占 75%。这样，m_{25}，m_{50}，m_{75} 这三个数值把所有数据分为个数相等的四个部分，因此，称为四分位数。

分别计算 A 和 B 两个团队理财产品收益率数据的四分位数。因为数据的个数为偶数，所以中位数 m_{50} 是中间两个数的平均。相似的处理方式应用于计算 m_{25} 和 m_{75}。于是，得到表 2.1.5 的收益率数据。

表 2.1.5　两个团队理财产品收益率数据的四分位数　　　（%）

团　队	m_{25}	m_{50}	m_{75}
A	3.195	3.915	4.440
B	3.635	3.890	4.125

根据四分位数的定义，在团队 A 经营的理财产品中，收益率低于 3.195% 的项目数量占到总量的 25%（3 项），收益率低于 3.915% 的项目数量占到总量的一

半（6项），收益率高于4.440%的项目数量占总量的25%（3项）。类似地，可以解释团队 B 的相应效益。

如图 2.1.14 所示，基于四分位数可以绘制箱线图，获得两组数据的直观表示。

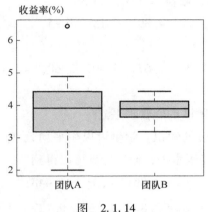

图 2.1.14

通过箱线图比较两个团队经营的 12 项理财产品，团队 A 产品收益率的中位数与团队 B 的几乎相等，但团队 A 的产品收益率明显比团队 B 的波动大，与用平均数、方差评价的结果是一致的。因此，可以更有把握地说，两个团队经营效益基本一样，但团队 B 的经营水平比团队 A 的要平稳得多。对于稳健型投资者，选择团队 B 经营的理财产品更合适。当然，对于部分激进型投资者，也可以选择团队 A 经营的理财产品。

例 23　趋势统计图。

表 2.1.6 是我国 2011—2020 年国内生产总值（GDP）数据，尝试在平面直角坐标系中用统计图描述我国这段时间的经济发展趋势。

表 2.1.6　我国 2011—2020 年 GDP 数据

年份	2011	2012	2013	2014	2015
GDP/亿元	487 940.2	538 580.0	592 963.2	643 563.1	688 858.2
年份	2016	2017	2018	2019	2020
GDP/亿元	746 395.1	832 035.9	919 281.1	986 515.2	1 013 567.0

【说明】　在现实生活中，许多数据是与时间有关的，因此，这些数据会呈现发展趋势。初中阶段的学生应能够理解报刊、图书中这类数据的表达，包括表格、描点、折线图、趋势图等，并尝试自己表达分析。

对于上述数据，学生应会捕点，虽然这时平面直角坐标系的度量单位与教材上教的不一样，但是只要刻度之间的比例关系一致，表达就是合理的，并感悟到：对于具体的实际问题往往需要具体分析，而不能单纯地套用教材上学到的知识。由于描出的点呈现线性增长趋势，可以进一步引导学生利用直线表示这种趋势，预测未来经济发展，也可以利用计算机和简单统计软件画出趋势图，感悟变量的随机性。（见图 2.1.15，2011—2020 年我国 GDP 变化趋势图）

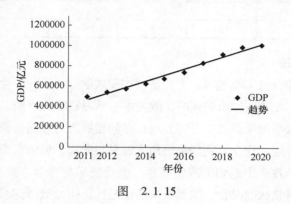

图 2.1.15

对于"用直线表示发展趋势"的问题，原则上可以画出很多条直线，教师可以引导学生思考和讨论如何画出合适的直线，如何制订确定"合适直线"的标准，并告诉学生，在高中阶段"概率与统计"的学习中将会解决这个问题，引发学生的学习兴趣。

结合这个例子可以举一反三，组织学生查阅资料，探究进出口总量与 GDP 的关系、人均收入与 GDP 的关系，也可以不局限于与经济有关的数据，例如，探究学生身高与体重的关系、同一种树的树叶长与宽的关系。

例 24 分析可能性的大小。

抛掷两枚骰子，用 n 和 m 分别表示两枚骰子朝上的点数，那么点数之和 $(n+m)$ 可能取 2~12 中的任何一个整数，分析点数之和分别取这些整数的可能性的大小。

【说明】 这个问题看起来很难，无从下手。事实上，这也是简单随机事件的问题，借助图表可以得到简单随机事件所有可能结果。

利用表 2.1.7，引导学生把两个数之和填写到对应的格子中，理解抛掷两枚骰子点数之和的可能结果，探索并得到结论：对应的格子越多，出现这种结果的可能性就越大。例如，点数之和为 7 的可能性最大，点数之和为 2 或者 12 的可能性最小。

表 2.1.7　例 24 表

6						
5						
4						
3						
2						
1						
+	1	2	3	4	5	6

4. 综合与实践

在小学阶段综合与实践领域，主要是以主题式学习的形式，让学生感悟自然界和生活中的数学，在获取知识的同时，激发学生学习数学的兴趣。在初中阶段综合与实践领域，可以采用项目式学习的方式，以问题解决为导向，整合数学与其他学科的知识和思想方法，让学生从数学的角度观察与分析、思考与表达、解决与阐释社会生活以及科学技术中遇到的现实问题，感受数学与科学、技术、经济、金融、地理、艺术等学科领域的融合，积累数学活动经验，体会数学的科学价值，提高发现与提出问题、分析与解决问题的能力，发展应用意识、创新意识和实践能力。

1）在社会生活和科学技术的真实情境中，结合方程与不等式、函数、图形的变化、图形与坐标、抽样与数据分析等内容，将现实情境数学化，探索其中的数学关系、性质与规律，感悟如何从数学的角度发现问题和提出问题，逐步形成"会用数学的眼光观察现实世界"的核心素养。

2）用数学的思维方法，运用数学与其他相关学科的知识，综合地、有逻辑地分析问题，经历分工合作、试验调查、建立模型、计算反思、解决问题的过程，提升思维能力，逐步形成"会用数学的思维思考现实世界"的核心素养。

3）用数学的语言，将现实问题转化为数学问题，经历用数学方法解决问题的过程，感悟科学研究的过程与方法，感受数学在与其他学科融合中所彰显的功效，积累数学活动经验，逐步形成"会用数学的语言表达现实世界"的核心素养（见例 25～例 27）。

例 25　体育运动与心率。

以跨学科主题学习为载体，从体育运动的诸方面提出与健康或者安全有关的问题。例如：运动类型、运动时间与心率的关系，运动时间、性别与心率的关系；在有氧或无氧运动中，分析运动时间与心率的关系。

【说明】　综合运用体育、数学、生物学等知识，研究体育运动与心率的关系，可以作为"函数"主题中的项目式学习。

由于项目式学习的对象都是现实的、与其他学科有关的内容，在活动过程中，一方面要引导学生从数学的角度观察和分析问题，另一方面，也要启发学生从现实的角度思考和研究问题。例如，在体育运动与心率的探究活动中，数学的角度就是分析变量与变量之间的关系、建立表达式，现实的角度就是研究引发心率变化的主要因素，以及这些因素的影响程度如何。

在这样的活动中，学生经历运用数学与其他学科知识融合解决问题的过程，发展模型观念；经历合作交流、实践探索、批判反思、组织协调的过程，发展学习能力和实践能力；在了解体育运动的功能与生理机制的过程中，感悟科学的运动，养成积极乐观的生活态度。

可以设计见表 2.1.8 的活动过程。

表 2.1.8　教学活动设计参考样例（例 25）

学习任务	学生活动	教师组织	活动意图
1. 提出体育运动与心率关系的问题	1. 围绕体育运动与心率的关系提出研究问题 2. 通过小组合作探究，设计研究问题的方案	1. 引导学生从不同的视角提出问题 2. 引导学生从投入探究活动中的情绪情感、问题解决过程中的能力表现、小组团队协作能力和作品四个方面进行评价 3. 在学生遇到困难时，教师应及时给予帮助，鼓励学生进行小组内部及小组之间的交流与合作	1. 学生会用数学的眼光发现并提出体育运动与心率之间可以研究的数学问题 2. 学生能够围绕问题设计可行的研究方案，包括变量控制、数据的获取、整理与分析的方法等 3. 学生能够以积极的状态投入探究活动中，在合作交流中探索解决问题的方法
2. 探究与解决问题	1. 小组根据自己设计的实验方案，收集数据 2. 在实验的过程中，利用表格、函数图像等数学工具，观察、发现实验数据中的规律。利用所学知识对实验数据进行分析 3. 结合体育、生物学等知识，对结论进行修正	1. 及时关注学生实验方案中出现的问题，及时引导，帮助学生调整方案 2. 引导学生在问题解决时聚焦问题的关键点，以及突破的策略、运用的数学知识与思想方法	1. 学生发展数学建模能力，能够选择恰当的模型解释与分析数据 2. 学生能够综合运用数学、体育、生物学等知识判断结论的有效性
3. 实验设计、实施过程及成果展示	1. 小组分享自己的作品，介绍自己的想法和收获 2. 从数学的角度反思活动过程中运用的方法与知识	引导学生对实验设计方案的可行性、数据获取方法的科学性、利用函数知识对数据进行整理与分析的有效性进行反思	学生修正完善自己的实验方案，发展反思能力

活动由数学教师主导实施完成，可以协同其他学科（如体育、生物学）教师或者班主任一起完成。如图2.1.16所示，这是一个开放性的活动，倡导通过团队合作的形式解决。可以分为课外、课内两部分：课外主要是提出研究问题、设计实验方案、获取数据；课内主要是在教师的引导下，整理和描述数据，利用函数、体育、生物学等知识分析数据之间的关系。

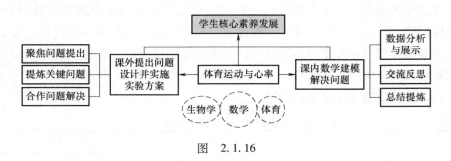

图　2.1.16

解决问题的方案将会是多元的，没有指向性的"标准答案"。教师在活动前需要分析学生可能遇到的困难点，在学生真正遇到困难时，采用恰当的引导策略帮助学生找到问题解决的方法。

例26　绘制公园平面地图。

为满足游客的个性化需求，公园常常需要提供不同主题的地图。这个素材可以作为跨学科主题学习的载体，让学生自主选择某一场景，如文化古迹、景观、建筑、古树分布、植物分布、定向越野、美食等，提炼相应主题，综合运用数学、地理、美术等知识，绘制公园平面地图，创造性地完成活动任务。

【说明】　可以作为图形与几何领域中的项目式学习活动，与图形的变化、图形与坐标等主题关系密切。

在公园平面地图绘制活动中，学生综合运用数学、地理、美术等知识，从不同的视角聚焦主题，提出研究问题，体现了以下方面的育人价值。

第一，用数学的眼光观察现实世界，用数学和跨学科思维分析问题，运用数学与艺术等多种语言形式表达自己的想法和观点，感悟数学美，发展数学抽象和几何直观等数学关键能力；提高分析问题、解决问题、合作交流、实践探索、批判反思、组织协调等共通性素养，了解中华优秀传统文化的历史渊源、发展脉络、精神内涵及人文景观和地理地貌，增强文化自觉和文化自信，养成热爱劳动、自主自立、意志坚强的品质。

第二，在这样的项目式学习中，教师要引导学生自主思考、团队合作，从不同视角提出开放性的研究问题，聚焦地图绘制提出解决方案；将空间中的景物关系抽象为平面图形及其位置关系，确定表达、建构恰当的坐标系，运用地图三要素（比例尺、图例、指向标）和美术相关知识绘制地图；综合运用数学、地理和美术等知识解决现实问题，学习用数学语言讲述现实世界的故事，逐步积累数学活动经验；发展设计与调整、组织与实施、沟通与表达的能力，培养实践与创新的能力；增强文化自信，形成尊重他人、乐于助人、勇于创新等良好品质。

可以设计见表 2.1.9 的活动过程。

表 2.1.9　教学活动设计参考样例（例 26）

学习任务	学生活动	教师组织	活动意图
1. 课外活动探究。（在公园中选择某一场景的特色主题，绘制公园平面地图）	1. 在公园中，每个小组提炼出场景的特色主题 2. 通过小组合作探究，运用数学、地理和美术等知识绘制平面地图	1. 引导学生理解场景特色主题的含义，引导学生从不同的视角提出问题 2. 引导学生从投入探究活动中的情绪情感、问题解决过程中的能力表现、小组团队协作能力和作品四个方面进行评价 3. 在学生遇到困难时，教师及时给予帮助，鼓励学生进行小组内部及小组之间的交流与合作	1. 学生能够提出有意义的主题，提高数学的抽象能力与概括能力 2. 学生能够恰当地运用跨学科知识解决问题 3. 学生能够以积极的状态投入探究活动中，在合作交流中探索问题解决的方法
2. 课内作品展示与评价。（分享作品，展示交流与总结反思）	1. 小组分享自己的作品，介绍作品设计的想法和收获 2. 小组根据评价标准对自己的作品和他组的作品进行评价 3. 从数学的角度反思活动过程中运用的方法与知识	1. 可以引导学生根据评价标准选出优秀作品，组织优秀作品分享；也可以全部分享后再评价 2. 引导学生在作品分享时聚焦问题提出的过程、合作解决问题的关键点，以及突破的策略、运用的数字知识与思想方法 3. 引导学生从数学关键能力、共通性素养和合作问题解决等角度进行总结反思	1. 学生发展语言表达能力，能够清晰地表达自己的想法和观点的形成过程 2. 学生发展反思、总结与评价能力

（续）

学习任务	学生活动	教师组织	活动意图
3. 作品修正与调整。（根据评价标准，改进自己的作品）	1. 修正完善自己的地图 2. 课后撰写综合与实践活动感悟	引导学生对地图作品进行完善，可以从空间图形绘制、位置确定等方面给予恰当的指导	学生修正完善自己的作品，发展反思能力

"绘制公园平面地图"是以平面直角坐标系相关知识应用为核心的跨学科实践活动。活动涉及不同的学科，例如，古树和植物主题会用到生物学的知识，文化古迹主题会涉及历史学科的知识。在绘制地图时，需要综合运用数学、地理、美术等知识。

活动由数学教师主导实施，可以协商其他学科教师一起完成，如地理教师、美术教师、生物教师和历史教师等。根据学生特点，对涉及其他学科的内容倡导学生用学过的相关知识或自主拓展学习的知识完成。

"绘制公园平面地图"给学生提供了一个开放性的活动任务，学生从不同的视角提出具有开放性的研究问题，倡导通过团队合作来解决。如图 2.1.17 所示，活动可以分为课外、课内两部分：课外主要是提出绘制主题、完成作品绘制；课内主要是作品的展示与交流，在教师的引导下，聚焦核心素养。

在实践活动设计与教学实施中，秉持以学生为中心的基本理念。学生在这样一个涉及数学、地理、美术、生物、历史、建筑等多学科内容的复杂问题情境中，聚焦主题，自主选择研究任务，提出并探索研究问题。在解决问题的过程中，学生需要激发自己已有知识和经验，在小组合作交流中，创造性地解决问题。问题解决方向需要学生自己探索，解决方案多元化，而非有指向性的"标准答案"。教师在活动前需要分析学生可能遇到的困难点，在学生真正遇到困难时，采用恰当的引导策略帮助学生找到问题解决的方法。

教学时，还可以选择其他场地替代本活动中的公园，如校园、社区、农场等。

例 27 国内生产总值（GDP）调研。

调查 GDP，并对数据进行整理和分析。可以调查全国的，也可以调查一部分省份的；可以调查改革开放以来的，也可以调查其中一个阶段的。

【说明】 调查 GDP 可作为统计与概率领域的项目式学习活动，涉及经济、社会、金融等学科。

这样的活动可体现学科的育人价值，学生将经历有目的地查询数据的过程，

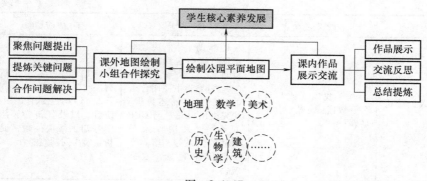

图　2.1.17

理解 GDP 等经济学概念的意义，体验收集与整理数据的必要性；将经历用统计图表表达经济增长与时间的关系，感知我国改革开放以来经济的快速发展历程，感悟数学语言的表达功能；将提升学习数学的兴趣，提高民族自信心与自豪感。

在教师指导下，学生通过自主学习、合作探究经历理解 GDP 等经济领域基本概念、查询我国（或某省）GDP 方面的信息、收集相关数据的过程，学会用数学的眼光发现并提出问题；通过对数据的整理，经历独立发现或团队分析，把握 GDP 的发展趋势，并尝试用合适的统计图表表达的过程，学会用数学的思维思考现实世界的规律、用数学的语言（函数、统计图表）表达现实世界的规律。

可以设计见表 2.1.10 的活动过程。

表 2.1.10　教学活动设计参考样例（例 27）

学习任务	学生活动	教师组织	活动意图
1. 在自主学习理解 GDP 含义的基础上，提出问题	1. 学习理解 GDP 的基本概念，会用具体实例解释、表述 GDP 2. 通过小组合作探究，提出与 GDP 相关的问题	1. 引导学生理解 GDP 的概念 2. 引导学生用数学的眼光发现社会问题并提出问题	1. 通过自主学习新概念，让学生学会学习 2. 学生能够用数学的眼光发现并提出经济生活中蕴含的数学问题 3. 学生学会用数学的方法描述、表达经济与社会中的问题
2. 收集并阅读与 GDP 相关的经济、社会方面的文献	1. 收集、整理我国（或某省）GDP 的相关文献，从中获取研究数据 2. 依据问题整理我国（或某省）GDP 及相关方面的数据，为探究学习做数据准备	1. 指导学生收集、分析相关科普信息与文献 2. 指导学生从中提取有助于解决问题的关键信息和统计数据 3. 指导、总结、提炼收集数据和调查研究的基本方法	1. 提升学生信息收集与分析处理能力 2. GDP 实际意义超出了初中生的知识基础，学生可以合作学习，拓宽知识领域，提升自主学习能力，在使用数学知识的过程中学会学习

（续）

学习任务	学生活动	教师组织	活动意图
3. 数据分析阶段	基于我国（或某省）公开数据，分析、预测、解释	1. 帮助学生解决数据解释过程中遇到的各种疑问 2. 引导学生使用合适的数学工具描述数据，探究进出口总量与GDP的关系、人均收入与GDP的关系等，培养学生的模型观念、数据观念	1. 培养学生在复杂情境中解决问题的能力 2. 帮助学生综合运用函数、统计，以及经济学、社会科学等知识解决问题，提高分析、解决问题的能力
4. 研究成果应用、研究报告展示以及反思总结	1. 完成GDP分析报告，了解我国经济发展领域取得的重要成就 2. 小组分享自己的研究报告 3. 总结小组研究的收获并反思、调整研究报告	1. 引导学生根据评价标准选出优秀研究报告，组织分享优秀报告，也可以全部分享后再评价 2. 引导学生学会对数据结果进行分析，解释我国的经济发展情况 3. 引导学生从经济与社会发展的视角总结反思GDP与社会可持续发展等深层次的问题	1. 引导学生将数据分析建模的研究结果应用于经济发展与社会学研究 2. 学生会用数学的眼光观察现实世界，会用数学的思维思考现实世界，会用数学的语言表达现实世界，实现学科育人的目的

  教师要引导学生学习如经济学、地理等知识；启发学生从各个角度查询公开的统计数据，如国家统计局或各省级统计局公布的数据，帮助学生合理运用表达方式，如折线图、趋势图、增长曲线、增减性，教会学生分析和理解数据所呈现的结果，感悟用统计学的语言表达随机现象的功效。

  提倡小组合作形式，通过集体讨论，明确研究问题，设计研究方案，分工合作实施，提升综合实践的能力。

2.2 高中数学课程标准

  2003年4月，教育部研制印发《普通高中数学课程标准（实验）》，2017年12月，修订印发了《普通高中数学课程标准（2017年版）》，2020年5月修订印发了《普通高中数学课程标准（2017年版2020年修订）》。其中部分内容如下。

2.2.1 课程性质

  数学是研究数量关系和空间形式的一门科学。数学源于对现实世界的抽象，基于抽象结构，通过符号运算、形式推理、模型构建等，理解和表达现实世界中事物的本质、关系和规律。数学与人类生活和社会发展紧密关联。数学不仅是运算和推理的工具，还是表达和交流的语言。数学承载着思想和文化，是人类文明的重要组成部分。数学是自然科学的重要基础，并且在社会科学中发挥越来越大的作用，数学的应用已渗透到现代社会及人们日常生活的各个方面。随着现代科学技术特别是计算机科学、人工智能的迅猛发展，人们获取数据和处理数据的能力都得到很大的提升，伴随着大数据时代的到来，人们常常需要对网络、文本、声音、图像等反映的信息进行数字化处理，这使数学的研究领域与应用领域得到极大地拓展。数学直接为社会创造价值，推动社会生产力的发展。

数学在形成人的理性思维、科学精神和促进个人智力发展的过程中发挥着不可替代的作用。数学素养是现代社会每一个人应该具备的基本素养。

数学教育承载着落实立德树人根本任务、发展素质教育的功能。数学教育帮助学生掌握现代生活和进一步学习所必需的数学知识、技能、思想和方法；提升学生的数学素养，引导学生会用数学眼光观察世界，会用数学思维思考世界，会用数学语言表达世界；促进学生思维能力、实践能力和创新意识的发展，探寻事物变化规律，增强社会责任感；在学生形成正确人生观、价值观、世界观等方面发挥独特作用。

高中数学课程是义务教育阶段后普通高级中学的主要课程，具有基础性、选择性和发展性。必修课程面向全体学生，构建共同基础；选择性必修课程、选修课程充分考虑学生的不同成长需求，提供多样性的课程供学生自主选择；高中数学课程为学生的可持续发展和终身学习创造条件。

2.2.2　课程理念

1）以学生发展为本，立德树人，提升素养。

高中数学课程以学生发展为本，落实立德树人的根本任务，培育科学精神和创新意识，提升数学学科核心素养。高中数学课程面向全体学生，力求能够实现人人都能获得良好的数学教育，不同的人在数学上得到不同的发展。

2）优化课程结构，突出主线，精选内容。

高中数学课程体现社会发展的需求、数学学科的特征和学生的认知规律，提高学生数学学科核心素养。优化课程结构，为学生发展提供共同基础和多样化选择；突出数学主线，凸显数学的内在逻辑和思想方法；精选课程内容，处理好数学学科核心素养与知识技能之间的关系，强调数学与生活以及其他学科的联系，提升学生应用数学解决实际问题的能力，同时注重数学文化的渗透。

3）把握数学本质，启发思考，改进教学。

高中数学教学以发展学生数学学科核心素养为导向，创建合适的教学情境，启发学生思考，引导学生把握数学内容的本质。提倡独立思考、自主学习、合作交流等多种学习方式，激发学生学习数学的兴趣，养成良好的学习习惯，让学生实践能力和创新意识得到发展。注重信息技术与数学课程的深度融合，提高教学的实效性。不断引导学生感悟数学的科学价值、应用价值、文化价值和审美价值。

4）重视过程评价，聚焦素养，提高质量。

高中数学学习评价关注学生知识技能的掌握，更关注数学学科核心素养的形成和发展，制定科学合理的学业质量要求，促进学生在不同学习阶段数学学科核心素养的形成。评价既要关注学生学习的结果，更要重视学生学习的过程。开发合理的评价工具，将知识技能的掌握与数学学科核心素养的达成有机结合，建立目标多元、方式多样、重视过程的评价体系。通过评价，提高学生学习兴趣，帮助学生认识自我，增强自信；帮助教师改进教学，提高质量。

2.2.3　高中数学课程标准的课程内容要求

必修课程包括五个主题，分别是预备知识、函数、几何与代数、概率与统计、数学建模活动与数学探究活动。数学文化融入课程内容。

必修课程共 8 学分 144 课时，表 2.2.1 给出了课时分配建议，教材编写、教学实施时可以根据实际进行适当调整。

表 2.2.1　必修课程课时分配建议表

主题	单元	建议课时
主题一 预备知识	集合	18
	常用逻辑用语	
	相等关系与不等关系	
	从函数观点看一元二次方程和一元二次不等式	
主题二 函数	函数的概念与性质	52
	幂函数、指数函数、对数函数	
	三角函数	
	函数的应用	

（续）

主题	单　元	建议课时
主题三 几何与代数	平面向量及其应用	42
	复数	
	立体几何初步	
主题四 概率与统计	概率	20
	统计	
主题五 数学建模活动 与数学探究活动	数学建模活动与数学探究活动	6
	机动	6

1. 主题一　预备知识

以义务教育阶段数学课程内容为载体，结合集合、常用逻辑用语、相等关系与不等关系、从函数观点看一元二次方程和一元二次不等式等内容的学习，为高中数学课程做好学习心理、学习方式和知识技能等方面的准备，帮助学生完成初、高中数学学习的过渡。

内容包括：集合、常用逻辑用语、相等关系与不等关系、从函数观点看一元二次方程和一元二次不等式。

（1）集合

在高中数学课程中，集合是刻画一类事物的语言和工具。本单元的学习，可以帮助学生使用集合的语言简洁、准确地表述数学的研究对象，学会用数学的语言表达和交流，积累数学抽象的经验。

内容包括：集合的概念与表示、集合的基本关系、集合的基本运算。

1）集合的概念与表示。

① 通过实例，了解集合的含义，理解元素与集合的属于关系。

② 针对具体问题，能在自然语言和图形语言的基础上，用符号语言刻画集合。

③ 在具体情境中，了解全集与空集的含义。

2）集合的基本关系。

理解集合之间包含与相等的含义，能识别给定集合的子集。

3）集合的基本运算。

① 理解两个集合的并集与交集的含义，能求两个集合的并集与交集。

② 理解在给定集合中一个子集的补集的含义，能求给定子集的补集。

③ 能使用文氏图表达集合的基本关系与基本运算，体会图形对理解抽象概念的作用。

（2）常用逻辑用语

常用逻辑用语是数学语言的重要组成部分，是数学表达和交流的工具，是逻辑思维的基本语言。本单元的学习，可以帮助学生使用常用逻辑用语表达数学对象、进行数学推理，体会常用逻辑用语在表述数学内容和论证数学结论中的作用，提升交流的严谨性与准确性。

内容包括：必要条件、充分条件、充要条件，全称量词与存在量词，全称量词命题与存在量词命题的否定。

1）必要条件、充分条件、充要条件。

① 通过对典型数学命题的梳理，理解必要条件的意义，理解性质定理与必要条件的关系。

② 通过对典型数学命题的梳理，理解充分条件的意义，理解判定定理与充分条件的关系。

③ 通过对典型数学命题的梳理，理解充要条件的意义，理解数学定义与充要条件的关系。

2）全称量词与存在量词。

通过已知的数学实例，理解全称量词与存在量词的意义。

3）全称量词命题与存在量词命题的否定。

① 能正确使用存在量词对全称量词命题进行否定。

② 能正确使用全称量词对存在量词命题进行否定。

（3）相等关系与不等关系

相等关系、不等关系是数学中最基本的数量关系，是构建方程、不等式的基础。本单元的学习，可以帮助学生通过类比，理解等式和不等式的共性与差异，掌握基本不等式。

内容包括：等式与不等式的性质、基本不等式。

1）等式与不等式的性质。

梳理等式的性质，理解不等式的概念，掌握不等式的性质。

2）基本不等式。

掌握基本不等式 $\sqrt{ab} \leqslant \dfrac{a+b}{2}(a,b \geqslant 0)$。结合具体实例，能用基本不等式解决

简单的最大值或最小值问题。

（4）从函数观点看一元二次方程和一元二次不等式

用函数理解方程和不等式是数学的基本思想方法。本单元的学习，可以帮助学生用一元二次函数认识一元二次方程和一元二次不等式。通过梳理初中数学的相关内容，理解函数、方程和不等式之间的联系，体会数学的整体性。

内容包括：从函数观点看一元二次方程、从函数观点看一元二次不等式。

1）从函数观点看一元二次方程。

会结合一元二次函数的图像，判断一元二次方程实根的存在性及实根的个数，了解函数的零点与方程根的关系。

2）从函数观点看一元二次不等式。

① 经历从实际情境中抽象出一元二次不等式的过程，了解一元二次不等式的现实意义；能够借助一元二次函数求解一元二次不等式；并能用集合表示一元二次不等式的解集。

② 借助一元二次函数的图像，了解一元二次不等式与相应函数、方程的联系。

2. 主题二　函数

函数是现代数学中最基本的概念，是描述客观世界中变量关系和规律的最为基本的数学语言和工具，在解决实际问题中发挥着重要作用。函数是贯穿高中数学课程的主线。

内容包括：函数的概念与性质，幂函数、指数函数、对数函数，三角函数，函数的应用。

（1）函数的概念与性质

本单元的学习，可以帮助学生建立完整的函数概念，不仅把函数理解为刻画变量之间依赖关系的数学语言和工具，也把函数理解为实数集合之间的对应关系；能用代数运算和函数图像揭示函数的主要性质；在现实问题中，能利用函数构建模型，解决问题。

内容包括：函数概念、函数性质、*⊖函数的形成与发展。

1）函数概念。

① 在初中用变量之间的依赖关系描述函数的基础上，用集合语言和对应关系刻画函数，建立完整的函数概念，体会集合语言和对应关系在刻画函数概念中

⊖　标有 * 的内容为选学内容，不作为考试要求。

的作用。了解构成函数的要素，能求简单函数的定义域。

② 在实际情境中，会根据不同的需要选择恰当的方法（如图像法、列表法、解析法）表示函数，理解函数图像的作用。

③ 通过具体实例，了解简单的分段函数，并能简单应用。

2）函数性质。

① 借助函数图像，会用符号语言表达函数的单调性、最大值、最小值，理解它们的作用和实际意义。

② 结合具体函数，了解奇偶性的概念和几何意义。

③ 结合三角函数，了解周期性的概念和几何意义。

3）* 函数的形成与发展。

收集、阅读函数的形成与发展的历史资料，撰写小论文，论述函数发展的过程、重要结果、主要人物、关键事件及其对人类文明的贡献。

（2）幂函数、指数函数、对数函数

幂函数、指数函数与对数函数是最基本的、应用最广泛的函数，是进一步学习数学的基础。本单元的学习，可以帮助学生学会用函数图像和代数运算的方法研究这些函数的性质；理解这些函数中所蕴含的运算规律；运用这些函数建立模型，解决简单的实际问题，体会这些函数在解决实际问题中的作用。

内容包括：幂函数、指数函数、对数函数。

1）幂函数。

通过具体实例，结合 $y=x$，$y=\dfrac{1}{x}$，$y=x^2$，$y=\sqrt{x}$，$y=x^3$ 的图像，理解它们的变化规律，了解幂函数。

2）指数函数。

① 通过对有理指数幂 $a^{\frac{m}{n}}$（$a>0$，且 $a\neq1$；m,n 为整数，且 $n>0$）、实数指数幂（$a>0$，且 $a\neq1$；$x\in\mathbf{R}$）含义的认识，了解指数幂的拓展过程，掌握指数幂的运算性质。

② 通过具体实例，了解指数函数的实际意义，理解指数函数的概念。

③ 能用描点法或借助计算工具画出指数函数的图像，探索并理解指数函数的单调性与特殊点。

3）对数函数。

① 理解对数的概念和运算性质，知道用换底公式能将一般对数转化成自然对数或常用对数。

② 通过具体实例，了解对数函数的概念。能用描点法或借助计算工具画出具体对数函数的图像，探索并了解对数函数的单调性与特殊点。

③ 知道对数函数 $y = \log_a x$ 与指数函数 $y = a^x$ 互为反函数（$a > 0$ 且 $a \neq 1$）。

④ *收集、阅读对数概念的形成与发展的历史资料，撰写小论文，论述对数发明的过程以及对数对简化运算的作用。

（3）三角函数

三角函数是一类最典型的周期函数。本单元的学习，可以帮助学生在用锐角三角函数刻画直角三角形中边角关系的基础上，借助单位圆建立一般三角函数的概念，体会引入弧度制的必要性；用几何直观和代数运算的方法研究三角函数的周期性、奇偶性（对称性）、单调性和最大（小）值等性质；探索和研究三角函数之间的一些恒等关系；利用三角函数构建数学模型，解决实际问题。

内容包括：角与弧度、三角函数概念和性质、同角三角函数的基本关系式、三角恒等变换、三角函数的应用。

1）角与弧度。

了解任意角的概念和弧度制，能进行弧度与角度的互化，体会引入弧度制的必要性。

2）三角函数的概念和性质。

① 借助单位圆理解三角函数（正弦、余弦、正切）的定义，能画出这些三角函数的图像，了解三角函数的周期性、单调性、奇偶性、最大（小）值。借助单位圆的对称性，利用定义推导出诱导公式（$\alpha \pm \dfrac{\pi}{2}$，$\alpha \pm \pi$ 的正弦、余弦、正切）。

② 借助图像理解正弦函数、余弦函数在 $[0, 2\pi]$ 上、正切函数在 $\left(-\dfrac{\pi}{2}, \dfrac{\pi}{2} \right)$ 上的性质。

③ 结合具体实例，了解 $y = A\sin(\omega x + \varphi)$ 的实际意义；能借助图像理解参数 ω，φ，A 的意义，了解参数的变化对函数图像的影响。

3）同角三角函数的基本关系式。

理解同角三角函数的基本关系式：$\sin^2 x + \cos^2 x = 1$，$\dfrac{\sin x}{\cos x} = \tan x$。

4）三角恒等变换。

① 经历推导两角差的余弦公式的过程，知道两角差的余弦公式的意义。

② 能从两角差的余弦公式推导出两角和与差的正弦、余弦、正切公式，二

倍角的正弦、余弦、正切公式，了解它们的内在联系。

③ 能运用上述公式进行简单的恒等变换（包括推导出积化和差、和差化积、半角公式，这三组公式不要求记忆）。

5）三角函数的应用。

会用三角函数解决简单的实际问题，体会可以利用三角函数构建刻画事物周期变化的数学模型。

（4）函数的应用

函数的应用不仅体现在用函数解决数学问题，更重要的是用函数解决实际问题。本单元的学习，可以帮助学生掌握运用函数性质求方程近似解的基本方法（二分法）；理解用函数构建数学模型的基本过程；运用模型思想发现和提出、分析和解决问题。

内容包括：二分法与求方程近似解、函数与数学模型。

1）二分法与求方程近似解。

① 结合学过的函数图像，了解函数的零点与方程解的关系。

② 结合具体连续函数及其图像的特点，了解函数零点存在定理，探索用二分法求方程近似解的思路并会画程序框图，能借助计算工具用二分法求方程近似解，了解用二分法求方程近似解具有一般性。

2）函数与数学模型。

① 理解函数模型是描述客观世界中变量关系和规律的重要数学语言和工具。在实际情境中，会选择合适的函数类型刻画现实问题的变化规律。

② 结合现实情境中的具体问题，利用计算工具，比较对数函数、一元一次函数、指数函数增长速度的差异，理解"对数增长""直线上升""指数爆炸"等术语的现实含义。

③ 收集、阅读一些现实生活、生产实际或者经济领域中的数学模型，体会人们是如何借助函数刻画实际问题的，感悟数学模型中参数的现实意义。

3. 主题三　几何与代数

几何与代数是高中数学课程的主线之一。在必修课程与选择性必修课程中，突出几何直观与代数运算之间的融合，即通过形与数的结合，感悟数学知识之间的关联，加强对数学整体性的理解。

内容包括：平面向量及其应用、复数、立体几何初步。

（1）平面向量及其应用

向量理论具有深刻的数学内涵、丰富的物理背景。向量既是代数研究对象，也是几何研究对象，是沟通几何与代数的桥梁。向量是描述直线、曲线、平面、曲面以及高维空间数学问题的基本工具，是进一步学习和研究其他数学领域问题的基础，在解决实际问题中发挥重要作用。本单元的学习，可以帮助学生理解平面向量的几何意义和代数意义；掌握平面向量的概念、运算、向量基本定理以及向量的应用；用向量语言、方法表述和解决现实生活、数学和物理中的问题。

81

内容包括：向量概念、向量运算、向量基本定理及坐标表示、向量的应用与解三角形。

1）向量概念。

① 通过对力、速度、位移等的分析，了解平面向量的实际背景，理解平面向量的意义和两个向量相等的含义。

② 理解平面向量的几何表示和基本要素。

2）向量运算。

① 借助实例和平面向量的几何表示，掌握平面向量加、减运算及运算规则，理解其几何意义。

② 通过实例分析，掌握平面向量数乘运算及运算规则，理解其几何意义。理解两个平面向量共线的含义。

③ 了解平面向量的线性运算性质及其几何意义。

④ 通过物理中关于功的实例，理解平面向量数量积的概念及其物理意义，会计算平面向量的数量积。

⑤ 通过几何直观，了解平面向量投影的概念以及投影向量的意义。

⑥ 会用数量积判断两个平面向量的垂直关系。

3）向量基本定理及坐标表示。

① 理解平面向量基本定理及其意义。

② 借助平面直角坐标系，掌握平面向量的正交分解及坐标表示。

③ 会用坐标表示平面向量的加、减运算与数乘运算。

④ 能用坐标表示平面向量的数量积，会表示两个平面向量的夹角。

⑤ 能用坐标表示平面向量共线、垂直的条件。

4）向量的应用与解三角形。

① 会用向量方法解决简单的平面几何问题、力学问题以及其他实际问题，体会向量在解决数学和实际问题中的作用。

② 借助向量的运算，探索三角形边长与角度的关系，掌握余弦定理、正弦定理。

③ 能用余弦定理、正弦定理解决简单的实际问题。

（2）复数

复数是一类重要的运算对象，有广泛的应用。本单元的学习，可以帮助学生通过方程求解，理解引入复数的必要性，了解数系的扩充，掌握复数的表示、运算及其几何意义。

内容包括：复数的概念、复数的运算、*复数的三角表示。

1）复数的概念。

① 通过方程的解，认识复数。

② 理解复数的代数表示及其几何意义，理解两个复数相等的含义。

2）复数的运算。

掌握复数代数表示式的四则运算，了解复数加、减运算的几何意义。

3）*复数的三角表示。

通过复数的几何意义，了解复数的三角表示，了解复数的代数表示与三角表示之间的关系，了解复数乘、除运算的三角表示及其几何意义。

（3）立体几何初步

立体几何研究现实世界中物体的形状、大小与位置关系。本单元的学习，可以帮助学生以长方体为载体，认识和理解空间点、直线、平面的位置关系；用数学语言表述有关平行、垂直的性质与判定，并对某些结论进行论证；了解一些简单几何体的表面积与体积的计算方法；运用直观感知、操作确认、推理论证、度量计算等认识和探索空间图形的性质，建立空间观念。

内容包括：基本立体图形、基本图形位置关系、*几何学的发展。

1）基本立体图形。

① 利用实物、计算机软件等观察空间图形，认识柱、锥、台、球及简单组合体的结构特征，能运用这些特征描述现实生活中简单物体的结构。

② 知道球、棱柱、棱锥、棱台的表面积和体积的计算公式，能用公式解决简单的实际问题。

③ 能用斜二测法画出简单空间图形（长方体、球、圆柱、圆锥、棱柱及其简单组合）的直观图。

2）基本图形位置关系。

① 借助长方体，在直观认识空间点、直线、平面的位置关系的基础上，抽象出空间点、直线、平面的位置关系的定义，了解以下基本事实（基本事实 1~基本事实 4 也称公理）和定理。

基本事实 1：过不在一条直线上的三个点，有且只有一个平面。

基本事实 2：如果一条直线上的两个点在一个平面内，那么这条直线在这个平面内。

基本事实 3：如果两个不重合的平面有一个公共点，那么它们有且只有一条过该点的公共直线。

基本事实 4：平行于同一条直线的两条直线平行。

定理：如果空间中两个角的两条边分别对应平行，那么这两个角相等或互补。

② 从上述定义和基本事实出发，借助长方体，通过直观感知，了解空间中直线与直线、直线与平面、平面与平面的平行和垂直的关系，归纳出以下性质定理，并加以证明。

（a）一条直线与一个平面平行，如果过该直线的平面与此平面相交，那么该直线与交线平行。

（b）两个平面平行，如果另一个平面与这两个平面相交，那么两条交线平行。

（c）垂直于同一个平面的两条直线平行。

（d）两个平面垂直，如果一个平面内有一条直线垂直于这两个平面的交线，那么这条直线与另一个平面垂直。

③ 从上述定义和基本事实出发，借助长方体，通过直观感知，了解空间中直线与直线、直线与平面、平面与平面的平行和垂直的关系，归纳出以下判定定理。

（a）如果平面外一条直线与此平面内的一条直线平行，那么该直线与此平面平行。

（b）如果一个平面内的两条相交直线与另一个平面平行，那么这两个平面平行。

（c）如果一条直线与一个平面内的两条相交直线垂直，那么该直线与此平面垂直。

（d）如果一个平面过另一个平面的垂线，那么这两个平面垂直。

④ 能用已获得的结论证明空间基本图形位置关系的简单命题。

3）*几何学的发展。

收集、阅读几何发展的历史资料，撰写小论文，论述几何学发展的过程、重要结果、主要人物、关键事件及其对人类文明的贡献。

4. 主题四　概率与统计

概率的研究对象是随机现象，它为人们从不确定性的角度认识客观世界提供重要的思维模式和解决问题的方法。统计的研究对象是数据，核心是数据分析。概率为统计的发展提供理论基础。

内容包括：概率、统计。

（1）概率

本单元的学习，可以帮助学生结合具体实例，理解样本点、有限样本空间、随机事件等概念，会计算古典概型中简单随机事件的概率，加深对随机现象的认识和理解。

内容包括：随机事件与概率、随机事件的独立性。

1）随机事件与概率。

① 结合具体实例，理解样本点和有限样本空间的含义，理解随机事件与样本点的关系。了解随机事件的并、交与互斥的含义，能结合实例进行随机事件的并、交运算。

② 结合具体实例，理解古典概型，能计算古典概型中简单随机事件的概率。

③ 通过实例，理解概率的性质，掌握随机事件概率的运算法则。

④ 结合实例，会用频率估计概率。

2）随机事件的独立性。

结合有限样本空间，了解两个随机事件独立性的含义。结合古典概型，利用独立性计算概率。

（2）统计

本单元的学习，可以帮助学生进一步学习数据收集和整理的方法、数据直观图表的表示方法、数据统计特征的刻画方法；通过具体实例，感悟在实际生活中进行科学决策的必要性和可能性；体会统计思维与确定性思维的差异、归纳推断与演绎证明的差异；通过实际操作、计算机模拟等活动，积累数据分析的经验。

内容包括：获取数据的基本途径及相关概念、抽样、统计图表、用样本估计总体。

1）获取数据的基本途径及相关概念。

① 知道获取数据的基本途径，包括：统计报表和年鉴、社会调查、试验设计、普查和抽样、互联网等。

② 了解总体、样本、样本量的概念，了解数据的随机性。

2）抽样。

① 简单随机抽样。

通过实例，了解简单随机抽样的含义及其解决问题的过程，掌握两种简单随机抽样方法：抽签法和随机数法。会计算样本均值和样本方差，了解样本与总体的关系。

② 分层随机抽样。

通过实例，了解分层随机抽样的特点和适用范围，了解分层随机抽样的必要性，掌握各层样本量比例分配的方法。结合具体实例，掌握分层随机抽样的样本均值和样本方差。

③ 抽样方法的选择。

在简单的实际情境中，能根据实际问题的特点，设计恰当的抽样方法解决问题。

3）统计图表。

能根据实际问题的特点，选择恰当的统计图表对数据进行可视化描述，体会合理使用统计图表的重要性。

4）用样本估计总体。

① 结合实例，能用样本估计总体的集中趋势参数（平均数、中位数、众数），理解集中趋势参数的统计含义。

② 结合实例，能用样本估计总体的离散程度参数（标准差、方差、极差），理解离散程度参数的统计含义。

③ 结合实例，能用样本估计总体的取值规律。

④ 结合实例，能用样本估计百分位数，理解百分位数的统计含义。

5. 主题五　数学建模活动与数学探究活动

数学建模活动是对现实问题进行数学抽象，用数学语言表达问题、用数学方法构建模型解决问题的过程。主要包括：在实际情境中从数学的视角发现问题、提出问题，分析问题、构建模型，确定参数、计算求解，检验结果、改进模型，最终解决实际问题。数学建模活动是基于数学思维运用模型解决实际问题的一类综合实践活动，是高中阶段数学课程的重要内容。

数学建模活动的基本过程如图 2.2.1 所示。

数学探究活动是围绕某个具体的数学问题，开展自主探究、合作研究并最终解决问题的过程。具体表现为：发现和提出有意义的数学问题，猜测合理的数学结论，提出解决问题的思路和方案，通过自主探索、合作研究论证数学结论。数学探究活动是运用数学知识解决数学问题的一类综合实践活动，也是高中阶段数学课程的重要内容。

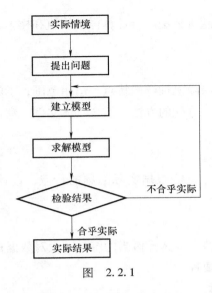

图　2.2.1

数学建模活动与数学探究活动以课题研究的形式开展。在必修课程中，要求学生完成其中的一个课题研究。

选择性必修课程包括四个主题，分别是函数、几何与代数、概率与统计、数学建模活动与数学探究活动。数学文化融入课程内容。

选择性必修课程共 6 学分 108 课时，表 2.2.2 给出了课时分配建议，教材编写、教学实施时可以根据实际作适当调整。

表 2.2.2　选择性必修课程课时分配表

主　题	单　元	建议课时
主题一 函数	数列	30
	一元函数导数及其应用	
主题二 几何与代数	空间向量与立体几何	44
	平面解析几何	
主题三 概率与统计	计数原理	26
	概率	
	统计	
主题四 数学建模活动 与数学探究活动	数学建模活动与数学探究活动	4
机动		4

1. 主题一　函数

在必修课程中，学生学习了函数的概念和性质，总结了研究函数的基本方法，掌握了一些具体的基本函数类，探索了函数的应用。在本主题中，学生将学习数列和一元函数导数及其应用。数列是一类特殊的函数，是数学重要的研究对象，是研究其他类型函数的基本工具，在日常生活中也有着广泛的应用。导数是微积分的核心内容之一，是现代数学的基本概念，蕴含微积分的基本思想；导数定量地刻画了函数的局部变化，是研究函数性质的基本工具。

内容包括：数列、一元函数导数及其应用。

（1）数列

本单元的学习，可以帮助学生通过对日常生活中实际问题的分析，了解数列的概念；探索并掌握等差数列和等比数列的变化规律，建立通项公式和前 n 项和公式；能运用等差数列、等比数列解决简单的实际问题和数学问题，感受数学模型的现实意义与应用；了解等差数列与一元一次函数、等比数列与指数函数的联系，感受数列与函数的共性与差异，体会数学的整体性。

内容包括：数列的概念、等差数列、等比数列、*数学归纳法。

1）数列的概念。

通过日常生活和数学中的实例，了解数列的概念和表示方法（列表、图像、通项公式），了解数列是一种特殊函数。

2）等差数列。

① 通过生活中的实例，理解等差数列的概念和通项公式的意义。

② 探索并掌握等差数列的前 n 项和公式，理解等差数列的通项公式与前 n 项和公式的关系。

③ 能在具体的问题情境中，发现数列的等差关系，并解决相应的问题。

④ 体会等差数列与一元一次函数的关系。

3）等比数列。

① 通过生活中的实例，理解等比数列的概念和通项公式的意义。

② 探索并掌握等比数列的前 n 项和公式，理解等比数列的通项公式与前 n 项和公式的关系。

③ 能在具体的问题情境中，发现数列的等比关系，并解决相应的问题。

④ 体会等比数列与指数函数的关系。

4）*数学归纳法。

了解数学归纳法的原理，能用数学归纳法证明数列中的一些简单命题。

（2）一元函数导数及其应用

本单元的学习，可以帮助学生通过丰富的实际背景理解导数的概念，掌握导数的基本运算，运用导数研究函数的性质，并解决一些实际问题。

内容包括：导数概念及其意义、导数运算、导数在研究函数中的应用、*微积分的创立与发展。

1）导数概念及其意义。

① 通过实例分析，经历由平均变化率过渡到瞬时变化率的过程，了解导数概念的实际背景，知道导数是关于瞬时变化率的数学表达，体会导数的内涵与思想。

② 体会极限思想。

③ 通过函数图像直观地理解导数的几何意义。

2）导数运算。

① 能根据导数定义求函数 $y=c$，$y=x$，$y=x^2$，$y=x^3$，$y=\dfrac{1}{x}$，$y=\sqrt{x}$ 的导数。

② 能利用给出的基本初等函数的导数公式和导数的四则运算法则，求简单函数的导数；能求简单的复合函数（限于形如 $f(ax+b)$）的导数。

③ 会使用导数公式表。

3）导数在研究函数中的应用。

① 结合实例，借助几何直观了解函数的单调性与导数的关系，能利用导数研究函数的单调性；对于多项式函数，能求不超过三次的多项式函数的单调区间。

② 借助函数的图像，了解函数在某点取得极值的必要条件和充分条件；能利用导数求某些函数的极大值、极小值以及给定闭区间上不超过三次的多项式函数的最大值、最小值；体会导数与单调性、极值、最大（小）值的关系。

4）*微积分的创立与发展。

收集、阅读对微积分的创立和发展起重大作用的有关资料，包括一些重要历史人物（牛顿、莱布尼茨、柯西、魏尔斯特拉斯等）和事件，采取独立完成或者小组合作的方式，完成一篇有关微积分创立与发展的研究报告。

2. 主题二　几何与代数

在必修课程学习平面向量的基础上，本主题将学习空间向量，并运用空间向量研究立体几何中图形的位置关系和度量关系。解析几何是数学发展过程中的标志性成果，是微积分创立的基础。本主题将学习平面解析几何，通过建立坐标系，借助直线、圆与圆锥曲线的几何特征，导出相应方程；用代数方法研究它们的几何性质，体现形与数的结合。

内容包括：空间向量与立体几何、平面解析几何。

（1）空间向量与立体几何

本单元的学习，可以帮助学生在学习平面向量的基础上，利用类比的方法理解空间向量的概念、运算、基本定理和应用，体会平面向量和空间向量的共性和差异；运用向量的方法研究空间基本图形的位置关系和度量关系，体会向量方法和综合几何方法的共性和差异；运用向量方法解决简单的数学问题和实际问题，感悟向量是研究几何问题的有效工具。

内容包括：空间直角坐标系、空间向量及其运算、向量基本定理及坐标表示、空间向量的应用。

1）空间直角坐标系。

① 在平面直角坐标系的基础上，了解空间直角坐标系，感受建立空间直角坐标系的必要性，会用空间直角坐标系刻画点的位置。

② 借助特殊长方体（所有棱分别与坐标轴平行）顶点的坐标，探索并得出空间两点间的距离公式。

2）空间向量及其运算。

① 经历由平面向量推广到空间向量的过程，了解空间向量的概念。

② 经历由平面向量的运算及其法则推广到空间向量的过程。

3）向量基本定理及坐标表示。

① 了解空间向量基本定理及其意义，掌握空间向量的正交分解及其坐标表示。

② 掌握空间向量的线性运算及其坐标表示。

③ 掌握空间向量的数量积及其坐标表示。

④ 了解空间向量投影的概念以及投影向量的意义。

4）空间向量的应用。

① 能用向量语言表述直线和平面，理解直线的方向向量与平面的法向量。

② 能用向量语言表述直线与直线、直线与平面、平面与平面的夹角以及垂直与平行关系。

③ 能用向量方法证明必修内容中有关直线、平面位置关系的判定定理。

④ 能用向量方法解决点到直线、点到平面、相互平行的直线、相互平行的平面的距离问题和简单夹角问题，并能描述解决这一类问题的步骤，体会向量方

法在研究几何问题中的作用。

（2）平面解析几何

本单元的学习，可以帮助学生在平面直角坐标系中，认识直线、圆、椭圆、抛物线、双曲线的几何特征，建立它们的标准方程；运用代数方法进一步认识圆锥曲线的性质以及它们的位置关系；运用平面解析几何方法解决简单的数学问题和实际问题，感悟平面解析几何中蕴含的数学思想。

内容包括：直线与方程、圆与方程、圆锥曲线与方程、*平面解析几何的形成与发展。

1）直线与方程。

① 在平面直角坐标系中，结合具体图形探索确定直线位置的几何要素。

② 理解直线的倾斜角和斜率的概念，经历用代数方法刻画直线斜率的过程，掌握过两点的直线斜率的计算公式。

③ 能根据斜率判定两条直线平行或垂直。

④ 根据确定直线位置的几何要素，探索并掌握直线方程的几种形式（点斜式、两点式及一般式）。

⑤ 能用解方程组的方法求两条直线的交点坐标。

⑥ 探索并掌握平面上两点间的距离公式、点到直线的距离公式，会求两条平行直线间的距离。

2）圆与方程。

① 回顾确定圆的几何要素，在平面直角坐标系中，探索并掌握圆的标准方程与一般方程。

② 能根据给定直线、圆的方程，判断直线与圆、圆与圆的位置关系。

③ 能用直线和圆的方程解决一些简单的数学问题与实际问题。

3）圆锥曲线与方程。

① 了解圆锥曲线的实际背景，感受圆锥曲线在刻画现实世界和解决实际问题中的作用。

② 经历从具体情境中抽象出椭圆的过程，掌握椭圆的定义、标准方程及其简单的几何性质。

③ 了解抛物线与双曲线的定义、几何图形和标准方程，以及它们的简单的几何性质。

④ 通过圆锥曲线与方程的学习，进一步体会数形结合的思想。

⑤ 了解椭圆、抛物线的简单应用。

4）*平面解析几何的形成与发展。

收集、阅读平面解析几何的形成与发展的历史资料，撰写小论文，论述平面解析几何发展的过程、重要结果、主要人物、关键事件及其对人类文明的贡献。

3. 主题三　概率与统计

本主题是必修课程中概率与统计内容的延续，将学习计数原理、概率、统计的相关知识。计数原理的内容包括两个基本计数原理、排列与组合、二项式定理。概率的内容包括随机事件的条件概率、离散型随机变量及其分布列、正态分布。统计的内容包括成对数据的统计相关性、一元线性回归模型、2×2 列联表。

内容包括：计数原理、概率、统计。

（1）计数原理

分类加法计数原理和分步乘法计数原理是解决计数问题的基础，称为基本计数原理。本单元的学习，可以帮助学生理解两个基本计数原理，运用计数原理探索排列、组合、二项式定理等问题。

内容包括：两个基本计数原理、排列与组合、二项式定理。

1）两个基本计数原理。

通过实例，了解分类加法计数原理、分步乘法计数原理及其意义。

2）排列与组合。

通过实例，理解排列、组合的概念；能利用计数原理推导排列数公式、组合数公式。

3）二项式定理。

能用多项式运算法则和计数原理证明二项式定理，会用二项式定理解决与二项展开式有关的简单问题。

（2）概率

本单元的学习，可以帮助学生了解条件概率及其与独立性的关系，能进行简单计算；感悟离散型随机变量及其分布列的含义，知道可以通过随机变量更好地刻画随机现象；理解伯努利试验，掌握二项分布，了解超几何分布；感悟服从正态分布的随机变量，知道连续型随机变量；基于随机变量及其分布解决简单的实际问题。

内容包括：随机事件的条件概率、离散型随机变量及其分布列、正态分布。

1）随机事件的条件概率。

① 结合古典概型，了解条件概率，能计算简单随机事件的条件概率。

② 结合古典概型，了解条件概率与独立性的关系。

③ 结合古典概型，会利用乘法公式计算概率。

④ 结合古典概型，会利用全概率公式计算概率。* 了解贝叶斯公式。

2）离散型随机变量及其分布列。

① 通过具体实例，了解离散型随机变量的概念，理解离散型随机变量分布列及其数字特征（均值、方差）。

② 通过具体实例，了解伯努利试验，掌握二项分布及其数字特征，并能解决简单的实际问题。

③ 通过具体实例，了解超几何分布及其均值，并能解决简单的实际问题。

3）正态分布。

① 通过误差模型，了解服从正态分布的随机变量。通过具体实例、借助频率直方图的几何直观，了解正态分布的特征。

② 了解正态分布的均值、方差及其含义。

（3）统计

本单元的学习，可以帮助学生了解样本相关系数的统计含义，了解一元线性回归模型和 2×2 列联表，运用这些方法解决简单的实际问题。会利用统计软件进行数据分析。

内容包括：成对数据的统计相关性、一元线性回归模型、2×2 列联表。

1）成对数据的统计相关性。

① 结合实例，了解样本相关系数的统计含义，了解样本相关系数与标准化数据向量夹角的关系。

② 结合实例，会通过相关系数比较多组成对数据的相关性。

2）一元线性回归模型。

① 结合具体实例，了解一元线性回归模型的含义，了解模型参数的统计意义，了解最小二乘原理，掌握一元线性回归模型参数的最小二乘估计方法，会使用相关的统计软件。

② 针对实际问题，会用一元线性回归模型进行预测。

3）2×2 列联表。

① 通过实例，理解 2×2 列联表的统计意义。

② 通过实例，了解 2×2 列联表独立性检验及其应用。

4. 主题四　数学建模活动与数学探究活动

数学建模活动与数学探究活动以课题研究的形式开展。在选择性必修课程中，要求学生完成一个课题研究，可以是数学建模的课题研究，也可以是数学探究的课题研究。课题可以是学生在学习必修课程时已完成课题的延续，或者是新的课题。

选修课程是由学校根据自身情况选择设置的课程，供学生依据个人兴趣自主选择，分为 A，B，C，D，E 五类。

这些课程为学生确定发展方向提供引导，为学生展示数学才能提供平台，为激发学生的数学兴趣提供选择，为大学自主招生提供参考。学生可以根据自己的志向和大学专业的要求选择学习其中的某些课程。

A 类课程是供有志于学习数理类（如数学、物理、计算机、精密仪器等）专业的学生选择的课程。

B 类课程是供有志于学习经济、社会类（如数理经济、社会学等）和部分理工类（如化学、生物、机械等）专业的学生选择的课程。

C 类课程是供有志于学习人文类（如语言、历史等）专业的学生选择的课程。

D 类课程是供有志于学习体育、艺术（包括音乐、美术）类专业的学生选择的课程。

E 类课程包括拓展视野、日常生活、地方特色的数学课程，还包括大学数学的先修课程等。大学数学先修课程包括：微积分、解析几何与线性代数、概率论与数理统计。

数学建模活动、数学探究活动、数学文化融入课程内容。

选修课程的修习情况应列为综合素质评价的内容。不同高等院校、不同专业的招生，根据需要可以对选修课程中某些内容提出要求。国家、地方政府、社会权威机构可以组织命题考试。考试成绩应存入学生个人学习档案，供高等院校自主招生参考。

2.3　新课程标准的变化

《义务教育数学课程标准（2022 年版）》强化了课程育人导向、优化了课程内容结构、研制了学业质量标准、增强了指导性同时加强了学段衔接，下面将从课程目标的变化、课程内容的变化和考试评价的变化三个方面解读其与《义务教育数学课程标准（2011 年版）》的异同。

2.3.1　课程目标的变化

《义务教育数学课程标准（2022 年版）》（以下简称"2022 年版课标"）的

"课程目标"在《义务教育数学课程标准（2011 年版）》（以下简称"2011 年版课标"）"总目标"和"学段目标"的基础上，增加了"核心素养内涵"。介绍了核心素养的构成、主要表现及其内涵。立足学生核心素养发展，集中体现数学课程育人价值。

2011 年版课标课程的总目标及学段目标从"知识技能、数学思考、问题解决、情感态度"四个方面阐述。2022 年版课标基于"数学核心素养"角度阐述总目标，将数学核心素养的具体表现，体现在"六三"学制的四个学段目标之中。对"五四"学制与"六三"学制的分段目标之间的对应也做了说明。

2022 年版课标提出"核心素养具有整体性、一致性和阶段性，在不同阶段具有不同表现。小学阶段侧重对经验的感悟，初中阶段侧重对概念的理解"，并用表格呈现了核心素养的主要表现及其内涵。相比 2011 年版课标"在数学课程中，应当注重发展学生的数感、符号意识、空间观念、几何直观、数据分析观念、运算能力、推理能力和模型思想……特别注重发展学生的应用意识和创新意识"的描述更具针对性。小学部分增加了"量感"（即对事物的可测量属性及大小关系的直观感知），使用"模型意识""数据意识""符号意识""推理意识"表述，在初中阶段相应使用"模型观念""数据观念""抽象能力""推理观念"表述，"意识"强调的是直观和具体，是基于经验的感悟，而"观念"是建立在概念的理解上，比"意识"更具一般性，这样表述更科学，更符合学段要求。

2.3.2 课程内容的变化

1. 课程内容结构稳中有变，体现数学课程的育人价值

2022 年版课标继承了我国数学教育的传统特色与合理内核，如"四基""四能""四大学习领域"等都得到了保留；还体现了与时俱进的发展理念，如"十大核心概念"演变为核心素养。为实现核心素养的课程目标，站在课程育人的高度，必须将数学学科知识置于育人方式改革的语境之下，对数学课程内容进行结构化整合。其中，学科实践代表学习方式变革的新方向，强调通过实践获取、理解与运用知识，倡导学生在实践中建构、巩固、创新自己的学科知识，以增强知识学习与学生实际生活以及知识整体结构的内在联系，体现了综合化、实践性特点。在这样的理念下，2022 年版课标强化了综合与实践领域的地位，不仅内容数量激增，而且最大的亮点是强调解决实际问题和跨学科主题学习，并将部分知识内容融入其中，使综合与实践领域学习有了内容抓手。主题式学习和项目式学习又丰富了学习方式，通过跨学科主题活动培养学生"三会"，因为没有行动、

创造、体验、感悟，只有记忆、背诵、理解、思维，是无法形成核心素养的。

2. 课程内容数量小幅下降，体现数学课程的"减负"担当

按照中国学生发展核心素养的逻辑来设计课程内容的结构，必须根据学习和发展的需要对学科知识进行筛选、集约、重组和调整，做到"少而精"，避免机械训练、死记硬背和"题海战术"，实现减负提质。以小学阶段为例，从"52 大纲"以来，我国小学数学课程内容数量变化经历了从少剧变到多，再从多缓变到少，然后又缓变到多的过程，新课改以来又呈现出缓慢下降趋势。小学数学课程内容数量持续下降，这种变化受到我国"减负"系列政策的影响，尤其是 2021 年"双减"政策的出台。为落实中央"双减"工作决策部署，要求强化课堂及学校教育主阵地作用，2022 年版课标在课程内容上对一些主题进行了整合或调整，调整后的课程内容总量降幅达 13.30%。这并不意味着弱化了学科知识，而是把一些学科核心知识融入跨学科主题、项目或任务等学习活动中，形成横向关联、纵向进阶的课程内容体系。这不仅体现了数学课程内容的整体性和学科本质的一致性，更体现了数学课程落实"双减"目标的学科担当。

3. 课程内容要求优化调整，体现数学课程的阶段特征

本次课程内容修订，以学习为中心，不仅包括教什么、学什么的内容问题，还包括怎么教、怎么学的过程性问题，以及教到什么程度、学到什么程度的结果性问题。为此，2022 年版课标对课程内容要求也进行了优化调整，如增加了过程性要求比例，注重体现活动化、生活化、游戏化的学习内容设计；优化了结果性要求和过程性要求的比例结构，重视数学结果的形成过程，使结果与过程的关系更加合理。提高"理解""运用"要求的内容数量，突出数学课程内容的基础性和应用性；降低"掌握"要求的内容数量，适度降低数学课程内容的难度；新增"感悟"要求的学习内容，使过程性目标体系更趋完善，因为数学基本思想更多要靠"感悟"获得；提高"探索"要求的内容数量，增强学生的探究意识、创新意识和问题解决能力。对课程内容要求的优化调整，符合学生认知心理发展的阶段性特征，有利于从学科知识本位转向核心素养本位，突出知识获得的过程性和运用知识的价值，克服高分、低能、价值观缺失等错位现象。

2.3.3 考试评价的变化

2022 年版课标着重强调，核心素养导向的课程改革强调人人获得好的数学教育，不同的人在数学上得到不同的发展，逐步形成适应终身发展需要的核心素养，即正确的价值观、必备的品格和关键的能力。基于核心素养确立数学课程目标、重构课程内容、研制学业质量标准、推进考试评价改革，是 2022 年版课标改革的关键。

1. 坚持"教-学-评"一致性原则

2022 年版课标在"评价建议"部分明确指出：发挥评价育人导向作用，坚持以评促学、以评促教，这体现了 2022 年版课标在评价方面显著地变化是坚持"教-学-评"一致性原则。这一原则凸显了以核心素养为导向的评价不再将评价与教、学割裂开来谈如何评价，而是在进行评价改革时始终坚持"教-学-评"一致性原则。这十分契合当下 2022 年版课标倡导的以评促学、以评促教的评价趋势，也体现了"作为教学的评价"的理念。基于"教-学-评"一致性原则的素养导向评价，一般需关注以下两个特点。

一是将培育学生核心素养作为评价的起点与终点。在这个过程中，不仅关注学生发展了哪些核心素养，更关注核心素养达到了何种水平与层次，评价的起点和终点均指向如何发展学生的核心素养，以此来实施教学、设计评价路径。我国之所以评价难以真正革新，是因为评价零碎知识的目标一直没有真正改变。局限于考什么就教什么、学什么的现象，评价的目标如果还停留在学生浅层的知识掌握，那么教学势必不会发生真正改变。若将核心素养作为评价的起点和终点，从评价任务出发去设计、落实教学任务，教学为了实现评价目标，将会使教学内容和过程发生深刻的变化。

二是将评价贯穿教、学的整个过程，而不是在教学结束后才进行评价。2022 年版课标在"课程理念"部分就评价与教学的关系指出：评价不仅要关注学生数学的学习结果，还要关注学生数学的学习过程，激励学生学习，改进教师教学。评价不再是教师教学总结性结果，更多是促进学生学会学习，对学生的学习过程进行推断和反馈。由于教学是个动态变化的过程，教师在教学过程中应根据学生的学习表现进行实时评价，并依据评价的结果及时调整、修正教学，充分发挥评价诊断问题和促进发展的作用。评价能够发挥知识本位教学转为核心素养本位教学的功能。核心素养评价就是学习的一部分，每一次的测验都搭建了学习的支架，同时，评价结果构成了学习轨迹。因此，素养导向的评价凸显了"教-学-评"一致性原则。

2. 开发多维度评价内容

2022 年版课标在"学业质量"部分指出数学课程学业质量标准主要从以下三个方面评估学生的核心素养达成及发展情况：以结构化数学知识主题为载体；从学生熟悉的生活与社会情境出发，构建符合学生认知发展的数学和科技情境；

经历数学的学习运用和探索实践活动的经验积累。简言之，是从数学知识、情境和过程三个方面展开评价。

2022 年版课标中指出评价内容是融合"四基""四能"和核心素养的主要表现，核心素养是在"四基""四能"的基础上形成的，是对"四基""四能"的继承与超越。数学知识是数学核心素养的外显表现，是发展核心素养的有效载体。素养导向的评价着力于高阶思维能力的评价以及学生在思维过程中所具有的态度、情感、品格和价值观的形成。高阶思维是核心素养的集中体现，外显于学生在复杂情境中的问题解决能力。素养导向的评价力求将复杂的核心素养转化为可测量的学生学习过程中的表现，注重对正确价值观、必备品格和关键能力的考查。因此，评价内容应从核心素养角度出发思考需要的数学知识与能力，将数学知识与核心素养有机融合，考查学生思维能力，关注核心素养的达成。

欧洲早有研究表明素养无法通过直接观察测量，素养的表现是在给定的情境下做事，显示出某种素养或能力以及行动的倾向或潜能。核心素养是在特定情境中表现出来的知识、能力和态度，只有通过合适的情境才能利于考查学生解决问题的能力以及达到的核心素养水平。2022 年版课标强调在评价时根据考查意图，结合学生认知水平和生活经验，设计合理的生活情境、数学情境、科学情境并关注情境的真实性。PISA 2021 数学素养测评框架强调情境的真实性，且将数学情境基本稳定在个人、社会、职业、科学四种类型的情境中。

由此可以看出，2022 年版课标提出的情境类型与国际学生评价项目（PISA）的情境类型高度一致。核心素养的评价依托学生在情境中问题解决能力的表现。学生的问题解决是学生在不同情境下运用所知，融会多种学科知识和自己的经验处理具体而真实任务的过程。PISA 和国际数学与科学趋势研究（以下简称TIMSS）的测试题围绕情境设置数学任务，并且根据所要评价的数学核心素养水平设置不同类型的情境。随着科学技术的发展，PISA 和 TIMSS 将借助信息计算开展数字化测评，数字化测评的优势是可以最大限度地模拟真实情境，从而达到评价学生的问题解决能力的目的。经历数学的学习运用和探索实践活动的经验积累体现了学生在数学活动中知识的获得、能力的提升和素养的培育，是一个动态的学习过程。2022 年版课标指出，这有助于培养学生对数学的好奇心、求知欲，以及独立思考、善于质疑的习惯，也体现了弗赖登塔尔提倡的学习数学实质就是"再创造"。审视学习过程，可以考查学生的思维水平，从而判断学生的数学核心素养所处的水平层次。因为同样的问题，不同的解决方式所蕴含的思维是存在差异的，在评价时不能只根据结果而一概而论。因此，考查核心素养要以数学知识为基础、以情境为载体、以过程经历为支撑，在评价过程中根据要考查的核心素养选择相应的数学知识、设置合适的情境类型与复杂性，并在学生的数学学习过程中展开评价。

3. 采用多样化的评价方式

从知识评价转向素养评价对评价方法提出了新的要求。评价方法决定评价内容是否能够得以准确实施，直接决定核心素养的评价是否能够落地。由于核心素养具有阶段性和复杂性等特征，单一的评价方式不能真正评价核心素养。2022年版课标提出，评价学生的核心素养基本体现在以下两类评价方式。

一类是教学评价，基于日常教学和学习等活动的评价方式。这类评价不仅运用于学生平时在课堂上的学习过程、课堂作业的表现，还包括课后作业、实践活动等一系列学习活动的追踪评价。这类评价的特点是周期长，需要长期对学生的表现进行追踪观察和记录。但毋庸置疑，教师如果合理有效地利用这类评价，并在某一阶段内对学生的行为表现进行初步判断并给予针对性的教育指导，这对学生的成长与发展是非常有益的。2022年版课标指出，这类评价方式十分丰富，包括书面测验、口头测验、活动报告、课堂观察、课后访谈、课内外作业、成长记录等，可以采用线上线下相结合的方式。档案袋评价适合了解学生的发展变化。档案袋评价注重过程，反映学习者在整个学习过程的学习作品、学习心得、学习资料以及学习反思，关注成长或改变的历程以及期间的表现性评价，注重评价的发展性功能。电子档案袋评价将打破传统教学评价的短板，改变评价主体单一性的缺陷，可以使教师、同学、家长对学生，以及学生对自己进行多角度评价。因此，在对学生进行评价时要善于使用多样化的评价方式，满足对学生学习态度、学习过程、知识技能、思维发展等多维度、全方位的评价。

另一类是基于学业水平考试评价。2022年版课标要求学业水平考试在命题原则上要坚持素养立意，凸显育人导向。学业水平考试仍然是我国素养导向评价的主流评价方式之一。以核心素养为导向的评价对考试评价的标准、内容提出新的要求，进一步审视考试评价。素养导向的评价不是一味地否定测试、评分制这类评价方式，否则将会走向评价的另一个极端。实际上，2022年版课标新增加的学业质量评价本质上是对学生学业水平的检测，属于考试评价。在核心素养背景下，需要转换考试评价的立场：从问责转变到立足学生发展，以核心素养为依据制定学业质量标准。此外，作为教师或教育评价工作者在进行任何规模的测试、考试、测验等都要以核心素养或者核心素养下的某一表现为依据来编制测试工具，哪怕是一道测试题也要思考这样的测试任务是为了衡量学生哪些素养、水平表现等,切不可重蹈一切仅为分数的覆辙。因此,遵循培育学生核心素养的考试评价仍是教育评价的重要形式之一,应将以上两种类型的评价方式相结合,扩大评价主体,使教师、家长、学生等综合运用教师评价、学生自评互评、家长评价等方式,对学生的学习情况进行全方位的考查,共同致力于我国素养导向的评价,实现立德树人、培养全面发展的人的教育目标。

以核心素养为导向的学业质量标准和考试评价对评价提出了新希冀与新挑战,这种挑战不是局部地调整原有的评价模式,而是站在育人目标高度上进行革新。要将评价真正地从甄别、筛选功能向诊断教学、促进学习的方向转变,以核心素养为指向的评价是接下来数学课程需要建立的新型评价方式。当下的紧迫任务之一是应从以上几个角度审视现有的评价模式,建立起以素养为导向的一套完整的评价制度和完备的评价体系,实现我国素质教育正式迈进素养导向的核心素养评价时代。

思考题 2

1. 初中数学课程标准的教材内容编排特点是什么?
2. 初中和高中数学课程标准的基本理念是什么?
3. 高中数学课程的框架和内容是什么?内容有哪些特点?
4. 高中数学课程编写的特点是什么?
5. 新课标下高中数学教学内容与传统教学内容比较的特点。

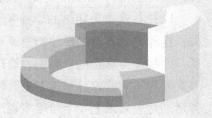

第 **3** 章
数学课程的结构及教学建议

　　数学课程是数学教育的核心内容。目前，我国对数学课程理论的研究还处在一个较薄弱的环节。如何科学地设计数学课程；如何确定适应学生身心发展和社会需要的数学教学目标；如何充分发挥教师在数学课程改革中的作用；如何理解中学数学课程改革的发展趋势；如何让学生通过学习数学课程善于或者灵活运用数学知识，培养思考问题和解决问题的能力；如何熟练掌握技能，增强数学的应用意识，这些都是数学课程论所要研究和解决的问题。这些问题处理的好坏，会直接影响到数学教育的结果。本章将对数学课程中的数学知识与技能、数学过程与方法、数学思想与方法、数学思考与能力、应用意识与问题解决进行简要地论述，并提出教学建议。

3.1　数学知识与技能

数学知识的获得与数学技能的培养是数学教育中的重要组成部分。当前，随着社会发展对人才要求的改变，数学知识与数学技能的内涵也随之发生了变化。因此，如何适应社会发展的需要，进一步加强对数学知识与数学技能的认识，从而在教学中更加自觉地、有意识地培养学生掌握知识、提高技能，已成为数学教育中的重要研究课题。

3.1.1　数学知识与技能的含义

1. 数学知识的含义

数学知识主要包括数学的概念、性质、法则、公式、公理、定理以及由其内容反映出来的数学思想和方法。

数学知识是个体通过与客观事物在数与形方面的特征和联系在相互作用后获得的信息及组织。这些信息及组织被储存于个体的大脑（长时记忆）里，就是个体的数学知识；通过书籍或其他媒介来储存，就是人类的数学知识。这里，我们强调数学知识的获得过程是主客体之间的相互作用过程，而就知识的范围来说，从获得具体信息到个体数学认知结构的根本改变，都属于数学知识的范畴。

2. 数学技能的含义

数学技能是相应于数学基础知识在发生、发展和应用过程中而产生的，是顺利完成某种数学任务的动作或心智活动方式，是通过练习而形成的接近自动化的动作模式和智力活动模式。

3.1.2　数学知识与技能的特点

1. 数学知识具有抽象性

数学知识除了具有抽象性外，还具有精确性和应用的广泛性等特点，其中最本质的特点是抽象性。数学知识的抽象程度、概括程度表现出层次性——低抽象度的元素是高抽象度元素的具体模型。例如：数字是抽象字母的具体模型，而字母又是抽象函数的具体模型。同一个对象在不同的学习阶段，或者对具有不同背景的学生而言，表现出不同的抽象程度。

2. 数学知识具有一定的结构性

这种结构形成了数学知识所特有的逻辑性，而这种结构特征不只是体现为形

101

式化的处理，它还可以表现为多样化的问题以及问题与问题之间的自然连接和转换，这样，数学知识系统就成为一个相互关联的、动态的活动系统。

3. 多数数学知识都具有两种属性

多数数学知识既表现为一种算法、操作过程，又表现为一种对象、结构。例如：三角函数，可以看成 x 与 r 之比的运算，也可当作比值、表达式；它既是一组运算过程，也是由这组运算关系形成的一个结构，或视为运算结果。

4. 动作模式的技能是指实现数学任务活动方式的动作主要是通过外部肢体运动或操作去完成的技能

它是一种由各个局部动作按照一定的程序连贯而成的外部操作活动方式。它的特点一是外显性，即操作技能是一种外显的活动方式；二是客观性，是指操作技能活动的对象是物质性的客体或肌肉；三是非简约性，就动作的结构而言，操作技能的每个动作都必须实施，不能省略或合并，是一种展开性的活动程序。如用圆规画圆，确定半径、确定圆心、圆规一脚绕圆心旋转一周等步骤，既不能省略也不能合并，必须详尽地展开才能完成画圆的过程。

5. 数学心智技能是指顺利完成数学任务的心智活动方式

它是一种借助内部言语进行的认知活动，包括感知、记忆、思维和想象等心理成分，并且以思维为其主要活动成分。数学心智技能同样是经过后天的学习和训练而形成的，它不同于人的本能。另外，数学心智技能是一种合乎法则的心智活动方式，"所谓合乎法则的活动方式是指活动的动作构成要素及其次序应体现活动本身的客观法则的要求，而不是任意的"。

6. 数学知识是数学技能的基础，数学知识能够转化为数学技能

陈述性知识是技能学习的基础，而且在一定条件下，陈述性知识常常会转化为技能。一切技能的训练都离不开陈述性知识的指引和支持，技能的学习是建立在相关陈述性知识的基础之上的。

3.1.3 数学知识与技能的学习

1. 数学概念的学习

（1）概念的形成

提出数学概念的常见方法有以下几种：

1）从实例提出。理论的基础是实践，高中数学中大量的定义，如集合、映射、一一映射、函数、等差数列、柱体、锥体等，都是从实例中归纳总结出来的。

2）通过迁移提出。数学的特征之一是它的系统性，因此常常可以从旧知识过渡迁移而得出新的定义。双曲线的定义可以从椭圆的定义迁移得出；反三角函数的定义可以从反函数的定义结合原来的习题迁移得出等。

3）观察图形或实物提出。"形"是数学研究的对象之一。观察函数的图形可以得出函数的单调性、奇偶性、周期性等定义。

4）从形成的过程提出。数学中有些定义是通过实际操作而得出的，其操作过程就是定义，这样的定义叫作形成性定义。如圆、椭圆的定义，异面直线所成的角、直线与平面所成的角、二面角的平面角等。

（2）剖析定义

建立定义以后，要养成剖析定义的习惯。剖析定义要做到以下几点：

1）明确定义的本质和关键。首先要认真阅读教材，逐字逐句地进行推敲，结合定义形成的过程明确定义的本质和关键。

2）明确定义的充要性。凡是定义都是充要命题，如直线与平面垂直的定义"如果一条直线和平面内的任何一条直线都垂直，就说这条直线和这个平面互相垂直"；反过来，"如果一条直线垂直于一个平面，那么这条直线就垂直于这个平面内的任何一条直线"仍成立。

3）突破定义的难点。对于一个定义，应突破它的难点。如周期函数定义中的"对于函数定义域内的每一个 x 的值"，数列的极限定义中的"ε""N"等，都是难以理解的，要认真思考，设法突破它。

4）明确定义的基本性质。对于一个定义，不仅要掌握其本身，还应掌握它的一些基本性质。

（3）应用定义

应用定义解答具体问题的过程是培养演绎推理能力的过程。应用定义一般可分为三个阶段：

1）复习巩固定义阶段。学习一个新定义之后，要进行复习巩固。首先要认真阅读教材中给出的定义，领会定义的实质，再要举出实例与定义相对照，加深对定义的理解，然后解答一些直接应用定义的问题、判断题、选择题或是推理计算题。

2）章节应用阶段。学完一章以后，要把该章中相近的定义，或是与原来学过的相近的定义如排列与组合、球冠与球缺、函数与方程等有意识地用比较的方法，明确它们的区别和联系，以免产生概念间的互相干扰。

3）灵活综合应用定义阶段。学习一个单元之后，由于知识的局限性，往往很难把某些概念理解透彻，特别是数学中具有全局性的重要概念，如算术根及绝对值的概念、函数的概念、充要条件的概念等，应通过各种形式运用概念，加深学生对概念的理解，以达到培养分析与综合能力的目的。

2. 数学命题的学习

表达数学判断的陈述句或用数学符号联接数和表示数的句子的关系统称为数学命题。定义、公理、定理、推论、公式都是符合客观实际的真命题。数学命题教学的过程分为以下三个阶段：

（1）命题的引入

一般而言，命题的引入可以分为两种形式：一种是直接向学生展示命题，教学的重点放在分析和证明命题以及命题的应用方面；另一种是向学生提出一些供研究、探讨的素材，并做必要的启示引导，让学生在一定的情境中独立进行思考，通过运算、观察、分析、类比、归纳等步骤，自己探索规律，建立猜想和形成命题。命题的引入有如下方法：

1）用观察、实验的方法引入命题。教师提供材料，组织学生进行实践操作，通过动作思维去发现命题。例如：在讲授"三角形内角和定理"时，先让学生把三角形的两个角剪下来，与另一个角拼在一起，引导学生通过观察去"发现"这一定理。

2）用观察、归纳的方法引入命题。例如：韦达定理的教学就可以采用观察、归纳的方式，让学生自己去发现定理。首先，举一些具体的一元二次方程实例，让学生先求出这些方程的根，然后引导学生观察，方程的两根之和、两根之积与方程的系数之间有何关系？学生会不难发现这种关系并提出猜想，于是教师再引导学生去证明这一猜想进而得到韦达定理。

3）由实际的需要引入命题。为了解决一些现实生活和生产实践中的问题，有时需要运用数学的方法，而这种数学方法往往会产生很有用处的定理、法则。例如：教师提出问题，在缺乏测量角度仪器的情况下，只能测得某一呈三角形状的土地的三边之长，问能否由三边的长度去求出该三角形的面积？这样就会调动学生渴望解决这个问题的动机，由此再引导学生去探求和推导出"海伦公式"。

4）由"矛盾"引入命题。例如：在讲授"和角公式"时，可先让学生计算 $\cos 30° =$ ＿＿＿＿，$\cos 60° =$ ＿＿＿＿，$\cos (30°+60°) =$ ＿＿＿＿。通过计算，学生会发现 $\cos(30°+60°) \neq \cos 30°+\cos 60°$。接着教师再提出问题计算 $\cos(\alpha+\beta) = ?$ 是否存在一个公式？于是引导学生去寻求余弦的和角公式。一般地，学生会认为 $\cos(\alpha+\beta) = \cos \alpha+\cos \beta$，但由具体的例子又推翻了这种假设，于是产生了"矛盾"，这种"矛盾"是由于学生的思维定势，将 cos 作为一个运算元素套用乘法对加法的分配律，导致了一种思维的冲突，在这一情境中引入命题，就能充分地激发学生的学习兴趣，渴望寻求新的公式。

除了上述几种常用的引入命题的方法外，还可以从概念的定义出发，结合图形，运用已知公理、定理进行推理去导出命题；也可以从已知定理出发，运用命题形式的关系，构造其逆命题、否命题或逆否命题，得到新的命题。总之，在命题教学中，要根据命题内容，结合学生的具体情况，灵活恰当地设计引入方式，这对于学生理解和掌握命题是十分有益的。

（2）命题的证明

命题引入后，教师的重点工作转向对命题的条件、结论剖析，探讨其证明思路。在教学中要做好以下几方面的工作。

1）注意对定理证明的思路分析。首先，要切实分清命题的条件与结论，要求学生能用语言和数学符号将其表述出来，这是命题证明的基础。对于一些简化式命题，其条件与结论不是十分明显，初学者难以掌握，教学中应恢复成命题的标准形式"$p \rightarrow q$"。例如"对顶角相等"，应完整地叙述为"如果两个角是对顶角，那么这两个角相等"，并结合图形进一步写成"若 $\angle \alpha$，$\angle \beta$ 是对顶角，则 $\angle \alpha = \angle \beta$"。对于含有多个结论的合取式命题，在教学的初始阶段最好把它按结论的个数分解为几个命题分别处理。例如：梯形的中位线定理"梯形的中位线平行于两底并且等于两底和的一半"，可将其分解为"梯形的中位线平行于两底"和"梯形的中位线长等于两底和的一半"两个定理。其次，要分析命题的证明思路，让学生掌握证明的方法。教学中宜采用分析法探索证明途径，用综合法表达证明过程，长此训练，使学生养成"执果索因"的习惯。

2）注意命题的多种证法。对一个命题采用多种证明方法，不仅可以开拓学生的思路，训练思维能力，而且还能使学生从横向和纵向方面把握命题，加深对命题的理解。例如：学习"勾股定理"，可以采用构造图形方法，利用面积关系来证明。在学习了相似三角形的内容之后，可利用"射影定理"返回去再证明勾股定理。

3）注意建立数学命题系统化体系。如同形成概念体系一样，数学命题的系统化对于学生全面系统地掌握知识，形成合理完善的认知结构有积极的促进作用。在教学中，教师要揭示命题之间的联系，从纵、横两个方向对知识进行整理，纵的方向按逻辑关系整理，横的方向按命题的用途归类，这样就把数学命题与其相关的知识联成网络，在应用时就能使相关的知识发挥其各自的作用，同时还能体现出知识的整体功能。

4）注意揭示数学的思想方法。一个数学命题的产生，本身就包含着一定的思想和方法。在命题教学中，教师应当揭示隐含于数学表层知识之中的数学思想方法，这对于发展学生的数学能力、提高数学素养是十分有利的。例如：对于圆周角定理的证明，要突出"分类思想"；关于数列的有关概念、性质，则应体现"递归思想""函数思想"，其研究方法又涉及了"归纳法""迭代法""累加法"等具体的数学方法。

（3）命题的应用

一般而言，应用数学中的定理、法则、公式可以解决众多的数学问题。同时，命题的应用又是训练、发展学生的逻辑推理能力的必由之路，因而，命题的应用是命题教学中必不可少的重要环节。具体地说，在定理、法则、公式的应用中，要注意安排好各类习题，既有基本训练题，又有巩固知识的题型，还要有综合型的题目。另外还应适当地补充一些逆用、变用定理及公式的例题、习题，以培养学生活用、逆用命题的能力。

3. 数学技能的学习

数学技能，按照其本身的性质和特点，可以分为操作技能（又叫作动作技能）和心智技能（也叫作智力技能）两种类型。

（1）数学操作技能

数学操作技能是数学学习中外部实际操作活动的技能。如使用圆规、直尺等工具画图的技能，测量的技能，使用计算工具的技能。

操作技能具有有别于心智技能的一些比较明显的特点：一是外显性，即操作技能是一种外显的活动方式；二是客观性，是指操作技能活动的对象是物质性的客体；三是非简约性，对动作的结构而言，操作技能的每个动作都必须实施，不能省略和合并，是一种展开性的活动程序。

（2）数学心智技能

数学心智技能是指顺利完成数学任务的心智活动方式。它是一种借助于内部言语进行的认知活动，包括感知、记忆、思维和想象等心理成分，并且以思维为其主要活动成分。如学生笔算、解方程和解答应用题等活动中形成的技能更多的是一些数学心智技能。数学心智技能同样是经过后天的学习和训练而形成的，它不同于人的本能。另外，数学心智技能是一种合乎法则的心智活动方式，是作为一种以思维为主要活动成分的认知活动方式。它具有以下特征：①动作对象的观念性。②动作实施过程的内隐性。③动作结构的简洁性。因此，数学心智技能中的动作成分是可以合并、省略和简化的。

3.1.4 数学知识与技能的教学建议

1. 注重思维的过程

学生数学认知结构的形成和发展，是经过一系列数学认知（思维）活动过程而得到的。因此，教师在讲授数学知识的同时，也要注意让学生在数学知识的建立、发展过程（如概念的提出、解题思路的探索、解题方法和规律的概括与归纳过程等）和运用过程中进行思维。同时，数学知识的潜在思维价值和智力价值也有赖于教师的挖掘，使学生能感受、体验到数学知识所包含的深刻的思想，从而提高学生的学习兴趣，发展学生的思维能力。

2. 注重数学知识间的比较和转化过程

数学学习过程中的每个环节或阶段，几乎都要使用比较。如果没有比较，就没有抽象概括，感性认识也不能上升到理性认识。因此，教师教学时恰当地应用比较，就能为新旧知识的连接和新知识的内化打下基础。

3. 注重数学思想方法的有机渗透

数学知识蕴含着数学思想方法，数学思想方法又影响数学知识的学习。因此，教师如能在进行数学知识教学的同时，注重数学思想方法的有机渗透，则有助于学生形成一个既有肉体又有灵魂的活的数学认知结构，有助于促进学生数学能力的发展和运用数学知识解决实际问题能力的提高。

4. 注重数学知识的抽象和概括过程

在数学学习中，抽象概括过程是认清数学对象的本质，从感性上升到理性的桥梁，它应贯穿于数学学习与数学教学过程的始终。事实上，概念是对一类事物的属性的概括，数学技能是对一系列数学活动方式的概括，数学思想则是数学知识结构的概括特征。而只有概括了的一般概念和原理才具有较大的迁移力，故在数学教学中要注重抽象和概括过程。

5. 注重技能训练

根据数学技能形成过程的四个阶段，培养学生数学技能时应注意以下几点：

（1）加强练习

练习是知识转化为技能的基本途径。"刺激—反应"的联接是在重复的过程中建立起来的，"熟能生巧"就表明了练习对形成技能的重要意义。练习要有效，就得做到练习内容的目的性、计划性、典型性，安排练习时间的合理性，练习方式的多样性，知道练习结果的及时性等。

（2）注重示范

教师进行数学活动的示范，在言语指导的同时，呈现数学活动的过程，学生模仿着教师的示范活动，可以比较顺利地获得有关的经验。例如：一元一次方程的解法，教师指出去括号、移项、合并同类项、两边同除以未知数的系数这几个基本步骤的同时，若能给学生具体示范一下，学生就能较容易掌握这一基本技能。

（3）反省总结

反省总结具有使动作加以序列化整理的性质，如果只是一味地进行练习，而不注意在练习过程中反思、总结，错误的动作得不到及时纠正，不明确成功经验和错误的教训产生的根源，技能就不能较快形成。

3.2　教学过程与方法

教学实践表明：教学目的是在教学过程中实现的，课程教材是在教学过程中应用的，学生的学习活动是在教学过程中进行的，教学的基本规律存在于教学的发生和发展过程中。因此，要实现教学目的，探讨数学教学的基本规律，就要研究并正确理解数学教学过程。只有深入地研究教学过程，才能揭示教学过程的内在规律，阐明教学规律，从而为科学地制定教学原则、确定教学方法、为合理地组织教学活动提供理论依据，所以教学过程是教学活动中的核心问题。本节将对数学教学过程的特点和本质、教学过程及教学方法进行分析。

3.2.1　数学教学过程与方法的含义

1. 数学教学过程的含义

教学过程是在一定的时空条件下，通过一系列的教学活动分阶段完成教学任务、实现教学目的的发展进程。教学过程是教学活动中的核心问题。

数学教学过程是教师的教和学生的学的双边统一活动过程，在这一过程中，学生掌握数学知识和技能，提高运用数学的能力，并形成一定的数学意识。

2. 数学教学方法的含义

数学教学方法是指为达到数学教学目的，完成数学教学任务，运用教学手段，并以数学教学原则为指导的师生互动方式的有机组合。数学教学方法不仅包括了教师的授课方式，同时也包括了学生的学习方式，以及他们之间互动的有机联系。我们把数学课的基本教学活动称为教学方式，如问答、阅读、讨论、探索、练习、演示或实验等，教学方法一般是由这些活动方式中的某几种组成。

3.2.2　数学教学过程与方法的特点

1. 数学教学过程是教师引导学生进行数学活动的过程

《数学课程标准》突出强调了数学教学是数学活动的教学。学生要在数学教师的指导下，积极主动地掌握数学知识、技能、发展能力，形成积极、主动的学习态度，同时使身心获得健康发展。数学活动可以从两个方面加以理解：一是数学活动是学生经历数学化过程的活动；二是数学活动是学生自己建构数学知识的活动。所谓数学化是指学生从自己的知识经验出发，经过自己的思考，得出有关数学结论的过程。

2. 数学教学过程是教师和学生之间互动的过程

传统意义上的数学教学只是强调知识和技能的传授，强调教师对教学的控制，学生完全处于一种被动、接受的状态。《数学课程标准》提出数学教学应是教师与学生围绕着数学教材进行对话的过程，其中教师与学生是人格平等的主体。在教学过程中，学生应当成为学习活动的主体，教师应成为学生数学学习活动的组织者、引导者与合作者，两者通过对话和交流实现课堂中彼此之间的互动。

3. 数学教学过程是师生共同发展的过程

数学教学过程的基本目标是促进学生的发展。学生的发展包括知识与技能、数学思考、解决问题和情感态度四个方面。数学教学应该以发展为核心，促使学生在学习数学的过程中学会思考、学会做人。与此同时，教师自身也在数学教学的过程中对自己的教学实践不断进行反思和研究，开展创造性教学，使自己的教学方法更适合学生的发展并且使自身得到提高。

4. 教学程序上的特点

讲授新课基本上采用这样的程序：老师提出问题，学生自学预习；学生在老师的指导下理解所学的内容；巩固所学的内容；检测所学的知识。重视教师和学生的交流，改善教师与学生的关系，加强对学生的全面了解，调动学生的积极性；重视学生自学能力的培养，注意探索学生的好奇心；多采用启发式教学方法，注重应用教育，鼓励学生发展。

5. 讲授方法上的特点

数学知识的传授基本上是以讲授法为主，其他方法为辅助。重视启发式教学。在教学中重视启发式教学思想在学科教学中的应用。重视能力的培养，真正做到使学生提高素质全面发展。

3.2.3　数学教学过程与方法的学习

数学过程的具体内容表现为：数学概念的形成过程，数学公式、定理的推导证明过程，数学问题的提出、分析与解决过程，数学知识的归纳、总结、概括过程等。

这些数学过程实质体现为一个个思维模块彼此有机地联系在一起。数学教师的作用在于促使学生数学学习过程中的几个阶段顺利地进行，以达到良好的数学学习效果。相应地，数学教学方法就应当围绕着促使学生形成良好的数学认知结构和学习数学的情感系统来制定。下面我们根据学生数学学习过程的模式来讨论数学教学的过程与方法。

1. 选择和分析数学教学内容

数学认知结构是内化的数学知识结构，而数学知识结构又是通过数学教材反映出来的，故选择和分析数学教学内容，必须立足于教材，但又不能照本宣科，还要对教材进行详细地剖析和重新组织，使它成为促进学生数学认知结构的形成和发展的知识结构。具体地：

1）分析和领会单元数学知识结构，并按事实、技能、概念、原理等几方面对教学内容进行分类，以弄清教材中的知识分布情况；在此基础上，以整体观点为指导，随时把该单元的知识与其他内容联系起来考虑，以此克服知识的离散性，使学生学习时容易形成知识网络，同时有助于内化和保持新知识。

2）在分类的基础上，分析单元教学的重点和难点。所谓重点，就是知识的中心点。教学时考虑以突破重点、难点为核心，并参照教学大纲和教学方案分配的教学时数安排课时和教学顺序。

3）根据各类知识学习的特点和学生的认知特点确定教学方法以及相应的教学辅助手段和教学材料。事实上，教学方法的选择和组合，同教学内容的特点、学生的认知发展水平及差异是紧密联系在一起的。

4）备课时，还应考虑如何设置学习情景，如何进行形成性测试，如何进行小结，以及例、习题（包括练习题）的配备等。

2. 实施教学

数学教学过程是教师的教和学生的学的双边统一的活动过程，是教师通过数学教学活动促使学生顺利地进行数学学习活动的过程，是学生的数学认知结构的形成和发展的过程。相应于学习过程，实施教学的策略有：

1）设置学习情境，激发学习兴趣——具体讨论的过程。

2）课前评价和弥补的过程。

从对数学学习过程的分析中我们看到，学生的原数学认知结构中已有的数学知识经验对数学新知识学习的影响极大，关系到是否能内化新知识。为此，在讲解新课前，必须进行诊断性评价，以查明学生的认知准备状况。

在教学中，教师可运用类属的先行组织者和比较的先行组织者两种形式。

类属的先行组织者是介绍给学生一种他们不熟悉的、比新知识有更大包容性、概括性的材料，学生可利用这个材料作为框架来内化较具体的新知识，这种例子在数学教材中常见。如要学习平行四边形，先介绍四边形这一概括性较强的材料，再用它来内化平行四边形的有关概念及性质。

比较的先行组织者是把学生比较熟悉的材料介绍给他们，以帮助学生把新概念和原理与以前学过的概念和原理结合在一起。如把正弦函数和余弦函数定义为单位圆上的函数，这时把代数函数作为一个比较的先行组织者，就可运用代数函数概念把熟悉的代数概念和原理与不熟悉的三角函数概念和原理结合起来。

3）数学新知识呈现的策略。

① 在新知识呈现之前，教师可对单元知识结构进行概括性介绍，即用具体、形象的语言，用最基本的常识性概念来勾勒单元整体的轮廓（包括新知识的大致特点、学习的目标和要求等），从而使学生发现单元整体的特点，对新知识获得总的印象，并明确学习的目的和价值，产生学习的动机。同时，还有利于学生对新知识的潜在意义的认识，促使内化过程中定向和联想阶段的顺利进行。

② 教师呈现或讲述新知识应遵循下列几条准则：

第一，应尽可能保证学习材料本身的意义性，即使学习内容具有潜在意义——对于特定的名词、概念或原理可通过联想来获得，对于抽象的材料，则尽可能以直观材料和形象为背景，即按具体与抽象相结合的原则进行。

第二，应以有意义讲授法和指导发现法为基本教学方法，辅以其他教学方法（如讨论法、自学法、探究法等）进行教学，并且启发式教学思想应贯穿教学过程的始终。

采用有意义讲授法教学时，教师应将学习内容以优化的形式直接呈现给学生，以促进学生快速有效地把新知识内化和巩固。优化的形式反映了知识本身的逻辑结构、知识的整体结构和学生的认知规律。一般地，不同类型知识的学习有不同的优化形式。

由于每一数学教学单元中常要采用不同的教学方法，因而教学中多种方法的衔接也很重要。另外，不管采用什么教学方法，都应把启发式教学思想贯穿其中。具体地应把握：在新旧知识的结合点，应强调新旧知识的联系，特别是难点和疑难问题，要给学生思考的部分线索，这样有利于学生同化或顺应新知识；对于数学知识经验、解题的思想和方法，要启发学生进行概括，以使学生容易从整体上把握数学知识结构；要通过启发，使学生掌握自我评价方法，从而提高对思维活动、认知能力的自我意识水平。

第三，呈现教材的优化形式是以"渐进分化""综合贯通"和"逐次抽象"等三种方式进行。

"渐进分化"是指按概括性和包容性大小的顺序呈现教材，即首先呈现最一般的、概括性的知识，然后呈现较特殊、较具体的知识，最后呈现具体的、特殊的事实、概念或细节，这种从金字塔的顶到底的呈现方式有助于学生同化新的知识，获得材料的意义。例如：现行初中课本中"四边形"一章内容即是按此方法呈现的，即多边形→四边形→平行四边形→矩形→菱形→正方形。

"综合贯通"要求组织和呈现内容时，应注意学科中处于同一包容水平上的概念、原理和章节知识的异同——联系和区别，以消除数学认知结构中知识间的矛盾和混淆，从而有利于同化或顺应新知识。

"逐次抽象"是指按从具体到抽象，从零散的、个别的事实逐步地循序渐进地提炼出一般概念和原理的方式来呈现教材。这样呈现的方式比较符合学生的认知发展水平和思维规律，适合教材的演绎规则，特别适应于处于具体思维年龄阶段的小学生的学习。

3.2.4　数学教学过程与方法的教学建议

教学是由教师指导的学习过程，学生是学习的主体。数学教学就是教师引导学生进行数学活动，在师生之间、学生之间的积极交往和互动中，完成学习任务，实现共同发展。在数学课堂教学中，教师担负着教的职责，起着主导作用。教师要为学生提供真实的数学情景，要积极引导学生经历数学化、再创造的活动过程；同时，要为学生提供反省活动的机会，要留给学生进行质疑、讨论、思考的时间和空间。教师要认真履行对学生数学学习的组织、交流、支持、点拨、咨询、促进等责任，但教师的主导并不是教师可以决定、替代和包办学生的数学学习活动。

1. 在数学教学过程中，教师要精心设计问题

设计的问题要有层次性和明确指向性，有利于不同水平的学生进行思考和探

究，有利于学生开展议论和理解数学。问题的提出要适度，要符合学生探索求知的需要，既有思考性又有可行性，既能引起学生学习兴趣又能引起认知冲突。要鼓励学生从不同的视角、用不同的思路和方法去分析问题、解决问题；要由教师提出问题逐渐转向由学生发现问题、提出问题、给出解决问题的方案；要赞赏学生自主学习数学的行为，提供学生自主学习数学的空间和时间；重视培养学生自己获取知识和运用知识的能力，关注学生学会把实际问题抽象为数学问题的方法。

2. 在数学教学过程中，展现数学基本知识及原理

应充分展现数学基本概念的抽象和概括过程，基本原理的归纳和推导过程，解题思路的探索和分析过程，基本规律的发现和总结过程，数学模型的建立、求解和解释过程。要把教学视为引导学生参与知识形成的活动过程，积极实施启发式、讨论式和开放式的教学，促进学生主动学习；要鼓励学生在观察、分析的基础上，对数学的结论进行归纳、猜测、论证；要指导学生阅读课本，对知识深入理解、系统整理，进行反思、质疑，帮助学生改进学习方式。

3. 对于不同类型的数学课，设计应有所不同

例如：对于数学概念的教学设计，应根据学生已有的数学知识经验和实际生活经历，设计学生熟悉的、感兴趣的问题情景或事例，充分展现概念形成的过程。通过问题讨论、事例分析，引导学生在具体感知的基础上进行抽象概括，要深入剖析概念的本质，阐明概念之间的相互关系和区别，注意新旧概念之间的联系和比较；要重视对概念的多角度理解，从而使学生逐步形成新的数学概念。

对于数学规律的教学设计，应重视发现、归纳、确认或论证过程的呈现，关注获取有关法则、公式、定理以及把握它们之间相互联系的活动和方法；还应设计有助于学生理解数学规律形成的条件、适用的范围和思想方法的相关问题，使学生逐步形成数学知识的基本结构。

4. 在数学教学过程中，教师要由"重教"转为"重学"，由"让学生适合数学教学"转为"创设适合学生的数学教学"

要体现"教"为"学"服务，教师要从知识的传授者努力转变为学生学习的促进者。要重视学生的学习活动，切实关注怎样帮助学生自己进行知识建构，怎样指导学生进行探究性学习，怎样培养学生的问题意识和探究能力等。动手操作、自主探索、合作交流是学生学习数学知识的重要方式，要重视兼顾接受性学习与其他学习方式的平衡，倡导多种学习方式的有机结合。教师要改变教学方式单一的状况，适当地运用多种教学方式的组合实施教学，创设适合学生进行操作、探究、质疑、交流的课堂环境和有利于学生获得多元学习经历的条件，促进学生的学习方式不断完善，促使学生不仅学会数学，而且会学数学。

5. 培养学生的学习兴趣，增强学生的学习信心

教师要了解并尊重学生的个体差异，鼓励与提倡解决问题策略的多样化。在每个教学环节上要充分考虑学生的需求，尽可能满足不同学生的学习需要，要通过数学问题的提出、解决过程，帮助学生养成良好的学习习惯，形成积极探索的科学态度；要引导学生初步了解数学科学与人类社会之间的相互作用，体会数学的价值，崇尚数学的理性精神；要注重培养学生学习数学的兴趣，帮助学生获得成功，增强学生学好数学的愿望，从而树立学好数学的信心。

6. 了解新课程教学基本程序，掌握新课程教学常见策略

新课程每节课的课堂教学设计可能各有不同，没有固定不变的模式。其基本程序有：进行教学分析，确定教学目标（主要包括学习任务的分析——教学内容的分析；学生特征的分析——原有认知结构与认知特点的分析；学习环境的分析——学习资源环境对教学影响的分析）；课堂教学策略的设计（包括课堂教学的组织形式、采用何种教学方法、学生的学习活动方式等）。

教师能否树立正确的数学教学观，掌握合理的数学教学策略是进行课程改革、搞好数学教学的根本保证。新课程倡导的几种常见教学策略有：自学辅导教学法（确定学习目标——学生自学——自学检查——集体讨论——教师讲解——练习巩固——课堂小结）；合作学习教学法（选定课题——小组设计——课堂交流——呈现学习材料——提交学习结果）；探究式教学法（创设问题情境——界定问题——选择问题解决策略——执行策略——结果评价）；网络式教学法（网络环境下的数学教学模式是基于班级授课制下的网络教学模式，是传统课堂学习方式的延伸，并丰富了已有的课程资源）。

3.3 数学思想与方法

数学思想与方法是数学思想和数学方法的总称，它是对数学知识和数学方法的本质认识，是数学知识与数学方法的高度抽象与概括，属于对数学规律的理性认识的范畴。从科学方法论的角度看，数学本身就是认识世界和改造世界的一种方法，同时具有方法和工具的作用。如今，化归思想、函数思想、集合与映射思想等已经成为应用广泛、体现数学魅力的重要思想方法。从教育角度而言，数学思想与方法的教学有着极为重要的作用，它是学生形成良好认知结构的纽带，是由知识转化为能力的桥梁，是培养学生的数学观念、形成优良思维品质的关键。

3.3.1　数学思想与方法的含义

1. 数学思想的含义

数学思想是指现实世界的空间形式的数量关系反映在人的意识再经过思维活动而产生的结果，是对数学知识发生过程的提炼、抽象、概括和升华，是对数学规律的理性认识，它是数学思维的结晶，并直接支配数学的实践活动，是解决数学问题的灵魂。

2. 数学方法的含义

数学方法是数学思想的表现形式，是指在数学思想的指导下，为数学活动提供思路和逻辑手段，以及具体操作原则的方法，是解决数学问题的根本策略和程序。

数学思想和数学方法既有联系又有区别，数学思想是数学方法的理论基础和精神实质，数学方法是实施有关数学思想的技术手段。

3.3.2　数学思想与方法的特点

数学思想是在数学的发展史上形成和发展的，它是人类对数学及其研究对象，对数学知识（主要指概念、定理、法则和范例）以及数学方法的本质性的认识。它表现在对数学对象的开拓之中，表现在对数学概念、命题和数学模型的分析与概括之中，还表现在新的数学方法的产生过程中。它具有如下的突出特点：

1. 数学思想凝聚成数学概念和命题、原则和方法

我们知道，不同层次的思想，凝聚成不同层次的数学模型和数学结构，从而构成数学的知识系统与结构。在这个系统与结构中，数学思想起着统帅的作用。

2. 数学思想具有概括性和普遍性，数学方法具有操作性和具体性

思想比方法在抽象程度上处于更高的层次。因此，对于学习者来说，思想和方法都是他们思维活动的载体，运用数学方法解决问题的过程就是感性认识不断积累的过程，当这种积累达到一定程度就会产生飞跃，从而上升为数学思想，一旦数学思想形成之后，便对数学方法起着指导作用。因此，人们通常将数学思想与数学方法看成一个整体概念——数学思想方法。

3. 数学思想富有创造性

借助于分析与归纳、类比与联想、猜想与验证等手段，可以使本来较抽象的

结构获得相对直观形象的解释，能使一些看似无处着手的问题转化成极具规律的数学模型。从而将一种关系结构变成或映射成另一种关系结构，又可以反演回来，于是复杂问题被简单化了，不能解的问题的解找到了。如将著名的哥尼斯堡七桥问题转化成一笔画问题，便是典型的一个案例。当时，数学家们在做这些探讨时是很难的，是零零碎碎的，有时为了一个模型的建立、一种思想的概括，要付出毕生精力才能得到，这使后人能从中得到真知灼见，体会创造的艰辛，培养创造的精神。

4. 数学思想与方法和数学基础知识是数学的两个有机组成部分

尽管数学思想与方法具体反映于基础知识之中，但数学知识并不能代替数学思想方法，二者既有质的不同又有量的差异。如果说数学中的具体知识很多，而且未来会越来越多，那么数学思想与方法则是较为有限的；如果说数学知识的运用是相对有限的，那么数学思想与方法的运用则是广阔无限的。掌握了数学思想与方法，才意味着领会了数学的真谛。

5. 数学思想与方法是构成数学能力的核心，是教材体系的灵魂

从教材的构成体系来看，整个中学数学教材所涉及的数学知识点汇成了数学结构系统的两条"河流"。一条是由具体的知识点构成的易于被发现的"明河流"，它是构成数学教材的"骨架"；另一条是由数学思想与方法构成的具有潜在价值的"暗河流"，它是构成数学教材的"灵魂"。有了这样的数学思想作灵魂，各种具体的数学知识点才不再成为孤立的、零散的东西。因为数学思想能将游离状态的知识点（块）凝结成优化的知识结构，有了它，数学概念和命题才能活起来，做到相互紧扣，相互支持，从而组成一个有机的整体。可见，数学思想是数学的内在形式，是学生获得数学知识、发展思维能力的动力和工具。数学思想与方法产生数学知识，数学知识又蕴藏着思想方法，二者缺一不可。

3.3.3 数学思想与方法的教学

数学思想与方法是知识、技能转化为能力的桥梁，是数学结构中强有力的支柱，在中学数学课本里渗透了字母代数的思想、集合与映射的思想、方程与函数的思想、数形结合的思想、逻辑推理的思想、等价转化的思想、分类讨论的思想，介绍了配方法、消元法、换元法、待定系数法、反证法、数学归纳法等，在学好数学知识的同时，要下大力气理解这些思想和方法的原理和依据，并通过大量的练习，掌握运用这些思想和方法解决数学问题的步骤和技巧。

1. 中学数学主要数学思想方法的渗透

（1）数形结合思想在数学教学中的渗透

平面直角坐标系的建立，使平面上的点（形）和一对有序实数（数）建立了一一对应关系，这为数与形的结合创造了条件。例如：利用一次函数、二次函数、反比例函数的图像来研究函数的性质，结合图表来求函数解析式、确定未知数的值，均展示了数形结合思想在数学知识学习中、数学问题解决方面所起的作用和价值。

例 1　若对于任何实数 x，二次函数 $y=(m-1)x^2+2mx+m+3$ 的图像全在 x 轴上方，求 m 取值范围。

分析：图像全在 x 轴上方，说明抛物线与 x 轴无交点，所对应方程

$$(m-1)x^2+2mx+m+3=0$$

的判别式小于 0。这样就把"形"的问题（抛物线在 x 轴上方）转化为"数"的问题（$\Delta<0$）来解决。

答案：$m>\dfrac{3}{2}$。

（2）方程思想在数学教学中的渗透

在求解函数解析式及求函数图像交点等问题上，均采用了方程的思想。

例 2　已知一个二次函数的图像经过 $(-1,10)$，$(1,4)$，$(2,7)$ 三点，求这个函数的解析式。

分析：二次函数一般形式为 $y=ax^2+bx+c$，只需求解以 a，b，c 为未知数的三元一次方程组

$$\begin{cases} a-b+c=10, \\ a+b+c=4, \\ 4a+2b+c=7. \end{cases}$$

答案：$a=2$，$b=-3$，$c=5$，$y=2x^2-3x+5$。

（3）分类讨论思想在数学教学中的渗透

我们在研究一次函数、二次函数、反比例函数的图像和性质，以及与它们有关的问题时，都要对其进行分类讨论。如：$y=\dfrac{k}{x}$，当 $k>0$ 时，其图像在一、三象限；当 $k<0$ 时，其图像在二、四象限。

例 3　二次函数 $y=ax^2+3x+2$ 与 x 轴两交点的距离为 1，求这个二次函数的解析式。

分析：二次函数的开口方向不确定，当 $a>0$ 时，开口向上；当 $a<0$ 时，开口

向下，而这两种情况均可能发生，满足条件。利用 $|x_1-x_2| = 1 = \sqrt{(x_1+x_2)^2 - 4x_1x_2}$，求出 a。

答案：$a = 1$，$a = -9$。解析式为 $y = -9x^2 + 3x + 2$ 或 $y = x^2 + 3x + 2$。

（4）等价转化思想在数学教学中的渗透

等价转化思想体现在函数解析式（数）与其图像（形）的等价转化上。比如：二次函数的解析式为 $y = ax^2 + bx + c$，其对应图形为抛物线。反之，已知图形为抛物线，则其解析式为 $y = ax^2 + bx + c$。

例 4 设二次函数 $y = ax^2 + bx + c$ 的顶点坐标为 (m, h)，用 a，m，h 来表示二次函数解析式。

分析：把 $y = ax^2 + bx + c$ 用配方法等价变形为 $y = a\left(x + \dfrac{b}{2a}\right)^2 + \dfrac{4ac-b^2}{4a}$，则

$$m = -\frac{b}{2a}, \quad h = \frac{4ac-b^2}{4a}。$$

答案：$y = a(x-m)^2 + h$。

2. 中学数学主要数学方法的渗透

（1）待定系数法

待定系数法是指对于某些数学问题，为了求得问题的解答，可以适当引进一些待定系数，使之合乎所求问题的一般形式，再由题设条件确定或消去这些待定系数。

例 5 已知某二次函数的图像关于直线 $x = -2$ 对称，且与直线 $y = 2x + 1$ 只有一个交点，在 x 轴上截取了长为 $2\sqrt{2}$ 的线段。求这个二次函数的解析式。

分析：对于二次函数的解析式，要根据所给条件的特点来设最佳形式，本题已知对称轴 $x = -2$ 和抛物线在 x 轴上截取的线段长度，可求出二次函数与 x 轴两个交点坐标为 $(-2+\sqrt{2}, 0)$，$(-2-\sqrt{2}, 0)$。故设二次函数为 $y = a(x-x_1)(x-x_2)$，又与直线有一个交点，即在方程 $a(x-x_1)(x-x_2) = 2x + 1$ 中，只需令 $\Delta = 0$，即可求出 $a = 1$ 或 $\dfrac{1}{2}$，故解析式为 $y = x^2 + 4x + 2$ 或 $y = \dfrac{1}{2}x^2 + 2x + 1$。

（2）平移变换法

在画一次函数、二次函数图像时，采用了与 $y = kx$ 和 $y = ax^2$ 对比，进而平移得出其一般图像的方法。

例 6 怎样由 $y = 2x^2$ 得到 $y = 2x^2 + 4x + 1$ 的图像。

分析：由 $y = 2x^2 + 4x + 1 = 2(x+1)^2 - 1$ 与 $y = 2x^2$ 图像关系可得答案：向左平移一个单位，再向下平移 1 个单位。

（3）配方法

在求二次函数 $y = ax^2 + bx + c$ 的顶点坐标时，利用了配方法。

学好中学数学，需要我们从数学思想与解题方法的角度来掌握它。中学数学学习要重点掌握的数学思想有以下几个：集合与对应思想、分类讨论思想、数形结合思想、运动思想、转化思想、变换思想。有了数学思想以后，还要掌握具体的方法，比如，换元法、待定系数法、数学归纳法、分析法、综合法、反证法等。在具体的方法中，常用的有：观察与实验、联想与类比、比较与分类、分析与综合、归纳与演绎、一般与特殊、有限与无限、抽象与概括等。解数学题时，也要注意解题思维策略问题，经常要思考：选择什么角度来进入，应遵循什么原则性。

3.3.4　数学思想与方法的教学建议

1. 数学思想与方法的教学模式

数学表层知识与深层知识具有相辅相成的关系，这就决定了它们在教学中的辨证统一性。基于上述认识，我们给出数学思想方法教学的一个教学模式：徐利治院士认为，数学思想方法主要是研究和讨论数学的发展规律、数学的思想与方法，以及数学中的发现、发明、创造等法则的一门学问。数学思想方法从内容上可分为宏观与微观两大类，宏观数学思想方法是研究"数学发展规律"，如数学发展史、数学中的辩证法等，因此可以看作哲学的一个分支；微观数学思想方法研究数学中的思想、方法以及法则，属于学科方法论范畴。

1）明确基本要求，渗透"层次"教学。《教学大纲》对中学数学中渗透的数学思想、方法划分为三个层次，即"了解""理解"和"会应用"。在教学中，要求学生"了解"的数学思想有：数形结合的思想、分类的思想、化归的思想、类比的思想和函数的思想等。这里需要说明的是，有些数学思想在教学大纲中并没有明确提出来，比如，化归思想是渗透在学习新知识和运用新知识解决问题的过程中的，方程（组）的解法中，就贯穿了由"一般化"向"特殊化"转化的思想方法。

2）教师在整个教学过程中，不仅应该使学生能够领悟到这些数学思想的作用，而且要激发学生学习数学思想的好奇心和求知欲，通过独立思考，不断追求新知，发现、提出、分析并创造性地解决问题。在《教学大纲》中要求"了解"的方法有：分类法、类比法、反证法等。要求"理解"或"会应用"的方法有：待定系数法、消元法、降次法、配方法、换元法、图像法等。在教学中，要认真把握好"了解""理解""会应用"这三个层次。不能随意将"了解"的层次提高到"理解"的层次，把"理解"的层次提高到"会应用"的层次。不然的话，学生初次接触就会感到数学思想和方法抽象难懂、高深莫测，从而导致他们丧失信心。如初中几何第三册中明确提出"反证法"的教学思想且揭示了运用"反证法"的一般步骤，但《教学大纲》只是把"反证法"定位在"了解"的层次上，我们在教学中，应牢牢地把握住这个"度"，千万不能随意拔高、加深，否则，将得不偿失，无法达到预期的教学效果。

3）从"方法"了解"思想"，用"思想"指导"方法"。关于中学数学中的数学思想和方法内涵与外延，目前尚无公认的定义。其实，在中学数学中，许多数学思想和方法是一致的，两者之间很难分割。它们既相辅相成，又相互包含。只是方法较具体，是实施有关思想的技术手段，而思想是属于数学观念一类的东西，比较抽象。因此，在初中数学教学中，加强学生对数学方法的理解和应用，以达到对数学思想的了解，是使数学思想与方法得到交融的有效方法。如化归思想，可以说是贯穿于整个初中阶段的数学，具体表现为从未知到已知的转化、一般到特殊的转化、局部与整体的转化，课本引入了许多数学方法。

2. 遵循认识规律，把握教学原则，实施创新教育

要达到《教学大纲》的基本要求，教学中应遵循以下几项原则：

1）渗透"方法"，了解"思想"。由于中学生数学知识比较贫乏，抽象思想能力也较为薄弱，把数学思想、方法作为一门独立的课程还缺乏应有的基础。因而只能将数学知识作为载体，把数学思想和方法的教学渗透到数学知识的教学中。教师要把握好渗透的契机，重视数学概念、公式、定理、法则的提出过程，知识的形成、发展过程，解决问题和规律的概括过程，使学生在这些过程中提升思维，从而培养他们的科学精神和创新意识，形成获取、发展新知识，运用新知识解决问题。忽视或压缩这些过程，一味灌输知识的结论，就必然失去渗透数学思想、方法的一次次良机。如初中代数课本第一册"有理数"这一章，与原来教材相比，它少了一节——"有理数大小的比较"，而它的要求则贯穿在整章之中。在数轴教学之后，就引出了"在数轴上表示的两个数，右边的数总比左边的数大"，"正数都大于0，负数都小于0，正数大于一切负数"，而两个负数比大小的全过程单独地放在绝对值教学之后解决。教师在教学中应把握住这个逐级渗透的原则，既使这一章节的重点突出、难点分散，又向学生渗透了数形结合的思想，学生易于接受。

2）训练"方法"，理解"思想"。数学思想的内容是相当丰富的，方法也有难有易。因此，必须分层次地进行渗透和教学。这就需要教师全面地熟悉初中或高中三个年级的教材，钻研教材，努力挖掘教材中进行数学思想、方法渗透的各种因素，对这些知识从思想方法的角度进行认真分析，按照初中、高中三个年级不同的年龄特征、知识掌握的程度、认知能力、理解能力和可接受性能力由浅入深，由易到难分层次地贯彻数学思想、方法的教学。如在教学同底数幂的乘法时，引导学生先研究底数、指数为具体数的同底数幂的运算方法和运算结果，从而归纳出一般方法，在得出用 a 表示底数，用 m，n 表示指数的一般法则以后，再要求学生应用一般法则来指导具体的运算。在整个教学中，教师分层次地渗透了归纳和演绎的数学方法，对学生养成良好的思维习惯起到了重要的作用。

3）掌握"方法"，运用"思想"。数学知识的学习要经过听讲、复习、做习题等才能掌握和巩固。数学思想、方法的形成同样有一个循序渐进的过程，只有经过反复训练才能使学生真正领会。另外，使学生形成自觉运用数学思想方法的意识，必须建立起学生自我的"数学思想方法系统"，这更需要一个反复训练、不断完善的过程。比如，运用类比的数学方法，在新概念提出、新知识点的讲授过程中，可以使学生易于理解和掌握。学习一次函数的时候，我们可以用乘法公式类比；在学习二次函数的有关性质时，我们可以和一元二次方程的根与系数的关系类比。通过多次重复性的演示，使学生真正理解、掌握类比的数学方法。

4）提炼"方法"，完善"思想"。教学中要适时恰当地对数学方法给予提炼和概括，让学生有明确的印象。由于数学思想、方法分散在各个不同部分，而同一问题又可以用不同的数学思想、方法来解决，因此，教师的概括、分析是十分重要的。例如，在讲完不定积分之后可对各种情况进行归纳小结，小结时概括指出积分计算的指导思想实际上就是化归思想，即化未知为已知，使知识向旧知识转化的思想方法。我们首先要熟记基本积分公式及法则，然后对于一般地、复杂的积分，则可通过恒等变换（三角变换、代数变换）、第一换元法、第二换元法、分部积分法以及其他方法（如其他变量替换法、待定系数法、万能替换公法等）转化为基本积分进行计算，从而达到化繁为简、化难为易的目的，而换元法、分部积分法以及其他各种方法则是在积分计算中实现转化的具体手段而已。教师还要有意识地培养学生自我提炼、具备概括数学思想方法的能力，这样才能把数学思想、方法的教学落在数学教学的过程中。

综上所述，在中学进行数学思想方法教学时，要注意循序渐进、随时渗透、适时归纳、化隐为显、学生参与、纳入目标。在教学过程中要引导学生动脑、动眼、动口、动手，在这一过程中体验和领会数学思想方法的实质，循序渐进地使学生有所领悟，养成习惯，自学运用，进而形成良好的数学思维和数学素养，提高数学能力。

121

3.4　数学思考与能力

数学思考这个领域从数学学科特点出发，对数学在促进学生思维发展方面的作用进行了具体阐述，指出数学的思维方式涉及抽象思维、形象思维、统计观念、合情推理与演绎推理能力等诸多方面。而思考不是在学习完知识技能之后才出现的，它是学习过程中不可缺少的一部分，这就需要数学教师精心设计每一堂课，使之成为启发思考的源泉，促进学生学习并数学地思考。

3.4.1　数学思考与能力的含义

1. 数学思考的含义

数学思考是指在数学活动中进行的比较深刻、严谨的思维活动。从狭义角度是指学生关于数学对象的理性认识过程。从广义角度理解还包括应用数学解决各种实际问题的数学式思考。

2. 数学能力的含义

现代数学教育理论普遍认为，数学能力是顺利完成数学活动所具备的而且直接影响其活动效率的一种个性心理特征，它是在数学活动中形成和发展起来的，并在这类活动中表现出来的比较稳定的心理特征。中学数学教学大纲把数学能力分为运算能力、逻辑思维能力和空间想象能力，并包括能够运用所学知识解决简单的实际问题的能力。

3.4.2　数学思考与能力的特点

1）数学思考方式。《人人关心数学教育的未来》中指出：数学提供了有特色的思考方式，包括建立模型、抽象化、最优化、逻辑分析、从数据进行推断以及运用符号等，它们是普遍适用并且强有力的思考方式。具体包括：建立模型、最优化、符号化、推断、逻辑分析、抽象化等。

2）数学思考思想方法。数学思考的方法最重要的标志是符号思考。初中阶段常用的数学思考的思想方法有：可逆性思想、量不变思想、整体与部分的思想、转化的思想（含数形结合、化斜为直的思想等）、集合的思想、消去的思想、方程和函数的思想及分类讨论的思想等。

3）数学思考要在数学活动中实现，数学思考应贯穿于整个数学学习过程之中。

数学教师应该让学生能够认识并初步掌握数学思考的基本方式、基本方法，如建立模型、符号化、转化思想等；使学生根据已有知识经验进行数学推测解释，养成"推理有根有据"的习惯，能反思自己的思考过程；使他们能够理解他人的思考方式和推理过程。

4）数学能力按数学活动水平可分为两种：一种是学习数学（再现性）的数学能力，另一种是研究数学（创造性）的数学能力。前者指在数学学习过程中，迅速而成功地掌握知识和技能的能力，是后者的初级阶段，也是后者的一种表现；而后者指数学科学活动中的能力，这种能力产生具有社会价值的新成果或新成就。

5）能力作为一种个性心理特性来说，是一种稳定的心理结构，这种心理结构的形成，既依赖于知识的掌握，又依赖于进一步的概括化、系统化，这是在实践基础上，通过已掌握知识的广泛迁移而实现的。

6）数学是一个以数和字母符号表示数量和空间关系的一种特殊的领域，它具有抽象性、形式化、严谨性、辩证性的特征。在这个与众不同的领域里，这些特征在思维活动过程中，以一种特殊的能力再现出来，保证数学活动顺利完成。这种特殊的能力就是数学能力，它是一种结构复杂的形成物，是各种个性特征的综合体。比如，观察能力按其本质来说是一种普通能力，而在数学领域中，这种能力却表现为对数学材料的形式化知觉能力和掌握数学题目的形式结构能力。

3.4.3　数学思考与能力的教学

1. 数学思考的教学

关于思考教学的观点很多。华东师范大学孔企平专家系统提出了四种思考教学策略：第一种是"为思考而教学"；第二种是"为思考的教学"；第三种是解决问题的教学；第四种是反思性教学。在具体的教学过程中要注意：

（1）营造数学积极思考的氛围

有意义的数学学习必须建立在学生发自内心的主观愿望上，也就是说，教师要刻意营造一个有利于数学积极思考的氛围。

1）在课堂教学中，引导学生认识数学思考的意义。如数学思考有助于数学学习的有意义理解，数学思考在解决问题中的积极作用等。

例7　在复习四边形一章时，讲述例题"求证：顺次连接四边形四条边的中点，所得的四边形是平行四边形。"证完后，启发学生：能否把此例题设中的"四边形"改为我们所熟知的特殊四边形，这样，结论又有何变化呢？于是得到了下面的题组：①顺次连接平行四边形（或矩形、菱形、正方形、等腰梯形）四条边的中点，所得的四边形有何性质，猜想并证明。在此基础上，教师启发。②若顺次连接四边形四边中点所得的图形是矩形（或菱形、正方形）时，原四边形为何种四边形呢？

2）在具体数学学习中体会数学思考的价值。

例 8 若方程① $x-2kx+k-k=0$，② $x-(4k+1)x+4k+k=0$，③ $4x-(12k+4)x+9k+8k+12=0$ 中，至少有一个方程有实根，求 k 的取值范围。

三个方程中至少有一个方程有实根，就是三个方程中有一个方程有实根，或两个方程有实根，或三个方程都有实根，这样要分七种情况进行讨论，情况太复杂，解题过程太烦琐，需要另辟新径！于是引导学生考虑"三个方程中至少有一个方程有实根的反面是什么？"学生回答："三个方程都没有实数根。"此时学生会猛然醒悟：从全体实数中排除三个方程都没有实数根的 k 的值，即得问题的答案。通过上述问题的反面思考，而抵达胜利的"彼岸"，这样把学生倍感头痛的问题，用转化法得到巧解。

（2）创设提问情境，启发数学思考

数学问题情境表现出数学活动中需要对学生提出的要求。当数学问题情境作用于思考者，就有可能展开数学思考活动。可以说，问题的设计和问题情境的创设是促进数学思考的客观性因素。数学问题设计与问题情境创设对学生来说必须是适宜的，要在问题情境中层层推进数学深入思考，教师应不失时机地提问。

例 9 怎样启发性提问：

1）"还有没有其他的解法？"这是启发学生思考广度的很好途径。

2）"你是怎样想的？"这是引导学生反思和有条理地说明思考过程。

3）"他对吗？错在哪儿？"这是理解他人思考方式与从他人的思考过程中探索新的思考方法。

（3）重视数学过程思考

教学过程已不单是为了获得知识与技能。"过程"本身所蕴含的启迪人们智慧的思想与方法、解决问题中的困惑与顿悟，以及带来的愉悦的精神体验等都被纳入课程目标的范畴。我们应注重教学过程，引导学生注重学习过程。重视数学过程，就是重视数学知识发生、发展方法与应用的过程，挖掘与展现数学的思维过程。数学过程实质体现为一个个思维模块，彼此又有机地联系在一起。重视数学过程的教学，就是要在教学过程中善于启发、引导学生积极主动地参与数学的探究活动，从而推进素质教育，提高课堂效率。学生在数学学习中要不断反思自己的思考过程，把数学思考方式、方法整合于自己的认知结构中，触类旁通，改进自己的学习。只有这样才能使学生真正深入数学化过程之中，也才能真正抓住数学思考的内在本质。

例 10　"三角形内角和定理"的教学。先让学生随意画一个三角形，度量出每一个角的大小，求三个角的和，猜想出三角形和为 180°这一命题，再让学生自行证明。这样，首先学生在情感上容易接受这一知识点，其次体现了数学前后知识的联系，更重要的是使每个学生富有成就感，培养了他们的创新意识和创新能力。

2. 数学能力教学

（1）运算能力

在数学发展史上，不同类别的运算是由简单到复杂、由具体到抽象、由低级到高级逐步形成和发展起来的。因此对运算的认识和掌握也必须是逐步有序的、有层次的，不掌握有理数的计算，就不可能掌握实数的计算；不掌握整式的计算，也就不可能掌握分式的计算；不掌握有限运算，就不可能掌握无限计算；没有具体运算的基础，抽象运算就难以实现。由此可见，运算能力是随着知识面的逐步加宽、内容的不断深化、抽象程序的不断提高而逐步发展的。如果说数学内容的发展是无穷的，那么运算能力的提高也是永远不会终结的。

对于中学数学运算能力的要求大致以下几个层次：

1）计算的准确性——基本要求。

2）计算的合理、简捷、迅速——较高要求。

3）计算的技巧性、灵活性——高标准要求。在思想上一定要充分认识提高运算能力的重要性，把运算技能上升到能力的层次上，把运算的技巧与发展思维融合在一起。

4）运算能力的综合性。运算能力既不能离开具体的数学知识孤立存在，也不能离开其他能力独立发展，运算能力是和记忆能力、观察能力、理解能力、联想能力等互相渗透的，它也和逻辑思维能力等数学能力相互支持着。因而提高运算能力的问题，是一个综合问题。

（2）逻辑思维能力

逻辑思维能力要求学生会观察、比较、分析、综合、抽象和概括，会用归纳、演绎和类比进行推理，会准确阐述自己的思想和观点，形成良好的思维品质。

例 11　证明：$f(x) = \dfrac{1}{x}$ 在（0，+∞）上是减函数。本题是学生刚学习完函数单调性后的一个典型的例题，意在巩固函数的单调性的概念。教学时，不应只停留在直接应用定义这一层面上，而应冲破教材、提升课程、开发能力，引导学生从下面 4 个层面上进一步探究。

模仿：证明：$f(x)=\dfrac{1}{x}$ 在 $(-\infty,0)$ 上是减函数。

变式：① 证明：$f(x)=\dfrac{k}{x}(k\neq0)$ 在 $(-\infty,0)$ 上具有单调性。

变式：② 判断 $f(x)=\dfrac{x}{x-a}(a>0)$ 在 $(-\infty,0)$ 上具有单调性。

变式：③ 讨论 $f(x)=\dfrac{dx-b}{cx-a}(ad-bc\neq0,b^2+d^2\neq0,c\neq0)$ 的单调性。

应用：① 画函数 $f(x)=1-\dfrac{1}{x-1}$ 的图像。

② m 为何值时，函数 $f(x)=\dfrac{mx-4}{x-m}$ 在 $(1,+\infty)$ 上是增函数。

③ 求函数 $f(x)=\dfrac{x+2}{2x-1}\left(-1\leqslant x\leqslant1,x\neq\dfrac{1}{2}\right)$ 的值域。

④ 定义在 $\mathbf{R}$ 上的函数 $f(x)$、对任意的 m，$n\in\mathbf{R}$，都有 $f(m-n)=f(m)-f(n)$，且当 $x>0$ 时，恒有 $f(x)>0$，求证：$f(x)$ 在 $\mathbf{R}$ 上是增函数。

课堂教学中要为学生的数学思考提供足够的空间。此时学生也会给教师带来丰富的信息反馈。同时也能使课堂产生师生互动、情景交融的氛围。

（3）空间想象能力

空间想象能力主要是指能由形状简单的实物想象出几何图形，由几何图形想象出实物的形状，由较复杂的平面图形分解出简单的、基本的图形，在基本的图形中找出基本元素及其关系，能根据条件画出图形。

例 12 如图 3.4.1 所示，已知 $OA=1$，$OB=2$，$OC=1$，并且 OA、OB、OC 两两互相垂直，求：点 C 到直线 AB 的距离。

这道题目用坐标系来求解当然可以，但如果用三垂线定理来求解则更容易，但学生往往不知如何用三垂线定理，所以，在三垂线定理的教学之中，应设计如下的题组：

1）图 3.4.2 所示正方体的图形之中，判断 AB 与 CD 是否垂直？

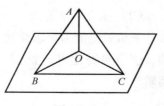

图 3.4.1

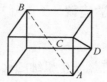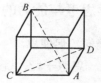

图　3.4.2

2）下面有一个四棱锥与三棱锥，如图 3.4.3 所示。四棱锥的底面是正方形，三棱锥的底面为直角三角形，且 PA 都与底面垂直，判断两个棱锥的侧面各有多少个直角三角形？

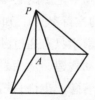

图　3.4.3

3）如图 3.4.4 所示，已知 $OA=1$，$OB=2$，$OC=1$，并且两两互相垂直，求：点 C 到直线 AB 的距离？

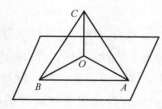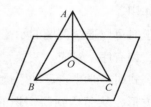

图　3.4.4

通过上述例子，学生对三垂线定理的理解更加深入了，特别是对参照面的理解更加灵活了。

（4）解决实际问题的能力

解决实际问题是指能解决带有实际意义的和有关学科中的数学问题以及解决生产和日常生活中的实际问题。在解决实际问题中，要使学生受到把实际问题抽象成数学问题的训练，逐步培养他们分析问题和解决问题的能力，形成使用数学的意识。在数学教学中，发展思维能力是培养能力的核心。这个问题下一节有详细论述。

3.4.4 数学思考与能力的教学建议

1. 设置疑问、促使思考

学起于思，思源于疑，疑是点燃学生思维的火种。在教学过程中教师可以巧妙设置一些疑惑问题，激起学生的思考欲望，以促进他们积极进行新知识的理解，更易于对所学内容的掌握。激发了学生的学习兴趣，集中了他们的注意力，引发他们认知上的冲突，既而学生们会自觉主动地进入思维的角色中。

2. 保证思考的时间

数学学习通过思考进行，没有学生的思考就没有真正的数学学习，而思考问题需要一定的时间。因此学生在思考时，教师一定要耐心等待，一定要给予他们充足的思考时间，这样才能保证学生思考的实际效果。知识是由学生自己获得的，别人是不能代替的，也是无法代替的。学生只有通过独立思考，才能实现现有问题与原有经验的连接，完成新知识的主动构建，从而发展思维能力。虽然在等的过程中，可能会有冷场的感觉，但不要着急，也许只需一会儿学生就会有惊人的发现。

3. 教会思考的方法

教会学生一些思考的方法，促使学生会学、会思、会创造是提高课堂教学质量的关键，并能有效地促进学生思维、创造力的发展，也为全面实施素质教育起了积极的推动作用。

教师在教学时可以通过例题的示范、练习的指导，引导学生逐步掌握常用的数学思考方法，如有序、对应、变换、转化、统计、归纳、演绎等。如教学平行四边形的面积公式时，学生自己动手操作，通过画、剪、拼、贴等步骤把平行四边形转化成长方形，从而达到新知识的突破。在这里教师可以适时的提出"转化"的思想，以达到学生今后能根据实际问题的需要，灵活地运用这种数学思考方法的最终目标。

4. 清晰地阐述观点

当学生经过自己思考找到解决问题的方法时，就会有发言的冲动。大纲指出"教师要逐步培养学生能够有条理有根据地进行思考，比较完整地叙述思考过程，并说明理由。"思考是内化的思维活动，而思考要靠语言来检验。因此，在教学中，通过学生对思考过程和思考结果的表述，不仅可以反映学生对知识的掌握情况，而且可以检验学生思路是否清晰，表达是否完整、条理、准确。因此在教学中教师要努力培养学生语言的条理性、准确性、简洁性。

3.5　应用意识与问题解决

数学是一门应用非常广泛的学科，注重应用意识和解决问题能力的培养，是当前数学课程改革的要点之一。在中学教学中要力求形成"问题情境——建立模型——解释与应用"的基本叙述模式，使学生在问题情境中，通过观察、操作、思考、交流和运用，逐步形成良好的数学思维习惯，发展数学应用意识，感受数学创造的乐趣。本节就如何培养学生的应用意识、提高解决问题的能力进行简单的论述并提出教学建议。

3.5.1　应用意识与问题解决的含义

1. 数学应用意识的含义

所谓"应用意识"，一方面指从实际问题中抽象出概念、法则与规律，揭示数学知识发生、发展过程；另一方面从学生已有知识与实际水平出发，将所学的知识应用于解决各种自然与社会生活问题中。也就是说在加强实际问题数学化教学中，培养学生应具备基本的数据处理能力、善于提出问题的能力、数学建模能力和数学表达能力。

2. 数学问题解决的含义

数学问题的解决就是以积极探索的态度，综合运用已具有的数学基础知识、基本技能和能力，创造性地解决来自数学课或实际生活和生产中的新问题的过程。

3.5.2　应用意识与问题解决的特点

1）认识到现实生活中蕴含着大量的数学信息，数学在现实世界中有着广泛的应用。要注重理论联系实际，体会数学广泛应用性的特征不是凭空产生的，进而理解数学的本质是对现实世界认识的一种表达形式。对此，首先，学生要对生活中的数学现象具有一定的敏感性，认识生活中处处有数学，数学是人们对世界的一种理解；其次，学生对数学要树立正确的价值观，数学不是悬于半空的海市蜃楼而是具有很强实用价值的工具，学生应能在后续的学习过程中领悟到"数学是有用的"。

2）面对实际问题时，能主动尝试着从数学的角度运用所学知识和方法寻求解决问题的策略。这是指主动应用数学知识的意识，这种意识包括：在实际情境中发现问题和提出问题的意识；主动应用数学知识解决问题的意识。现实世界有许多现象和问题隐含着数学规律，需要我们去发现、去探索、去寻求解决的策略。在具体情境中利用数学知识来思考、解决问题，反映了人的基本数学素养和科学理性精神。如果人人都对身边的事熟视无睹，没有应用数学的意识，可能时至今日人们还无法了解到硬币落地时正、反面朝上的概率相同这样简单的规律，更不用说形成泛函分析、实变函数、拓扑学这些高度抽象的数学分支。

3）面对新的数学知识时，能主动地寻找其实际背景，并探索其应用价值。新的数学知识的产生有其生长的土壤，并非无源之水，课程中的数学知识亦然。教师在为学生提供一定的背景知识的同时，更重要的是让学生不局限于这些"成品"，鼓励学生自行寻找发现其实际背景，使知识的理解应用找到个体主动建构的生长点，让进一步探索其应用价值成为可能。

4）问题解决是数学教学的一个目的。张奠宙教授指出："重视问题解决能力的培养，发展问题解决的能力，其目的倒不是单纯为了尽量多、尽量好地解决新问题，而是为了学习在这个充满疑问、有时连问题和答案都是不确定的世界里生存的本领。"

5）问题解决是一个过程。问题解决是运用自己学习的知识去解决有关实际问题的过程，这是一个探索的过程。也正如在《算术教师》有关"问题解决"的讨论中雷伯朗斯所说："在问题解决时，个体已形成的有关过程的认识结构被用来处理个体面临的问题。"

6）问题解决是一个基本技能。问题解决的操作序列性说明，在问题解决的这一过程中，需有一系列的内部心智技能和外部操作技能，分析问题的具体内容、形式以及构造数学模型，设计求解方法等，这是一个综合性技能。

3.5.3 应用意识与问题解决的教学

1. 应用意识的教学

问题解决在各国的中学数学课程中的引入方式各不相同，英国 SMP 数学课程专门设置了一门问题解决课，我国人民教育出版社出版的义务教育初中数学课程中设立了实习作业、应用题、想一想、做一做等，在高中数学试验课本中也增加了研究题等，这些和问题解决思想是一致的。从目前我国的实际情况出发，重要的是在中学数学课程中去体现问题解决的思想精髓，这就是它所强调的创造能力和应用意识。就是说，在中学数学课程中应强调以下几点：

（1）鼓励学生去探索、猜想、发现

要培养学生的创造能力，首先要让学生具有积极探索的态度和敢于猜想、发现的欲望。教学中要设法鼓励学生去探索、猜想和发现，培养学生的问题意识，经常地启发学生去思考和提出问题。例如：教学生圆柱的体积公式推导时，先请同学们回忆圆的面积公式是怎样推导出来的，再根据体积的含义，请学生说一说什么叫作圆柱的体积，出示任意圆柱，按着估算体积→猜想公式→转化成学过的立体图形→圆柱的体积公式引导学生，使学生在自主参与、自主学习的过程中培养了数学能力。

（2）打好基础

这里的基础有两重含义：首先，中学教育是基础教育，许多知识将在学生的进一步学习中得到应用，有为学生进一步深造打基础的任务，因而不能要求所学的知识立即在实际中都能得到应用。其次，要解决任何一个问题，必须有相关的知识和基本的技能。当人们面临新情景、新问题并试图去解决它时，必须把它与自己已有知识联系起来，当发现已有知识不足以解决面临的新问题时，就必须进一步学习相关的知识，训练相关的技能。应看到，知识和技能是培养问题解决能力的必要条件。在提倡问题解决的时候，更要重视数学基础知识的教学和基本技能的训练。

（3）重视应用意识的培养

用数学是学数学的出发点和归宿。教材必须重视从实际问题出发，引入数学课题，鼓励学生主动从数学的角度思考问题，就是面对现实中的某种情境，怎样提出数学问题，发现数量关系等。如在一杯一定质量分数的盐水中加入一把盐，盐水变咸了这一生活现象中，我们可以抽象出这样的数学问题：有盐水的质量为 b g，含盐的质量为 a g，加入质量为 m g 的盐，盐水的质量分数变大了。由此进一步可得：若 $b>a>0$，$m>0$，则 $\frac{a}{b}<\frac{a+m}{b+m}$。在比较 $\frac{a}{b}$ 与 $\frac{a+m}{b+m}$（$b>a>0$，$m>0$）时先用上述方法让学生得出结论，然后用推理的方法说明这个结论，再把结论应用到实际中。

（4）重视用数学知识解决问题的能力

在有关内容的教学中，教师应指导学生直接应用数学知识解决一些简单问题，例如，运用函数、数列、不等式、统计等知识直接解决问题；还应通过数学建模活动引导学生从实际情境中发现问题，并归结为数学模型，尝试用数学知识和方法去解决问题；也可向学生介绍数学在社会中的广泛应用，鼓励学生注意数学应用的事例，开阔他们的视野。

2. 问题解决的一般过程和方法举例

由于实际问题常常是错综复杂的，解决问题的手段和方法也多种多样，不可能也不必要寻找一种固定不变的、非常精细的模式。

问题解决的基本过程是：

1）首先对与问题有关的实际情况进行尽可能全面深入的调查，从中去粗取精、去伪存真，对问题有一个比较准确、清楚的认识。

2）拟定解决问题的计划。计划往往是粗线条的。

3）实施计划。在实施计划的过程中要对计划做适时的调整和补充。

4）回顾和总结。对自己的工作进行及时的评价。

问题解决的常用方法有：①画图，引入符号，列表分析数据；②分类，分析特殊情况，一般化；③转化；④类比，联想；⑤建模；⑥讨论，分头工作；⑦证明，举反例；⑧简化以寻找规律（结论和方法）；⑨估计和猜测；⑩寻找不同的解法。

案例：已知动点 P 在直线 $y=a$ 上运动，点 H 是 y 轴上的定点，试求：$\triangle OHP$ 的内心点 E 的轨迹。

利用几何画板，在 y 轴上取一点 H，作 x 轴的平行线 $y=a$，在直线 $y=a$ 上取一点 P，连接 O、P、H 成三角形，并画出该三角形的内心点 E。让点 P 在直线 $y=a$ 上运动，跟踪点 E 的轨迹；在 y 轴上拖动点 H，观察轨迹变化。

学生通过上述实践，首先发现点 E 的轨迹是抛物线的一段；在第二步操作实践后发现轨迹还可能是线段。观察的结果激发了学生的好奇心，于是他们主动进行字符计算，分析图像形成的原因，检验数学实验的结果。教师还可以启发学生进一步探索轨迹的变式，比如求三角形的重心、外心的轨迹；让点 P 在其他曲线上运动，求解相应的轨迹等。让学生选择一种变式，继续做数学实验，观察图形的变化，并用数学知识进行逻辑论证，培养学生的探索创新精神。

3. 创设问题情景

1）一个好问题或者说一个精彩的问题应该有如下的某些特征：

① 有意义或有实际意义，或对学习、理解、掌握、应用前后数学知识有很好的作用。

② 有趣味，有挑战性，能够激发学生的兴趣，吸引学生投入进来。

③ 易理解，问题是简明的，问题情景是学生熟悉的。

④ 时机上的适当。

2）应该对现有习题形式做些改革，适当充实一些应用题，配备一些非常规题、开放性题以及合作讨论题。

① 应用题的编制要真正反映实际情景，具有时代气息，同时考虑教学实际。

② 非常规题是相对于学生的已学知识和解题方法而言的。它与常见的练习题不同，非常规题不能通过简单模仿加以解决，需要独特的思维方法，解非常规题能培养学生的创造能力。

③ 开放性问题是相对于"条件完备、结论确定"的封闭性练习题而言的。开放性问题中提供的条件可能不完备，从而结论常常是多样的，在思维深度和广度上因人而异，具有较大的弹性。

④ 合作讨论题是相对于常见的独立解决题而言的。有些题所涉及的情况较多，需要分类讨论，解答有较多的层次性，需要小组甚至全班同学共同合作完成，以便更好地利用时间和空间。

3.5.4　培养学生数学应用意识与问题解决的教学建议

切实提高学生数学应用意识是我国基础教育改革的核心理念之一，培养学生的应用意识是数学课程的重要目标。下面就如何来培养提出相关策略和一些较为具体的方法。

1. 转变教师的观念

转变教师的观念，提高教师的素质是培养学生应用的意识的关键之一。站在基础教育改革第一线的教师是改革的直接实施者，是教学的直接组织者与管理者，教师观念与素质对学生发展的影响是巨大的，教师相对于基础教育改革的重要性无人能质疑。但目前数学教师基本上是传统大学培养出来的学术型人才，大多数对基础教育中培养学生应用意识的重视不足，主动开展数学应用教学的意识淡薄，习惯于几何的逻辑推导、代数的运算确定无疑的结论。而知识的发生过程本质上是创新思维的范例，恰好是培养学生创新思维的极佳时机。

2. 培养学生独立思考的能力

在教学活动中，教师要有意识地把教学过程改变为思维活动的过程，减少机械训练，把思考还给学生，以师生对话的形式增加课堂的交互性，充分调动学生的思维，展示学生的思维过程，剖析数学问题解决过程中学生自己表现出的不同思维策略、思维层次，促进学生反思质疑，有意识地对自己的思维进行否定、调整、优化，这正是创新思维独特性的表现。

在问题探究过程中，应当引导学生多进行观察和动手操作，安排独立思考的时间，并为学生创设自由想象、自由发挥的空间，激励学生于无疑处见有疑，发现别人未触及的潜在解决方法，这也可表现出创新思维独创性的一面。曾有一位教师在《函数的单调性》的教学中提出，教材的标题是"函数的单调性"，为何文中涉及的却是"区间上函数的单调性"，问者无心听者有意，果然有学生提出了不同凡响的问题：什么是"区间上的函数"？有无"非区间上的函数"？对于有无"非区间上的函数"的单调性可否判别？一场热烈的争论拉开了序幕。

3. 加强所创设的问题情境的探究性

体验数学的应用思维发展心理学的研究表明，思维的发展是外部活动转化为内部活动的过程。因此，教师应尽量给学生提供具有自主探究的感性材料，学生有了问题才会有探索，只有主动探索才会有创造，问题情境是促进学生建构良好认知结构的推动力，是体验数学应用、培养创新精神的重要措施。在教学时，多鼓励学生运用自己喜欢的方式进行主动学习，使学生通过观察、操作实验、演示等途径调动眼、口、手、脑、耳等多种感官参与认知活动，探索知识规律，为知识的内化创造条件。

4. 拓展问题情境的时空，探索应用价值

数学来源于生活，生活中处处有数学，学习数学就是为了解释和解决生活中的问题。因此，在教学中，拓展问题情境的时间与空间，使得学生将自主学习带入课外、带入下一个新起点，当再次面对新的数学知识时，就能主动地寻找其实际背景，并探索其应用价值。

5. 通过"数学建模"的活动和教学，把培养学生运用数学的能力落到实处

培养和提高学生"运用数学"的能力是数学教育的根本任务，当然应当成为数学应用教学目的中的"重中之重"。

运用数学的能力是一种综合能力，它离不开数学运算、数学推理、空间想象等基本的数学能力，注重双基和四大能力的培养是解决学生应用意识不可缺少的武器。在双基和四大能力的基础上培养学生分析问题和解决问题的能力，把应用问题的渗透和平时教学有机地结合起来。在数学应用意识和能力的培养中，尤其应重视学生探索精神和创新能力的培养，把数学应用问题设计成探索和开放性试题，让学生积极参与，在解题过程中充分体现学生的主体地位。

要突出数学应用，就应站在构建数学模型的高度来认识并实施应用题教学，要更加强调如何从实际问题中发现并抽象出数学问题，然后试图用已有的数学模型来解决问题，最后用其结果来阐释这个实际问题，这是教学中一种"实际——理论——实际"的策略。它主要侧重于从实际问题中提出并表达数学问题的能力，运用并初步构建数学模型的能力，对数学问题及模型进行变换化归的能力，对数学结果进行检验和评价、阐释和处理的能力。

6. 实施"问题解决"形式教学，培养学生应用意识和解决应用问题的能力

（1）按"问题解决"的形式设计教学过程

在"提出问题"阶段，教师的作用是创设问题的情境，而"问题"的设计是关键，它要符合学生可接受、有障碍、易产生探索欲望的原则，激发学生的探索兴趣，接受问题的挑战。在"分析问题"阶段，教师要从观念和方法的层次上启发学生，鼓励学生探求思路，克服困难，进行独立的探究，展开必要的讨论和交流，在探索的过程中培养毅力和坚忍不拔的精神。在"解决问题"的阶段，教师要引导学生落实解答过程，把能力培养和基础知识、基本技能的学习结合起来，使学生感到成功的喜悦并树立学习的自信心。在"理性归纳"阶段，教师要引导学生对问题的解答过程进行检验、评价、反馈、归纳、小结，并结合问题解决的过程进行学法指导，而学生要通过理性归纳形成新的认知结构，学会学习，并不断提出新的问题，培养进取心和创造精神。这样通过"问题解决"的形式和程序来设计教学过程，必将进一步提高教学的效益。

（2）可改造课本上的例题、习题作为"问题解决"的案例

我们可以改造课本上一些常规性题目，打破模式化，使学生不仅仅是简单的模仿。比如，把条件、结论完整的题目改造成只给出条件，先猜结论，再进行证明；或给出多个条件，首先需要收集、整理、筛选以后才能求解或证明，打破条件规范的框框；也可以给出结论，让学生探求条件等。

总之，数学知识应用素质的教育是全面素质教育中一个必不可少的部分，应用型问题有着丰富的社会信息，多视角的横向联系，多层次的能力要求，其多功能的教育价值早已是众所公认的事实，它已成为学生观察了解社会、认识评价社会的一个窗口。

中学生能够运用所学数学知识去解决一些实际问题，这对中学生素质训练有着极重要的意义。他们学习数学、喜爱数学，学会用数学知识解决问题，这不仅能克服对数学的厌学、怕学现象，而且能激发他们学好数学的内部动机。

思考题 3

1. 数学知识与技能的含义是什么？
2. 数学知识与技能的关系是怎样的？

3. 数学学习过程的模式是怎样的？

4. 举例说明数学概念的学习过程。

5. 中学数学主要的数学思想方法是什么？如何在教学中运用？

6. 数学思考与能力的含义是什么？在教学中如何培养学生这种能力？

7. 数学应用意识与问题解决的特点是什么？

8. 问题解决的基本过程是什么？

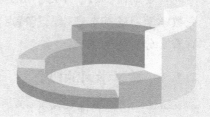

第 4 章

数学学习的基本理论

数学学习理论是研讨课程、教学、评价等其他方面的基础。数学教育所有工作最终要落实到学生的学习上。只有真正了解了学生数学学习的特点和基本规律，才能深切地关注和改进课程教材的编写，为教师的教学及其评价提供确切的理论和实践的根据。本章主要讲述数学学习的概念和特点，介绍了数学学习的一般模式、基本方法以及基本原则。希望能为讨论和理解数学教育的各种观点提供适当的心理学基础，并借此倡导教师要密切关注学生的数学学习。

4.1 数学学习概述

数学本身具有的应用价值、文化价值和智力价值，确立了它在学校课程教学中的重要地位。数学学习已成为处于中学阶段的学生所面对的一项重要活动。研究数学学习的基本规律及其特点对学生的数学学习和发展数学教育的基本理论都有着十分重要的意义。

4.1.1 数学学习的概念

"学习"是心理学研究中的一个核心课题，关于学习的含义，不同的心理学派有不同的解释，归纳起来，大致分为三类：①学习是指刺激—反应之间联结的加强；②学习是指认知结构的改变（认知学派）；③学习是指自我概念的变化。这些定义从不同角度揭示了学习的本质。就一般而言，被广泛接受的定义是：学习是指学习者因经验而引起的行为、能力或心理倾向的比较持久的变化。这些变化不是因成熟、疾病或药物引起的，只有在经验获得的基础上引起的个体行为变化才是学习，并且这种变化也不一定表现出外显的行为，有的变化是内隐的。

数学学习是学生学习的一个十分重要的组成部分。它是指在教育情境中，根据数学教学计划、目的要求，以数学语言为中介，在教师的指导下，由获得数学知识经验而引起的比较持久的行为变化过程。

4.1.2 数学学习的特点

由于数学具有其自身的特点，所以数学学习除了具有学习的一般特点外，还有其自身突出的特点。

1. 数学学习是数学语言的学习

数学学习活动基本上是数学思维活动，而数学语言是数学思维的工具，所以掌握数学语言是顺利并有成效地进行数学学习活动的重要基础之一。学习者应当把数学语言的掌握同数学知识的学习紧密地结合起来，将其视为数学学习的重要组成部分。对于中学生而言，学习数学语言、学习数学的形式化，应当是适度的、循序渐进的。中学阶段数学语言的学习应当是形式化与非形式化的有机结合。

2. 数学学习是数学模型的学习

数学研究的对象是客观世界的纯关系、形式和结构，它毫无任何物质性和能量特征，是完全脱离了事物的物质内容的高度抽象物，即数学模型。数学学习的过程，实质上是在学生原有的认知结构的基础上建构数学模型的过程，这个过程必须是循序渐进地从较简单的数学模型学起，如每个数学表达式、公式、函数关系式、方程式、不等式、几何图形和数列等，然后再掌握较复杂些的数学模型。特别是方程、不等式、函数等内容，它们是研究现实世界数量关系和变化规律的重要数学模型。

3. 数学学习是由表层知识到深层知识的学习过程

数学中存在着不同层面的数学知识，一种是数学课程标准或大纲中明确规定的、教材中明确给出的基本概念、公理、定理、公式、规则、法则及所构成的知识系统；另一种是蕴涵于表层知识中的知识，指贯穿于表层知识中的精神、思想、观念、方法、策略和模式等，称之为数学深层知识。表层知识是深层知识的基础，只有在理解和掌握好数学表层知识的基础上，才可能进一步学习、领悟和掌握有关的数学深层知识。深层知识的学习对学生具有更高的学习价值，数学的思想、方法、精神、观念、策略和模式可被广泛运用于处理和解决各种问题，能使学生终身受益。

4. 数学学习必须突出解题练习这一环节的学习过程

数学抽象性特征决定了要通过一定数量的解题训练，才能深刻理解数学的概念和原理，才能把握数学的基本思想方法，才能真正掌握数学知识，才能为解决问题增加可供联想的储备。因此，数学学习是离不开解题练习的，必须要达到一定数量的解题实践，才能学好数学。

5. 学生学习数学必须具备较强的抽象概括能力

数学的抽象性与概括性表现在它使用的高度形式化的数学语言和它的逐次抽象概括过程。数学学科的这一高度抽象概括特性，十分容易造成学生在数学学习中仅掌握形式的数学结论，而不知道结论背后的丰富事实，仅认识数学符号，而不理解它们的真正含义，仅能够解答与例题类似的习题，而不会举一反三，灵活运用解题方法。因此，在数学学习中，学生要注意逐步从具体到抽象的概括，重视知识的发生过程，真正掌握丰富的数学知识和数学理论。

6. 数学学习是合情推理和演绎推理有机结合而获得数学结论的认知过程

数学结论总是先有一个发现过程，然后通过严格论证才被肯定下来。在数学学习中，既重视知识的发现过程，又重视所发现的结论的论证，二者有机结合成为完整的认知过程。学生通过观察、实验、比较、分析、综合、猜测、类比、归纳等发现方法进行合情推理得出某些结论，然后通过演绎推理进行严格的论证，肯定数学事实，二者有机结合而获得数学结论。

7. 数学学习是注重知识内在关联的系统化的学习过程

数学的特点之一是具有高度的严谨性，数学知识具有内在的逻辑性、系统性，在一个知识系统中，各知识点、块之间有着确定的内在实质性关联，这些特点决定了数学学习应当而且必须是注重知识内在关联的系统化学习，这与有意义学习所必须具有的条件相符合。数学有意义学习可以是接受学习也可以是发现学习，不论进行何种有意义学习，都需要学习者具有有意义学习的心向，积极主动地思考，在知识的实质性关联中加深理解，把握知识的来龙去脉，只有这样，学习者才能形成良好的数学认知结构。

8. 数学学习是以具体化、形象化、系统化和概括化作为记忆方式的学习过程

对数学知识的现实原型和实际运用能促进学生对知识的理解和加深印象，直观形象在记忆中一般比较鲜明、清晰、稳定，经常让学习者有意识地识记图形、回忆图形，以形成和唤起表象，有利于他们掌握抽象的数学知识；系统的材料比零碎分散的材料记忆效果好，它可以缩减记忆的单元数量，增强记忆，因此数学学习中应有计划地将各类知识及时整理，使其组织化、结构化、形成一个系统；在数学学习中，学生可对数学概念、定理、公式的获得及题目的类型和解法加以总结，抽取其一般的特征、思想、方法、原理、解法模式和规则等，归纳概括为一般规律从而有利于记忆。

9. 数学学习是使学生形成良好品质、科学态度和创新精神的学习过程

作为教育科目的数学，除了能使学习者获得知识、发展智力和能力外，还具有突出的品德教育功能。首先，数学充满了辩证法，蕴含着丰富的辩证唯物哲学思想，是品德教育的极好材料。其次，数学是一门注重思考、严要求、重训练的学科，因此数学学习有助于形成爱科学、顽强意志、良好的思考习惯和勤于探索、追求真理的科学态度。最后，作为教育科目的数学具有很大的魅力，它的多样性和统一性、数与形的完美性、和谐性等足以把学习者引入一个五彩缤纷的世界，激发学习者学习的兴趣，培养学习者对科学美、数学美的感受力和鉴赏力，以及对美的追求和创新意识。

4.1.3 数学学习的基本观点

关于数学学习理论，存在着三种基本观点：第一是以桑代克、巴甫洛夫、斯金纳为代表的行为主义学习观。认为学习过程就是形成刺激和反应之间的联结过程。因而，要研究学习过程，主要就是要研究刺激和反应之间的关系，以及它们之间发生了什么。第二是以布鲁纳、奥苏伯尔等为代表的认知主义学习观。认为学习过程是学生原有的认知结构中的有关知识和新学内容相互作用（同化），形成新的认知结构的过程。第三是建构主义理论。认为学习过程是学习者利用已有的知识和观念对学习对象的"解释"过程，也是学习者对学习对象的客观意义进行"理解"的过程。

1. 行为主义学习理论

（1）桑代克的联结主义试误说

联结主义的试误说是美国的心理学家桑代克经过一系列的动物实验提出来的学习理论，他认为学习是刺激和反应的联结，即学习就是形成一定的"刺激—反应"联结（S—R 联结），而这种联结主要又是通过试误建立的，就是说，在重复的尝试中，错误的反应逐渐被摒除，正确的反应则不断得到加强，直至最后形成了固定的"刺激—反应"联结，因而可把学习看成一种试误的过程。桑代克在总结他早期实验的基础上还提出了三条学习定律：准备律、练习律和效果律，而这三条规律能够较好地解释学习行为。

1）准备律，是指联结处于有准备或没有准备的状态下，会出现下列三种情况：一是在有准备的状态下，且传导没有受到任何干扰或阻碍时，就会引起满足之感；二是在准备好传导的状态下而得不到传导，就会引起烦恼之感；三是在没有准备的状态下勉强进行传导或强行传导，也会引起烦恼之感。

2）练习律，是指学习要经过反复的练习，练习律又分为使用律与不使用律，使用律指情境与反应所形成的一个联结，如果加以应用，就会加强；不使用律指情境与反应所形成的联结，如果不应用，就会削弱。

3）效果律，是指当情境与反应建立起了联结，在同时或随后得到满意的结果，这个联结就会加强；反之，如果在建立联结的同时或随后，所得到的是并不满意的结果，这个联结就会减弱。

因为桑代克的学习理论多数是出自对动物的实验，不少是将动物实验推及人类，因而他的理论存在着刻板和机械的倾向，忽视了人的学习的社会性、主观能动作用和学习过程中理解的作用。尽管如此，桑代克的学习理论对当今学生的学习动机，引导学生在尝试的过程中应用推理和批判的方法，在对概念、原理、法则学习之后予以必要的重复练习并在以后的学习中加以应用，重视学习者对学习的心理准备等方面，值得我们借鉴。

（2）斯金纳的操作性条件反射学习说

新行为主义代表人物斯金纳继承和发展了桑代克的联结主义学习理论，他提出了刺激—反应—强化的学习模式。他研究了人类行为（反应，R）与外部条件（刺激，S）的关系，他认为在操作性活动条件的场合，强化刺激和反应的形式是关联的。如果在操作性活动发生之后，随即进行强化刺激，反应就会增强；如果在操作性活动发生之后，没有进行强化刺激，反应就会减弱。所以，强化是增强某种反应的手段。

斯金纳的操作性条件反射学习说，也是将动物实验推及人类的，因而可对人的复杂的学习行为做出令人满意的解释。尽管如此，斯金纳的学习理论，主要应用在教学程序和方案的设计、教学过程中学生学习行为的及时掌握与讲评、学生学习效果的及时评价，以及促进差生转变、增强他们的学习信心与兴趣、强化他们的学习行为等方面，对我们仍有启示作用。

行为主义学习观在数学学习中有一定的指导意义，如在掌握运算技能等程序性数学知识时，"操作性学习"能起到很好的作用。桑代克提出的"练习律"和"效果律"一直被数学教学者所接受。但是，行为主义学习观的最大缺点就是将数学课程单纯当作知识的强化与技能的训练课程，将数学学习内容视为可拆解后一步步进行操练的学习内容，将学生的数学学习归纳为知识性的识别与简单的积累和重复操作，忽略了数学教育的目的、数学的本质及整体性，忽略了学生学习过程中的思考及解决问题的思维方式，忽略了学生数学学习过程中的情感与态度。

2. 认知学习理论

（1）布鲁纳的认知—发现说

布鲁纳是西方认知心理学的主要代表人物之一，他认为学习包含三种几乎同时发生的过程：新知的获得；知识的改造；检查知识是否恰当和充足。进而他提出发现是达到目的的最好手段，所以学习的实质在于发现。因而人们把他的理论称为认知—发现说。

1）布鲁纳的教学思想。1959 年美国科学院召开会议，讨论如何改进中小学数理学科的教育。布鲁纳是这次大会的主席，他在著名的大会总结报告《教育过程》中系统地阐述了自己的教学思想，主要包括以下几个方面：一要教育在智育方面的目标是传授知识和发展智力。二要让学生学习学科知识的基本结构。所谓学科的基本结构，是指学科的基本原理，是把每门学科的事实、零散的知识联系起来的基本概念、基本公式、基本法则。布鲁纳认为将学科基本结构作为教学的中心内容，让学生掌握学科的基本结构有如下好处：懂得基本原理可以使得学科更加容易理解；掌握基本结构有助于知识的记忆；掌握基本原理有助于学习的迁移。三要注重儿童的早期智力开发。四要提倡"发现学习"的方法。

2）布鲁纳的数学学习原理。布鲁纳和他的同事们进行了大量的数学学习实验，从中总结出了四个数学学习原理。一是建构原理。学生开始学习一个数学概念、原理或法则时，要以最合适的方法建构其代表。二是符号原理。如果学生掌握了适合于他们智力发展的符号，那么就能在认知上形成早期的结构。三是比较和变式原理。比较和变式原理表明，从概念的具体形式到抽象形式的过渡，需要比较和变式，要通过比较和变式来学习数学概念。四是关联原理。关联原理指的是应把各种概念、原理联系起来，置于一个统一的系统中进行学习。

3）布鲁纳的教学和学习理论，对我们有如下几点启示：

第一，在数学教学过程中，不仅应使学生掌握数学知识的概念、定理、公式等，还应理解数学知识的来龙去脉，应注重知识的产生过程，而不是孤立地记住一些数学结论。第二，在表示数学知识时，要根据学生的情况，考虑是通过一系列实例呢，还是通过一些概念和原理或是一系列符号。第三，在数学教学过程中，应把学习过的数学知识按一定的方式构造好，以便于学生记忆和保持。第四，为了"迁移"做好充分的准备，应使学生对数学基本原理有深刻的理解，从而根据原理的结构，把掌握的模式应用到类似的事物中。第五，要使学生享受到数学智力活动的乐趣，把从中得到的愉悦作为鼓励学生学习的重要手段。

（2）奥苏伯尔的认知—有意义接受学习理论

美国心理学家奥苏伯尔的理论属于认知心理学范畴，但他不像布鲁纳那样强调发现学习，而是强调有意义的接受学习。奥苏伯尔认为，学习过程是在原有认知结构基础上形成新的认知结构的过程，原有的认知结构对于新的学习始终是一个最关键的因素，一切新的学习都是在过去学习的基础上产生的，新的概念、命题等总是通过与学生原来的有关知识相互联系、相互作用转化为主体的知识结构。因而他的理论可以称为认知—有意义接受学习理论。

1）奥苏伯尔对学习的分类。奥苏伯尔把学习从两个维度上进行划分：根据学习的内容，把学习分为机械学习和有意义学习；根据学习的方式，把学习分成接受学习和发现学习。机械学习是指学生并未理解由符号所代表的知识，仅仅记住某个数学符号或某个词句的组合。有意义学习就是学生能理解由符号所代表的新知识，理解符号所代表的实际内容，并能融会贯通。奥苏伯尔认为"有意义学习过程的实质，就是符号所代表的新知识与学习者认知结构中已有的适当知识建立非人为的（非任意的）和实质性的（非字面的）联系"。即认知结构中的适当知识是否与新的学习材料建立"非人为的联系"和"实质性的联系"，是区分有意义学习和机械学习的两个标准。接受学习指学习的全部内容是以定论的形式呈现给学习者的。这种学习不涉及学生任何独立的发现，只需要他将所学的新材料与旧知识有机地结合起来（即内化）即可。发现学习的主要特征是不把学习的主要内容提供给学习者，而必须由学生独立发现，然后内化。

2）奥苏伯尔的有意义接受学习观点。奥苏伯尔关于有意义接受学习的基本观点是：在学校的教学条件下，学生的学习应当是有意义的，而不是机械的。从这一观点出发，他认为好的讲授教学是促进有意义学习的唯一有效方法。探究学习、发现学习等在学校里不应经常使用。奥苏伯尔认为要产生有意义的接受学习，学生必须具备两个条件：第一，具有有意义学习的意愿，即学生必须把学习任务和适当的目的联系起来。第二，新的学习内容对学生原有的认知结构具有潜在的意义。

3）奥苏伯尔的学习理论给我们的几点启示。一是奥苏伯尔的观点告诉我们，在提供某种教学方法时，不要贬低甚至否定另一种教学方法，也不要把某种教学方法夸大到不恰当的地步。二是在班级授课制这一教学组织形式下，以接受前人发现的知识为主的学生应以有意义的接受学习作为主要的学习方法，辅助以发现学习。三是教学的一个最重要的出发点是学生已经知道了什么。

3. 建构主义理论

建构主义是行为主义发展到认知主义以后的进一步发展，它是在吸取了众多学习理论，尤其是在皮亚杰、维果茨基思想的基础上发展和形成的。建构主义对"什么是学习活动的本质"从整体上及一定的认识论角度做出了科学的分析。

尽管建构主义有许多流派，但对学生学习有如下共识：

1）学习是一个积极主动的建构进程，学生不是被动地接受外在信息，而是根据先前认知结构主动地和有选择地知觉外在信息，建构其意义。

2）课本知识并不是对现实的准确表征，它只是一种解释，一种较为可靠的假设，学生对这些知识的学习是在理解基础上对这些假设做出自己的检验和调整的过程。因此，知识可以视为个人经验的合理化，而不是说明世界的真理。

3）学习中知识建构不是任意的，它具有多向社会性和他人交互性。知识建构的过程应有交流、磋商，并进行自我调整和修正。

4）学生的学习过程是多元化的，由于对象的复杂多样化、学习情感的某种特殊性、个人经验的独特性，使得学生对对象意义的建构也是多维度的。

建构主义的数学学习观认为：首先，数学对象是一种纯粹的建构，或者说，正是人们通过自己的建构活动创造了数学对象。数学并不是从客观对象中抽象出来的，而是由主体施加于对象之上的行动，也就是由主体的活动中抽象出来的。数学建构具有个体性，但个体的建构必然从属于外部世界和社会环境的制约，必然包含一个交流、反思、改进、协调的过程，这反映了建构的社会性质。

其次，数学知识的学习是主体重新建构的过程。对数学对象的认识以在思想中实际建构出这种对象为必要的前提。如果不能首先在思想中实际地"建构"出相应的对象，即使"外化"了的对象重新转化为思维的内在成分，仍然会不知所云。在学习中自己建构起来的数学知识在头脑中才会根深蒂固，"照葫芦画瓢"是重复练习而不是解题，不可能获得真正的数学知识。真正的数学认识（或理解）应当是"形式建构"与"具体化"的辩证统一。这也许是良好的数学学习方法中最具有实质性的内容之一。

根据建构主义的学习观，数学教学应该有相应的转变。这就是：课堂由个人的组合转为数学团体，由老师作为正确答案的唯一权威转为以逻辑与数学为验证的标准；由强记算法转为数学推理；由机械式的计算答案转为猜想、创作与解题；由把数学视为孤立的概念转为把数学的各概念及其应用联合起来。数学教学中要重视教师与学生、学生与学生之间的社会性相互作用，强调合作学习、交互式教学。

4.2　数学学习过程的一般模式

学习模式即以怎样的行为角色去学习。学习模式既是学习的策略和方法，又是学习过程的基本特征。过去，教师怎么教，学生就怎么学；现在，学生怎么学，教师就应该怎么教。国家基础教育课程改革由教师的教决定学生的学转变为由学生的学决定教师的教。教师的教服务并服从于学生的学。

4.2.1　接受学习模式

1. 接受学习的概念

在人的客体性、被动性和依赖性的假定下，学生被动的学习，教师以专制的姿态，把教学内容以定论的、赤裸的形式传授给学生，强调学生接受与掌握知识，旨在培养学生的理解能力、记忆能力和运用能力，学生在学习过程中以客体身份为主，接受、被动、封闭地学习，这就是接受学习。

2. 接受学习的特征

接受学习具有被动性、定论性和封闭性的特点。

（1）被动性

被动性是接受学习模式的显著特点。接受，意味着被动。接受学习的动力是"要我学"，这种动力主要来自外界。"强扭的瓜不甜"，学习如果成为学生的一种负担，将事倍功半。接受学习导致了"三个中心"：教师中心、教材中心和课堂中心。教学活动以教师为主体、为中心。教师成了教书匠，主要职能是传授。教学成为"填鸭"，怎一个"讲"字了得。教学内容局限于书本知识，以书本为中心。教学情境以课堂为中心，封闭教学。学生学习成了接受和记忆书本知识的活动。教学成了学生的异己力量，侵犯了学生的主体性、能动性和独立性，异化学生。学生成了"容器"，怎一个"记"字了得，死记硬背，枯燥无味。学生学习书本和老师的讲授，目的是应对考试，其个性丧失、人性被异化、价值被扭曲；好奇心和求知欲被压抑，学生丧失了创造力。

（2）定论性

接受学习模式重结论。学生学习的内容是已成定论或公认的知识，排除了争议的内容，而且直接呈现出来。学生学习的心理机制就是同化，就是接受知识。学生学习的任务就是掌握已成定论或公认的知识，并把它加以运用。教学强调接受与掌握，忽视了探究与发现；注重传承人类文明，忽视了开创人类文明。

（3）封闭性

接受学习是一种封闭性的学习，其特点是学习目标单一化、学习过程程序化、学习评价标准化。

4.2.2 发现学习模式

1. 发现学习的概念

发现学习是指学生在学习情境中通过自己的探索、调查从而获得问题和形成观念的一种学习方式。发现包括让学生独立思考、改组材料、自行发现知识、发现事物的意义、掌握原理和原则。

"发现学习模式"是由当代著名的认知心理学家布鲁纳率先倡导的。布鲁纳认为，人的认知发展经历"动作式""图像式""符号式"三个阶段。从教学心理上讲，它十分强调内部动机作用，这种作用是学生在学习过程中取得初步成功后产生的，能促使学生主动地去探索知识的本质。可以培养学生独立思维能力、直觉思维能力和洞察力，可以增强学生的自信心。但是，倡导发现学习也必须具备一定的条件，对于学习者来说，最重要的是要具备善于发现学习和训练有素的认知能力。布鲁纳说："发现与惊奇一样，偏爱有良好训练的头脑。"而善于发现的头脑是在一定的环境作用和教育影响下形成的。因此，对于学生来说，良好的、有利于培养学生发现学习能力的教育和教学方式显得非常重要。

2. 发现学习的特征

（1）强调学习过程

在教学过程中，学生是一个积极的探究者。教师的作用是要构建一种学生能够独立探究的情境，而不是提供现成的知识。学习的主要目的不是要记住教师和教材上所讲的内容，而是要学生参与建立该学科的知识体系的过程。所以，布鲁纳强调的是，学生不是被动的、消极的知识的接受者，而是主动的、积极的知识的探究者。

（2）强调直觉思维

布鲁纳的发现法还强调学生直觉思维在学习上的重要性。他认为，直觉思维与分析思维不同，它不根据仔细规定好了的步骤，而是采取跃进、越级和走捷径的方式来思维的。直觉思维的形成过程一般不是靠言语信息，尤其不靠教师指示性的语言文字。直觉思维的本质是图像性的。所以，教师在学生的探究活动中要帮助学生形成丰富的想象，防止过早语言化。与其指示学生如何做，不如让学生自己试着做，边做边想。

（3）强调内在动机

发现活动有利于激励学生的好奇心。学生容易受好奇心的驱使，对探究未知的结果表现出兴趣。所以，布鲁纳把好奇心称之为"学生内部动机的原型"。与其让学生把同学之间的竞争作为主要动机，还不如让学生向自己的能力提出挑战。所以，他提出要形成学生的能力动机，就是使学生有一种求得才能的驱动力。通过激励学生提高自己才能的欲求，从而提高学习的效率。事实表明，对自己能力是否具有信心，对学生的学习成绩有一定影响。

布鲁纳在强调学生内部动机时，并没有完全否认教师的作用。在他看来，学生学习的效果，有时取决于教师何时、按何种步调给予学生矫正性反馈，即要适时地让学生知道学习的结果，如果错了，还要让他们知道错在哪里以及如何纠正。让学生有效地知道学习的结果，取决于：①学生在什么时候、什么场合接受矫正性信息；②假定学生接受的矫正性信息的时间、场合都是合适的，那么学生在什么条件下可以使用这些矫正性信息；③学生接受的矫正性信息的形式。

布鲁纳还认为，学生利用矫正性信息的能力与他们的内部状态有关。如果学生因驱力太强而处于焦虑状态，那么，提供矫正性信息不会有多大用处。另外，如果学生有一种妨碍学习的心理定势，那么学习往往会显得异常困难，这时，学

147

习的每一步骤都需要及时给予反馈。布鲁纳称这种反馈为"即时反馈"。

（4）强调信息提取

布鲁纳认为，人类记忆的首要问题不是贮存，而是提取。因为学生在贮存信息的同时，必须能在没有外来帮助的情况下提取信息。提取信息的关键在于如何组织信息，知道信息贮存在哪里和怎样才能提取信息。学生如何组织信息对提取信息有很大影响。学生亲自参与发现事物的活动，必然会用某种方式对它加以组织，从而对记忆产生最好的效果。

4.2.3 探究学习模式

1. 探究学习的概念

探究学习即学生在学科领域或现实生活的情境中，通过发现问题、调查研究、动手操作、表达与交流等探究性活动，获得知识、技能和态度的学习方式和学习过程。探究学习主要在于学生的学，以独立或小组合作的方式进行探索性、研究性学习活动，注重学生的主动探索、体验和创新。

开展探究学习，不仅是为了适应当前中学课程改革中产生的研究性课程教学的需要，更重要的是为培养学生的创新精神和实践能力，真正实现素质教育的需要。因为在探究性学习过程中，学生要自己发现问题，通过实践操作、体验感悟、合作交流、创造性地解决问题。

2. 探究学习的特征

探究学习是主体性、探究性、问题性、实践性、过程性、创新性的学习。

（1）主体性

探究性学习体现了以学生为本的教育思想，在教学过程中，学生是活动的主体，立足于学生的学，以学生的主体活动为中心来展开教学过程。教师在这个活动中只是一个组织者、引导者和合作者。这种学习方式有利于学生主体意识和主体能力的形成和发展，有利于塑造独立的人格品质。

（2）探究性

探究是人类认识世界的一种基本方式，探究性学习是学生必不可少的学习基本形式，学生是在不断地探索发现过程中获得发展的，接受学习只能培养被动、消极的知识接受者，而探究学习是培养主动、积极的知识探究者。

（3）问题性

在探究学习中，学生学习的内容是以问题形式间接呈现出来的，学生学习的心理机制是探究，是发现知识。学习在发现问题、分析问题和解决问题中进行。

问题是探究学习的起点和主线，也是探究学习的归宿和核心。

（4）实践性

学生在实践中，通过解决一些实际问题、研究一些课题、完成一些建设项目，探究发现知识，总结积累经验。探究学习既包括对学习内容的探究，也包括对学习方法的探究。学生在探究学习过程中，可以获得独特的、有效的学习方法，形成个性化学习。

（5）过程性

探究学习更加重视学习的过程而非结果。它强调尽可能让学生经历一个完整的知识的发现、形成、应用和发展过程。学生通过这个过程，理解一个数学问题是怎样提出来的，一个数学概念是怎样形成的，一个数学结论是怎样获得和应用的。在一个充满探索的过程中学习数学，让已经存在于学生头脑中的那些非正规的数学知识和体验上升为科学结论，从中感受到数学发现的乐趣，达到素质教育的目的。

（6）创新性

探究学习的过程是一个不断超越现实创新的过程。学生在探究学习过程中，可以大胆怀疑，提出问题；大胆猜测，进行假设；大胆尝试，探讨问题解决的方案。学生可以超越教材，超越老师，超越自我，在自由的空间中大胆创新。

例如，学习了相似三角形和函数等知识后，测量建筑物或树的高度，是一个典型的实践性探究作业。教师可以提出这样的问题：怎样测量一棵树的高度？试针对各种不同的实际情况，设计不同的测量方法。教师组织学生利用双休日或节假日到实地考察，记录所遇到的实际情形，每人设计测量的具体方案，然后分四人小组讨论交流，把本小组的各种设想进行汇总和整理，再选择几种典型的解答在全班介绍。这样一来学生积极性很高，想到了许多老师不曾想到的问题。如树不高用竹竿直接测量；树高可利用勾股定理计算；天气好可利用影子长与树高的关系计算等。这其中学生运用了勾股定理、全等三角形、相似三角形的比例关系及三角函数的计算等方法，解决了本次实践性探究作业。

4.2.4 掌握学习模式

1. 掌握学习的概念

掌握学习是美国教育家卡罗尔和布卢姆创立的。20世纪60年代卡罗尔创立了一种新的学校学习模式，这种教学模式建立在两个理论假设的基础之上。

其一，如果学生在某种学科中的能力或性向呈正态分布，同时提供与个别化特征相一致的适当的教学时，大多数学生都能很好地掌握这门学科。其二，假如一个学生没有花上足够的时间学习一项内容，那么他就不可能掌握它。但是学生完成同一学习任务所需的时间不一样，假如能给予每个学生充裕的时间，则所有的学生都能在各层次取得相应的成功，这是掌握学习理念的雏形。后来，布卢姆在此基础上做了进一步的补充与完善。布卢姆认为如果学生的能力倾向可预测学生学习一项任务的速度，则我们可以根据不同学生的能力倾向来安排其学习速度。

"掌握学习"教学模式的程序由以下五个环节组成：

1）单元教学目标的设计。教育目标分为认知、操作和情感三大类，在认知领域又分为知识、领会、应用、分析、综合、评价六个学习类型。

2）根据单元教学目标的群体教学。"掌握学习"模式的设想是在不影响传统班级集体授课制的前提下，使绝大多数学生达到优良成绩，所以其课堂教学仍采用通常的集体授课形式，但在讲授新课之前，给予学习新知识必须的准备知识。

3）形成性测验。在实施单元集体授课之后，要进行形成性测验，测验的题目与教学目标相匹配，其目的是对学生学业情况进行诊断。

4）矫正学习。形成性评价之后，将学生分为达标组和未达标组两类，对未达标组进行必要的、补偿性的矫正学习，这并不是简单地重复新课教学的内容，而是可以采用多种方法重复新课教学。

5）形成性评价。形成性评价最终检验达标的情况，其试题与形成性测验相比指向更明确。

2. 掌握学习的特征

1）不改变学校和班级组织，在普通的学年制班级里实施。既进行集体教学，又针对个别情况进行反馈——矫正，一定程度上解决了集体教学与个别需要之间的矛盾。

2）教学评价贯穿于教学过程。通过形成性测验，可以使学生确认自己完成教学目标的情况，及时调整学习活动。已达到目标的学生，可以产生成功的满足感，更积极地参与下一单元的学习；未达标的学生可以了解自己有哪些基础知识或能力未能掌握，明确努力方向，进行矫正。

3）教师应具有认为所有学生都能学好功课的信念和对学生学业成功的期望，从而在教学中对增强学生学习自信心、激发学生学习动机起促进作用。

4.2.5　自主学习模式

1. 自主学习的概念

自主学习是指学习者在学习活动中具有主体意识，不断激发自己的学习激情或积极性，发挥主观能动性和创造性的一种学习过程或学习方式。

2. 自主学习的特征

1）学生是在教师指导下自主学习。传统的教学方式是教师独占讲台，采用"满堂灌、填鸭式"的教学方式，学生被动地接受知识。而自主学习注重教师指导下的学生自主探索、自主学习，学生由被动接受知识变为主动获取知识。在教学方式上，由单纯的口头讲授转变为引发学生的内在学习动机。在教学手段上，指导学生运用现代化教学手段（如多媒体计算机、计算机网络等），主动建构自身的知识结构和能力结构，自主地完成学习任务。

2）发挥学生的主体能动性。建构主义特别重视学生的主体地位，认为知识是由主观构建的。自主学习不是由教师直接告诉学生应如何解决面临的问题，而是由教师向学生提供解决该问题的有关线索，从而发展学生的自主学习能力。

3）学习的开放性。自主学习不受时间、地点、教材等条件的限制，重视学生自主选择学习的时间、地点，自主选择学习的方法、内容，自主制定学习计划，自主进行学习反馈和评价，学习更加开放。

4）学习的合作性。自主学习虽然具有独立性的特点，但它并不是个人封闭式的学习，与自学有本质的区别。学生可以根据自身的学习情况和特点选择学习伙伴。在学习过程中进行相互交流、吸取他人之长，弥补自身之短。

5）学习的创造性。自主学习不是学生对学习内容的简单复制，而是学生根据自身学习需要，完成知识的再创造，在整个学习过程中进行创造性的学习和创造性地解决问题。

4.2.6　协作学习模式

1. 协作学习的概念

协作学习是一种通过小组或团队的形式组织学生进行学习的一种策略。小组成员的协同工作是实现班级学习目标的有机组成部分。小组协作活动中的个体（学生）可以将其在学习过程中探索、发现的信息和学习材料与小组中的其他成员共享，甚至可以同其他组或全班同学共享。在此过程中，学生之间为了达到小组学习目标，个体之间可以采用对话、商讨、争论等形式对问题进行充分论证，以期获得达到学习目标的最佳途径。学生学习中的协作活动有利于发展学生个体的思维能力、增强学生个体之间的沟通能力以及对学生个体之间差异的包容能力。

协作学习模式是指采用协作学习组织形式促进学生对知识的理解与掌握的过程，通常由 4 个基本要素组成，即协作小组、成员、辅导教师和协作学习环境。协作学习的基本模式主要有 7 种，分别是竞争、辩论、合作、问题解决、伙伴、设计和角色扮演。

2. 协作学习的特征

1）强调学生个性的"自我实现"。每个人都是一个独立的具有自主性的个体，是处于发展中的、富有潜力的、整体性的人，是学习过程积极的参与者。协作学习鼓励各抒己见，而且每个人都对他人的学习做出自己的贡献，对他人的意见做出客观的分析，容纳与自己不同的意见，从而辩证全面地认识世界。

2）将学习过程看作交往过程。学习过程是一种信息交流过程，是师生、学生之间通过各种媒介进行的认知、情感、价值观等多方面多层次的人际交往和相互作用过程。这一过程中，参与者结成了多边多向的人际关系网络，在这个网络体系中，认知与交往成为一个不可分割的整体。

3）协作学习中师生是平等的合作者。协作学习中，大家面对的是同样的学习环境，教师不见得比学生拥有更多的学习资源，而且网络的隔离性也免除了面对面带来的诸多压力。在这样的"虚拟社会"中，可以平等对话，而没必要考虑对方的身份地位，这样对于解决教学中的问题更加有效。

4）情境创设非常重要。协作得以展开需要激发讨论的矛盾和问题，仅仅用言语描述的问题往往过于平面化，所以创设问题情境就成为协作学习开始的引子。

5）协作学习强调整体学习效果。网上教师可以按照某种标准将学习者分为若干小组，以小组设置共同目标来保证和促进学习的互助、合作气氛融洽，并以小组的总体成绩来评价每个成员的成绩，所以协作小组中的成员不仅要对自己的学习负责，还要关心和帮助他人的学习。

4.3 数学学习的基本方法

做任何事情都要讲究方式、方法。方法正确，效率就高，效果就好，就有可能事半功倍；方法不当，往往事倍功半。学生学习数学，也是这样，要想少走弯路，提高学习效率，就要会学习，就要讲究科学的学习方法。数学学习方法是指人们在数学学习过程中所采取的步骤和手段，也是人们对数学学习的思维活动和实践经验、方式的概括和总结。也可以说，数学学习方法是在学习数学时所采用的方法。

4.3.1　数学家谈数学学习方法

一些优秀的数学家从各自的经历中，总结出学习数学的宝贵经验，对我们学习数学都有很大的指导意义。

1. 循序渐进，打好基础

数学家陈景润指出："我觉得在学习上没有捷径好走，也无'秘诀'可言。要说有，那就是刻苦钻研扎扎实实打好基础，练好基本功。"

数学家张广厚指出："在学习中要注意循序渐进。要一步一个脚印，由易到难，扎扎实实地学。""学习没有别的办法，就是要循序渐进。""基础一定要打好，基础概念一定要搞清。"

王梓坤教授指出："不论是学习数学或研究数学，都必须循序渐进，每前进一步都必须立脚稳固，其他科学也要循序渐进，不过数学尤为如此。前头没有弄懂，切勿前进。有如登山，只有一步一上，才能到达光辉的顶点。"

苏步青教授指出："有的青年写信问我学好数学有什么'秘诀'。我想了一下，认为学好数学要打好基础是一个根本问题。因为学习这东西，是有规律性的，必须由浅入深，由易到难，由低到高，循序渐进。"

数学家们对数学学习中如何循序渐进、打好基础提供了宝贵而丰富的经验：重视数学基本概念、基本定理（公式、法则）的学习，要在理解上下功夫；要熟练地掌握基础；要多做练习，达到运用自如；注意经常复习，总结提高。

2. 独立思考，善于发现

数学家陈景润指出："不要一遇到不会的东西就马上去问别人，自己不动脑子，专门依赖别人，而是要自己先认真地思考一下，这样就可能依靠自己的努力克服其中的某些困难。对经过很大努力仍不能解决的问题，再虚心请教别人，这样往往能得到更大的帮助和锻炼。"

数学家张广厚指出："我主张不要轻易问人，……问人的效果与自己独立思考的效果不一样。我自己是不轻易问人的，对问题我总是一天、两天、三天靠自己钻研，要培养这种精神。"

苏步青教授指出："独立思考能力的培养，中学阶段起着重要作用。……只有通过自己思考，才能使获得的知识更加巩固。所以同学们在学过的知识范围内，遇到不懂或难懂的地方，首先要自己想想看，做做看，想不出、做不出的时候，再请教老师。这样就可以逐步养成独立思考的习惯、独立工作的习惯。"

数学家们对数学学习中如何进行独立思考、善于发现提供了宝贵而丰富的经验：遇到不懂的或困难的问题时，要坚持独立思考，不轻易问人；要学会提出问题，注重联想；力求透彻理解，培养创造性态度。

从认识论的角度看，数学学习过程是一个认识过程。人们认识事物都要经历由感性认识到理性认识的飞跃。在感性认识阶段，我们获得了大量直观的、生动的、表面的素材，这些素材必须经过去粗取精、去伪存真、由此及彼、由表及里的改造，才能上升为抽象的、本质的理性认识。这个飞跃不是自然而然就能完成的，要靠独立思考才能实现。

3. 学习态度，学习习惯

著名数学家苏步青教授说："治学能否取得成绩，治学态度是个很重要的问题。我们不但要有为四化建设而学习的良好动机，还要有良好的学风。"

陈景润先生指出："培养良好的学习习惯是关系到学有所成的大问题。"

著名数学家杨乐认为："在学习中要坚持长期不懈的努力，首先要有正确的学习态度，持之以恒，才能达到光辉的顶点。"

华罗庚先生指出："培养独立思考能力，需要我们经常自觉地进行锻炼""青年同学们在学校里学习的时候，就应该注意培养独立思考的习惯。"

著名数学家柯召说："学数学还有一条就是要认真，绝不要马虎从事。养成良好的习惯是一生的事情。开始搞歪了，以后很不容易矫正。画要画坏了，改正是困难的。"

数学家们对数学学习中如何培养良好的学习态度和学习习惯提供了宝贵而丰富的经验：要从小抓起，越早越好；从点滴抓起，持之以恒；要严格要求，练字当头；提出榜样，启发自觉；评价表扬，鼓励发展；突出重点，有计划地进行训练。

学习态度是学习者对学习对象的一种心理倾向，这种心理倾向包括认知的、情感的和行为的三个方面。从认知的角度看，学习态度是学习者对学习对象的价值判断。从情感的角度来说，学习态度就是学习者对学习对象的情绪反映。情感因素在学习态度中不仅占据着比认知因素更重要的地位，而且可能变得很持久。从行为角度来说，学习态度就是学习者对学习对象的认知和情感的外显行为，当然学习态度与学习活动中的外显行为也并不是在任何情况下都完全一致。

数学学习态度是学生对数学学习的价值判断及情感倾向的内在及外在表现。现代心理学告诉我们，认知因素及情感因素对人的学习动机、学习行为、学习过程有极大的影响，所以数学学习态度的良好与正确与否，对数学学习效果、学习质量会产生巨大的影响。

4.3.2　与数学课堂相适应的学习方法

与数学课堂相适应的学习方法，就是课前预习、认真听课、及时复习、独立作业的基本方法。

1. 课前预习

课前预习是上课前对即将要学习的数学内容进行阅读，了解其梗概，做到心中有数，以便掌握听课的主动权。课前预习是学生自己摸索、自己动手、动脑、自己阅读课文的过程，可以培养学生的阅读和自学能力。预习是学生独立学习的活动，了解到的东西都能在听课中得到检验、加强或矫正。预习时，学生先通读课文，然后细读理解大致内容，自定一些"划"和"批"的记号，在课本上把关键句、重点词、概念、公式、定理划出来，使他们养成边读、边划、边批、边算的习惯。预习中发现的难点，就是听课的重点；对预习中遇到的没有掌握好的有关的旧知识，可以进行补缺，以减少听课过程中的困难，有助于提高思维能力；预习后把自己理解了的东西与老师的讲解进行比较、分析，提高自己的思维水平；预习还可以培养自己的自学能力。

2. 认真听课

听课是学生学习数学的主要形式。听课要抓住数学学科的特点，带着问题听。

（1）听教师向学生导法、导路、导疑、导思

导法：是教给学生掌握本课内容的方法，让学生学会抓题眼、抓重点，边学边思，思之有序，举一反三；导路：主要是教会学生理清教材的逻辑顺序，让学生有路可思，遵路思其真，循序见其明；导疑：主要是教学生学会质疑的方法，做到善疑、善问，使其小疑小进、大疑大进，激发学习热情；导思：主要是指点如何思维，教给学生科学思维的方法，培养思维能力，使其思维具有广阔性、深刻性、敏捷性和灵活性等。

（2）听的方法

听课时，首先，要集中注意力，带着问题听；跟着教师的思路走，自己设疑问自己；在教师没有做出判断、结论之前，自己试做判断、试下结论，看看是否

与教师讲得一致，对与不对的原因何在？其次，要处理好听与记的关系，该听时一定要以听懂为主；不懂不记，不要因记而妨碍听懂。最后，听老师讲解解疑的方法，做到边听边思，保持思维活跃，思路畅通。

（3）听课的过程中要记笔记

记笔记可以促进学习者积极主动地思考问题，边听边记边思，能更好地接受与理解所学的知识，也便于复习。

3. 及时复习

复习是巩固知识、熟练技能的主要手段。复习是对已学过知识的提高，进一步消化与升华。听课之后必须及时复习，加深对课堂所学内容的理解掌握，并熟练基本技能，发展学习能力。

（1）怎样复习

第一，闭目思考，回顾上一次课的情景，把老师讲的、板书写的知识，在大脑中过一遍"电影"，看看能想起多少，忘了多少；翻开笔记，查漏补缺，联想、重现课堂情景，检测识记、保持的知识占多少比重，决定采取何种复习措施。第二，翻开教材，全面通读，边看边思，与课上所讲内容相对照；抓住重点深思熟虑，融会贯通；查找资料，突破难点；分析质疑，解决疑点；书上批划勾注，做出标记，为以后再次复习做准备。第三，看参考资料，充实知识内容，深化课堂所学。第四，整理与完善笔记，使当堂所学知识更加深化、简化、条理化。

（2）注意问题

及时复习。复习要及时恰当，做到恰到好处，这是根据遗忘规律而提出的。刚刚记忆之后的短时期内，遗忘得较快，必须经过反复刺激，使大脑皮层痕迹加深，进行强化，方能记忆持久。所以，当天学习的知识，在遗忘之前，必须及时复习；要以防止遗忘为目的，不要以恢复已经忘掉的东西为目的；一周学习的知识，必须在周末复习；学完一节，清一节；学完一章，做小结。否则，知识结构散了，内容生了，就要花费加倍的时间去还债。

反复复习。基础知识具有很强的通用性和应变能力，初学、精读往往不能真正融会贯通，必须反复推敲，方能深入领略、温故而知新。

4. 独立作业

独立作业是学生通过自己的独立思考，灵活地分析问题、解决问题，进一步加深对所学新知识的理解和对新技能的掌握过程。这一过程是对学生意志毅力的考验，通过运用使学生对所学知识由"会"到"熟"。分清任务的轻重缓急，先完成重要的任务，再解决困难的题目。做作业思想要高度集中，并记录每次完成的时间，这有利于科学地分配时间，以提高学习效率。下面的一些原则可以帮助学生有效地管理作业，可以帮助他们有效地组织好自己的学习。

做作业要坚持"四要四不要"的原则：一要坚持先复习后作业，不要拿起作业就去做；二要坚持独立思考，独立完成作业，不要遇难而退，轻易问人；三要力求理解消化，立足于懂，不要图快草率、囫囵吞枣；四要坚持适当的数量，有代表性，不要贪多或过简。

4.3.3　数学知识的学习方法

1. 数学概念的学习方法

数学概念是数学研究对象的高度抽象和概括，它反映了数学对象的本质属性，是最重要的数学知识之一。正确理解概念是学好数学的基础。概念教学的基本要求是要考虑对概念阐述的科学性和学生对概念的可接受性两方面。目前，对中学数学概念教学，有两种不同的观点：一种观点是要"淡化概念，注重实质"，另一种观点是要保持概念阐述的科学性和严谨性。

概念获得的方法很多，主要策略有：①突出有关特征、控制无关特征。概念的关键特征越明显、学习越容易，无关特征越多、学习越难；②正例与反例的运用。概念的正例传递最有利于概括的信息、反例传递最有利于辨别的信息；③变式与比较。变式指概念的肯定例证在无关特征方面的变化，是从材料方面促进理解，通过变式可以抓住概念的关键特征，使获得的概念更精确、稳定和易于迁移。比较包括正例之间的比较，以发现概念的共同特征，也包括正例与反例的比较，以加深对概念的本质特征与非本质特征的理解，比较是从方法方面促进概念的获得与理解。

高中数学课程的建设也面临着同样的问题。提出"淡化概念，注重实质"是有针对性的，它指出了教材和教学中的一些弊端。一些次要和学生一时难以深刻理解但又必须引入的概念，在教学中必须对其定义进行淡化处理，有的可以用白体字印刷，以表明概念被淡化。但一些重要概念的定义还是应以比较严格的形式给出，否则，虽然老师容易判定这些概念的定义是被淡化的，但是学生容易对概念产生误解和歧义，关键在于教师在教学中把握好度，突出教学的重点。还有一些概念，在数学学科体系中有重要的地位和作用，对这类概念，不但不能进行淡化处理，反之，要花大力处理好，让学生对概念能较好理解和掌握。高中数学的集合等概念，是人们从现实世界的广泛对象中抽象而得的，在教材处理中要让学生认识到概念所涉及的对象的广泛性，从而认识到概念应用的广泛性，另外学生也在这里学到了数学的抽象方法。对于数学概念，应该注意到不同数学概念的重要性和具有层次性。

2. 数学公式的学习方法

公式具有抽象性，公式中的字母代表一定范围内的无穷多个数。有的学生在学习公式时，可以在短时间内掌握，而有的学生要反复地去体会。教师应明确告诉学生学习公式过程需要的步骤，使学生能够迅速顺利地掌握公式。

数学公式的学习方法是：书写公式，记住公式中字母间的关系；懂得公式的来龙去脉，掌握推导过程；用数字验算公式，在公式具体化过程中体会公式中反映的规律；将公式进行各种变换，了解其不同的变化形式；将公式中的字母想象成抽象的框架，达到自如地应用公式。

3. 数学定理的学习方法

一个定理包含条件和结论两部分，定理必须进行证明，证明过程是连接条件和结论的桥梁，而学习定理是为了更好地应用它解决各种问题。

数学定理的学习方法包括：背诵定理，分清定理的条件和结论，理解定理的证明过程，应用定理证明有关问题，体会定理与有关定理和概念的内在关系，应用定理证明有关问题。

在学习每一个定理公式，都要清楚地知道怎样一步步得出结论，运用了哪些概念公理或公式，使用的是什么方法等。要知其然、也要知其所以然，而不能只记住其条件和结论。

4.4 数学学习的基本原则

数学学科具有高度的抽象性，极为锻炼学生的逻辑思维能力，因此学生在学习过程中一定不能死记硬背。学生要想学好数学学科，必须要改变学习过程中的不良习惯和旧的学习方法，掌握学习数学的基本规律和基本原则。本节根据目前中学学生的学习经验，总结出数学学习中的几项基本原则。

4.4.1 积极主动原则

积极主动的原则就是要求学生在学习过程中，必须端正学习动机，明确学习目的，发挥学习过程中的积极性和主动性，自觉地掌握知识与技能，发展智力与能力。中学数学学习活动应是一种积极主动有目的的活动，表现为对数学学习的热情、坚持不懈，顽强地克服困难。

数学学习是一个有意识、有目的的思维活动过程，学习的效果与个体的认知（智力）与非认知（非智力）因素密切相关，非智力因素在学习过程中起到如下三个方面的作用：①动力作用，是引起学生学习以及智力与能力发展的内驱力；②习惯定型作用，即把某种认识或行为的组织情况越来越固定化；③补偿作用，指非智力因素能够弥补智力与能力某方面的缺陷或不足。比如，学生在学习过程中的责任感、持久性、主动性等意志特征，勤奋、踏实的性格特征，可以克服某些智力弱点，也就是术语的"勤能补拙"。由于数学的高度抽象性和严谨性，使得学生学习数学有一定难度，这就要求学生有主动学习的精神、坚持不懈的学习毅力，锲而不舍、持之以恒的坚强意志，在学习过程中保持数学学习的主动性和积极性，发挥自身的自觉能动性。

4.4.2　循序渐进原则

循序渐进原则就是要求学生在学习过程中必须按照科学知识的体系和自身认知特点，有系统、有步骤地进行学习。中学数学学习只有按照数学教材的体系和顺序前进，才能顺利掌握它，并获得系统的数学知识。在学习数学时，学生应从已知到未知，从简单到复杂，从具体到抽象，从现象到本质，从感性认识到理性认识逐步深化，这样有利于对数学知识的理解和掌握。

数学是一门逻辑性、系统性很强的学科，它按照各内容之间的联系和规律构成了一个严密的逻辑体系。在数学学习中，如果前面的内容没有学习好，后面的内容就无法理解，因为后面的知识是基于前面知识的基础上的延伸。有许多学生成绩落后，有的甚至丧失学习数学的信心，其主要原因，就是他们在学习过程中没有做到循序渐进，常常是没有把前面的知识弄懂，就继续学习后面的内容，这样日积月累，不懂的内容越来越多，最后达到不能继续学习的地步，以致丧失学习数学的信心。所以数学科学知识本身的特点，决定了数学学习只能按其逻辑顺序，循序渐进地学习。

4.4.3　及时反馈原则

及时反馈原则就是要求学生在学习过程中，及时检查学习情况，查明哪些知识和方法，理解上存在偏差，掌握上有无失误，问题是否及时得到解决，然后再进入下一步的学习。

数学学习通常在课堂里进行，学生积极吸收老师或教材所提供的信息，主动对吸收的信息进行加工、储存，并把学习结果输出，经过教师的评价或自我评价（教对学的反馈或自我反馈），又返回对信息的输入和再输出施加影响，而起到控制的作用，以达到预定的学习目标，这里教师接收到学生输出的信息，及时做出评价，这个评价信息对学生而言就是反馈信息，它起着强化正确、修正错误、调节学习进度、启发学生作进一步的信息接收和处理，改善思维方法，开发智力的作用。学生的自我反馈就是自己进行检查和评价，并及时加以肯定或纠正。例如，检查对问题的回答是否正确完整，解法是否最简；运算、推理是否合理；数学技能是否熟练等。如果没有达到要求，就及时加以补救，避免处于盲目状态。由此可见，针对学生的"教对学的反馈""自我反馈"是学习过程中必不可少的组成部分。

4.4.4　学思结合原则

学思结合原则就是要求学生在学习过程中，必须把接受知识、理解知识和巩固知识结合起来，把学习与思考结合起来，进一步把学习与创造结合起来。学就是接受和储存，思就是判断和处理。两者互相转换，犹如一个没有止境的螺旋，步步上升。

数学学习，是学生在教师指导下，以教材为知识载体，学习前人积累的、创造的数学知识。这些知识对于学生而言，是间接的、概括的、抽象的，需要学生自己通过思维加工才能领会和掌握。数学学习过程是新学习的内容与学生头脑中原有的数学认知结构相互作用（同化或顺应），形成新的数学认知结构的过程。新知识与原数学认知结构间的相互作用必须依靠学生主体积极、主动、深入地思维才能顺利发生。也就是说要经过学生独立思考才能把新知识纳入原数学认知结构中形成新的认知结构。"思"即是指"思维"，数学学习过程实际上是数学思维活动的过程，没有学生的独立思考，就发挥不了其主体作用。在思（思维）时，要通过多思、勤思、深思、善思、反思等不同方式积极思考，不仅掌握数学概念和原理，还要学习和掌握蕴含于其中的数学的思维和方法。

4.4.5　模仿与创新相结合的原则

模仿是数学学习中必须有的学习环节，教材中的叙述、图形、证明的书写格式，以及教师的讲解、操作、示范等，都是供学生模仿的对象。除此之外，定理、公式、法则的发现过程，解决问题的途径，证明的思考方法等，都应属于模仿的范畴。

模仿是最初学生学会解题，学会按格式书写，学会按要求叙述的基础，但不能亦步亦趋，应在消化理解的基础上，开动脑筋，不拘泥于已有的框架，不局限于现成的模式。数学的问题是多变化的，学生必须摆脱例题的模式，进行有创新的学习和探索，要敢于提出不同意见，寻求新的有创见的方法，在数学学习中应遵循模仿与创新的学习原则，因为模仿与创新是辩证的两个对象，只有广泛地浏览学习，多样的吸取现有的各种解答方法，才能开阔思维，浮想联翩，获得创新的成果。

4.4.6　理论联系实际原则

学习的目的在于应用，习得的数学知识如果不应用，那只是一些无用的知识。因此我国教育家一贯强调学习的"知行统一""行之，明也。"朱熹说："学之之博，未若知之之要；知之之要，未若行之之实。"陶行知说："不在做上用功夫，教固不成教，学也不成学。"毛泽东同志在实践中也指出："认识从实践开始，经过实践得到了理论的认识，还须再回到实践中去。"学习活动绝不能违背这个规律。从数学的特点来看，数学是研究现实世界抽象化了的数量关系和空间形式以及它们之间的关系。数学的抽象并不是一下子达到的，而是一个由具体到抽象的过程，并且是逐次抽象的结果。因此在数学学习过程中应尽量地把所学的知识与周围的事物联系起来，并应用数学方法思考和解决可能的实际问题。

4.4.7　系统化原则

系统化原则要求学生在头脑中将所学的知识形成一定的体系，这种知识体系不仅包括数学本身学科知识的系统化，还要与其他学科知识构建成一个部分与整体的有机组成。数学学科的学习是一个循序渐进的过程，各知识点之间交互作用，因此学生在学习时一定要注意将新旧知识相联系，重视知识的衔接与过渡，多做知识梳理和总结。同时，加强数学与物理、化学、生物等学科之间的知识联系，力求使知识形成小系统、大结构，从而系统化。例如在学初等函数时，学生要学会将指数函数、对数函数、幂函数的特点及图像等进行系统的总结，只有通过对比系统的记忆，才能在遇到题目时迅速地找出相应函数进行正确解答。

学生在数学学习的过程中，还应该多注意总结听课和解题中得到的收获和体会。数学学习的基本原则远不止这些，这就需要学生在学习的过程中根据数学的学科特点及自己的学习体验进行灵活总结，并根据这些学习原则选择相应的学习方法，学会将思考和学习相结合，将理论勤用于实践，只有真正地融入数学中去，才能将数学学好、学精。

思考题 4

1. 简述数学学习的概念和特点。
2. 建构主义学习理论对数学学习有哪些指导意义？
3. 探究学习模式有哪些特点？
4. 与数学课堂相适应的学习方法有哪些？
5. 怎样学习数学概念？
6. 数学学习有哪些基本原则？
7. 举例说明如何在数学学习中实施理论联系实际原则。
8. 调查访问中学生的数学学习情况。

第 5 章

中学数学教学原则

　　中学数学的教学原则，是中学数学教师在数学教学过程中实施教学最优化所必须遵循的基本要求和指导原理，是数学教学规律的反映。本章是以中学数学学科自身的特点、教学目的、数学教学活动的客观规律和学生学习数学的心理特征等为依据，讨论中学数学教学的一些基本原则。

5.1 国内的数学教学原则研究

在我国，数学教育学作为普通教育学的一个下位学科，承继于数学教材教法，我国的数学教育工作者很早就注意到了数学教学原则这一问题。但是，早期的研究基本上只是对夸美纽斯、凯洛夫教育学教学原则在国内实践中的经验总结。1953 年，《数学通报》刊登了韩永贤《在四则运算应用问题教学中怎样贯彻图形直观原则》一文，可谓新中国成立后第一篇关于数学教学原则研究的论文。

1959 年，湖南师范学院出版的《数学教材教法》是新中国第一部对数学教学原则进行详细论述的数学教育学著作，提出了一个完整的数学教学原则体系：①自觉性原则；②直观性原则；③系统性原则；④量力性原则；⑤巩固性原则；⑥理论联系实际的原则；⑦科学性原则。

该书是我国数学教育学比较"古老"的教材，它提出的教学原则是一般教学论原则体系的简单移植，基本上体现不出数学学科的特点，属于开创性工作的探索。

真正有突破性的研究是在 1978 年后出现的。国家实施改革开放政策，人们的思想解放和研究意识的觉醒，我国数学教育研究的理论水平不断提高，对数学教学原则的理解也有所突破与创新，许多研究者认为在数学教学中，需要贯彻一般教学论的教学原则，更应该提出具有数学学科特征的教学原则。1980 年十三院校协编组编写的《中学数学教材教法（总论）》一书综合了这些基本研究要求，提出了三条数学教学原则，它们是：严谨性与量力性相结合的原则、具体与抽象相结合的原则、理论与实践相结合的原则。这三条原则在我国数学教育界产生较大影响，在中学课堂教学中也比较流行，对中学数学教学起着一定的指导作用。

与其类似或有所拓展的表述还有我国具有影响力的老一辈数学教育工作者钟善基等编著的《数学教材教法》提出的：①理论与实际相结合原则；②具体与抽象相结合原则；③严谨与量力相结合原则；④巩固与发展相结合原则。

赵振威应国家教委聘请所主编的《数学教材教法》课程教材，当时为全国100 多所师范专科学校采用，具有一定的影响力。该书从介绍中学数学学习的特点与过程入手，系统讨论了六条数学教学原则：①具体与抽象相结合原则；②理论与实际相结合原则；③严谨与量力相结合原则；④形与数相结合原则；⑤传授知识与发展能力相结合原则；⑥发展与巩固相结合原则。过伯祥基于数学教育目的、内容特点与教学过程的分析，尝试提出了以下五条数学教学原则：①科学性原则，要求数学教学"能客观反映数学知识的现代状况，并且考虑数学的发展趋向和远景"；②教育性原则，是由于教学的教育性所决定的；③自觉性原则，要求建立以全体学生积极思维活动为基础，以达到对所掌握的知识有深刻理解为目标的数学教学，不能允许导致"形式主义的知识"结果的教条式教学；④适应性原则，是指教学内容和方法应该适应学生的发展状况；⑤结构性原则是逐渐形成和发展学生的作为数学活动基础的具有内部联系的认知结构。上述五条教学原则本质是一般教学论的教学原则，只不过是在叙述每条原则时强调"在数学教学中"，体现不出数学的学科特点。丁尔陞在《中学数学教材教法总论》中认为数学教学是数学活动的教学，因此它不仅要遵循一般教学原则，还要遵循数学教学的特殊原则。数学教学要依据数学的特点和学生的年龄特征以及心理发展，把这两者有机结合起来，就产生了数学教学的基本原则。因而丁先生认为要处理好数学教学中以下四对矛盾的原则：①严谨性与量力性相结合原则；②抽象与具体相结合原则；③理论与实践相结合原则；④巩固与发展相结合原则。

　　田万海主编的《数学教育学》赞同一般教学原则，还附加了以下数学教学的特殊原则：①具体与抽象相结合原则；②归纳与演绎相结合原则；③形数结合原则。汪德营将一般教学原则与数学化的教学原则罗列在一起，提出了九条数学教学原则：思想性原则；科学性原则；教学与发展相结合原则；情景原则；整体性原则；严谨性与量力性相结合原则；理论与实践相结合原则；抽象与具体相结合原则；巩固与发展相结合原则。

　　可以这样认为，上述学者的观点主要是数学教学需要遵循一般教学论的教学原则，还应该在其基础上提出数学学科教学中需要遵循的特殊原则，体现数学教学过程的学科特征和规律，在数学教学原则体系的提法上有所共通，即"一般教学论的教学原则"加上"数学学科的教学原则"。这些工作初步构建了数学教育学自身的数学教学原则研究框架，确立了数学教学原则作为数学教育学的重要组成部分。

　　这些体系大部分是译自外国数学教学原则研究及对一般教学论的教学原则的简单移植引进，造成教学原则条目繁多、具体表述也各有不同，将这些成果罗列出来共有几十条之多，让人无所适从，大多数研究没有引起一线数学教师的共鸣与理解，难以真正起到指导数学教学实践的作用。针对这种研究状况，许多学者开始思考如何合理吸收已有成果，逐渐摆脱"移植"的束缚，建立科学合理的数学教学原则体系。

华东师范大学的张奠宙教授首先对直接将一般教学论中的教学原则在构建数学教学原则时进行简单平移提出了质疑：首先，不应把教育学中的一般教学原则在数学教学原则中重复提出。例如，教学内容的科学性原则，师生关系中的教学相长原则，学习成果的巩固性原则，课堂活动的启发性原则以及教学活动的思想性原则等，适用于数学教学，但没有必要在数学教学原则中一一列出。其次，理论和实际相结合的原则的提法过于一般化，"巩固性"与"发展性"相结合原则的提法是一般学科教学活动均应遵循的原则，并非数学所特有；"量力性"与"严谨性"相结合原则的提法易产生给人"尽一切可能严谨"的错觉，数学教学原则应反映数学教学的特点和规律。为此，他提出3条具有浓厚数学气息的数学教学原则：

1）现实背景与形式模型互相统一原则。即为了正确处理数学内容中的实践与理论这对矛盾，数学教学必须遵循现实背景与形式模型互相统一的原则。

2）解题技巧与程序训练相结合的原则。数学教学面临的数量变化课题，必须用灵巧的思维和繁复的计算程序给予解答，一方面是灵活机动的创造性思维，一方面是呆板固定的计算公式，两者缺一不可。因此，建议数学教学必须注意解题技巧与程序训练相结合的原则。

3）学生的年龄特征与数学语言表达相适应的原则。学生需要理解数学中用极为简明的符号、公式以及定义、定理加以描述的数学知识思想和方法。因此，教学中应遵循学生年龄特点与数学语言表达相适应的原则。另外有学者认为数学教学原则研究存在内容庞杂、层次不清的弊端，大部分研究只是将已有的原则做组合、排列、取舍，为此提出应采用层次性分析的方法构建数学教学原则体系。曹才翰、蔡金法主编的《数学教育学概论》一书最早把数学教学原则按照三个层次，即目的性原则、准备性原则、技术性原则进行分析。其中，目的性原则是数学教学的方向性原则，反映数学教学目的，在数学教学中居于最高层次，它包含三条子原则：思想性原则、科学性原则、教学与发展相结合的原则；准备性原则在数学教学原则体系中处于第二层次，是搞好数学教学的准备，包含八条子原则：自觉性和积极性原则、可接受性原则、提供丰富直观背景材料原则、整体性原则、以广度求深度原则、理论联系实际原则、教师主导作用和学生主动性统一的原则、因材施教原则。作者认为技术性原则也是一个体系，反映了数学教学的学科特殊规律，是数学教学原则体系的第三层次，也应有一组子原则，如"具体与抽象相结合的原则""严谨与量力相结合的原则"等都是属于数学教学的技术性原则体系的子原则。

　　张楚廷等于 1994 年出版专著《数学教学原则概论》，是我国学者研究数学教学原则的第一部专著，提出了包含两大层次的数学教学原则的"新体系"。第一层次是数学教学中的一般教学论原则，包含六条：智力与心力发展相结合；知识传授与能力培养相结合；深入与浅出相结合；思维训练与操作训练相结合；收敛思维训练与发散思维训练相结合；教师的主导作用和学生的主体作用相结合。第二层次是反映数学教学学科特征的特殊原则，包含四条：具体与抽象相结合；严谨与非严谨相结合；形式化与非形式化相结合；基础知识与实际应用相结合。周春荔、张景斌等著的《数学学科教育学》一书认为制定数学教学原则，要全面反映数学教学目的和对数学教学规律与特点的认识，既能指导数学的教，又能指导数学的学而且要有严格的逻辑体系。

5.2　对数学教学原则的研究思考

　　数学教学原则是数学学科教学规律的理论反映，是数学教学实践活动必须遵循的基本要求，明确合理的数学教学原则无疑具有重大的理论价值和实践意义。多年来，我国数学教育界对这个问题进行了大量研究，许多学者从数学教学的多个方面出发，提出了不同的"数学教学原则"，这些原则在指导具体教学实践中发挥了重要的作用。随着研究不断深入，有学者指出，现有的"数学教学原则"大部分停留在一般教学原则层面，在反映数学学科特殊性方面略有不足。"如何体现数学教学原则的学科性特征"便成了研究的重点。

5.2.1　数学教学原则的发展性特征

　　数学教学原则是数学教育工作者对数学教育目的、教学规律的认识与理解，结合自身的教学经验而提出来的，是个人在数学教学领域的经验总结与理论概括，带有强烈的个人主观色彩，不同研究者提出的教学原则体系必然存在差异。同时，随着对相关理论研究的不断深入，实践验证不断开展，人们的认识活动自然会逐步深刻，研究也更加全面，即使是同一个学者对数学教学原则的认识，也会随着认识经验的积累而有所变动。因此，根据我们的理解，数学教学原则作为人们对教学规律认识的主动反映，显然是处于动态发展中的。历年来国内外公开发表的数学教学原则研究成果之间的明显差异性也证明了这一点。

　　另外，随着数学、教育学、心理学等与数学教学相关的学科的发展以及数学教学方法的更新，新的数学教学规律不断被人们所认识和发现，即人们对教学规

167

律的认识具有发展性，这是数学教学原则不断发展的一种重要原因。

还值得注意的是，数学教学原则必须是基于人们对数学教学实践的具体经验而提出的。当前，我国数学教育研究的主体是高校学者，他们与具体的一线教学实践有所脱离，在进行数学教学原则研究时，往往需要"博采众长"，借助一线数学教师的实践经验来做理论概括。但是很多一线教师的经验还有待于进一步提炼，这也决定了数学教学原则的"发展性"。

综上，我们的观点是：数学教学原则不是僵化、一成不变的，它很难有统一的提法，将来也不太可能，即使"统一"后，也是相对的，也会继续发展的。即便如此，我们还需要继续不断地提所谓的"数学教学原则"，为数学教育的后续人才迅速成长做一点铺垫性工作。也就是说，"数学教学原则"是为后人的实践指导和继续进行理论探索服务的，是一个动态发展的概念，发展性应该是数学教学原则的"生命特征"。

5.2.2　数学教学原则的学科性特征

数学教学作为一般教育学的一个重要组成，显然具有一般的、普遍的教学规律，所以数学教学应该遵循一般教学原则，若等同于一般教学原则，那就不需要提数学教学原则了。但是，数学教学又是数学活动的教学，数学教学原则必须对这种特殊性有所反映，应该体现数学学科的特征。这是数学教育研究者的共识，许多学者也提出了一些数学教学应该遵循的"特殊"教学原则，但是由于带有学科特征的数学教学规律与一般教学规律在具体教学过程中相互融入，让人很难区分其中的"边界"，这对进一步提炼数学学科的特有原则带来了一定的难度，现有的研究也处于争鸣状态，如杜玉祥和马晓燕从若干数学教育学类教材中收集了多条广为流传的"数学教学原则"，经过与一般教学论的原则对比，认为这些提法虽然经过数学特点改造，但仍然过于笼统，似乎适用于所有学科。殷丽霞则认为当前数学教学原则研究"注重数学学科的抽象性、严谨性和形式化等特点，未能突出数学活动的探究性、语言交互性等特点"学科性特征尚不够凸显。这些争议说明数学教育工作者力图把相关的一般教学原理与数学学科教学进行紧密结合的同时，对于这些普适原理应用到本学科以后在如何体现数学学科特色方面提出了更高的要求。众所皆知，关于数学学科特点的一般提法是：理论的抽象性、逻辑的严谨性、应用的广泛性。大部分的数学教学原则研究都是以此作为出发点进行研究的。但是，我国数学教育界泰斗人物张奠宙先生对此提出了不同的看法，认为简单地以"三性"概括，不够凸显数学特点，同时他也认为数学教学原则应该体现学科特征并尝试给出了具有浓郁数学色彩的数学教学原则。这给我们提供了榜样与研究的动力，数学教育学作为一门年轻的独立学科，有许多研究尚未深入，需要所有的数学教育工作者在数学教育的学科特色方面做一些有益的探索。

5.2.3　数学教学原则的层次性特征

数学教学原则是人们对数学教学规律本质的认识，是从一定的高度对数学教学进行探讨的。既然属于"本质认识"，又有"一定高度"，那么数学教学原则研究必定有一个"逐步深入的过程"。从我国近 30 年的研究历程来看，这种"深入的过程"表现为一种逐级抽象，很多学者在逐级抽象的过程中发现数学教学原则的一些提法与其他学科相通了！上述所列的很多数学教学原则都是一般学科的教学原则。既然如此，那么，还要不要提数学教学原则？回答是肯定的，中学数学作为一门学科课程，有着其独特的教学规律，提供一个更加切合数学学科教学规律的原则体系是有效指导教学实践的现实要求，对于一线中学数学教师而言其意义尤甚。因为相比一般教学原则，数学特有的原则在数学教学具体实践中更加有指向性。

数学教学原则是从具体的数学教学实践中抽象出来的，是一个逐级抽象的过程，那么，就肯定会表现出一定的层次性特征。我们赞成在研究过程中采用层次性分析的手段，这样可以尽量避免因让数学教学原则的提法迷失方向。

我国数学教育工作者已经较早地意识到数学教学原则的以上特征，开展了许多富有创造性的工作。不过，目前对数学教学原则的提法还停留在理论论述层面上，也就是说，还处于"仁者见仁，智者见智"阶段，本章试图通过自己的研究实践，以期能够提出一些与数学密切相关的"微观"教学原则，以适应新课程改革。

5.3　中学数学教学原则

在中学数学教学中，有很多原则需要教师遵守。如具体与抽象相结合、严谨性与量力性相结合、传授知识与发展能力相结合、形与数相结合等原则。只有遵守了这些原则，才能使数学教学具有针对性，才能提高课堂教学效率，才能培养学生的数学能力。当然，原则也不是固定不变的，随着时间的推移，有些原则会进一步改进和完善，同时还会出现一些新的原则。

169

一般而言，数学教学是在基本的数学教学原则指导下进行的。在这里我们主要研究的是：抽象与具体相结合教学原则、归纳与演绎相结合教学原则、数与形相结合教学原则、严谨性与量力性相结合教学原则、知情统一相结合教学原则、发展性教学原则、寓教于乐教学原则、个性化教学原则、学生参与教学原则、反复渗透教学原则和鼓励创新教学原则。

5.3.1　具体与抽象相结合教学原则

高度的抽象性是数学学科有别于其他学科的一大特点。数学的抽象性把客观对象的所有其他特性抛开不管，而只抽象出其空间形式和数量的关系进行研究。数学的抽象有着丰富的层次，它的过程是逐级抽象、逐次提高的，而且还伴随着高度的概括性，抽象程度越高，其概括性也越强。

数学的抽象性还表现为广泛而系统地使用了数学符号，具有字词、字义、符号三位一体的特性，这是其他学科所无法比拟的。例如"平行"这个词，其词义是表示空间直线与直线、直线与平面、平面与平面的一种特定位置关系，用专门的符号"∥"表示，并可用具体图形表示。

当然，数学的抽象性必须以具体素材为基础。任何抽象的数学概念和数学命题，甚至抽象的数学思想和数学方法，都有具体、生动的现实原型。

数学的抽象性还有逐级抽象的特点。一个抽象的数学概念，在它形成的过程中，不仅可以用具体对象作为基础，也可以用一些相对具体的抽象概念作为基础。例如，数、式、函数、映射、关系等就是逐级抽象的。前一级抽象是后一级抽象的直观背景材料，尽管前一级本身就是抽象的。这样，所谓的直观背景材料，不仅是指实物、模型、教具等，而且还指所学过的概念、实例等。数学的这种逐级抽象性反映着数学的系统性。数学教学中充分注意这个特点，就能有效地培养学生的抽象概括能力。

数学的抽象必须以具体的素材为基础，任何抽象的数学概念、命题，甚至数学思想和方法都有具体、生动的现实原型。例如，对应是一个抽象的数学概念，也是一种重要的数学思想，它是以原始人的分配、狩猎或数数的具体活动为现实原型的。即使更高的抽象也不例外，函数是一个高度抽象的概念，它是在常量与变量这两个抽象的概念基础上抽象出来的；但当引入映射时，又作为一种特殊的映射而进一步抽象；再进一步上升到以复数为自变量的函数时，其涉及的具体对象又进一步扩大了。这说明抽象是相对的，以相对的具体作为基础。数学的抽象性不仅以具体性为基础，而且还以广泛的具体性为归宿。检验抽象数学理论是否正确的唯一标准是实践。所以数学中的具体和抽象是相对的，相互区别又互相联系，在一定的条件下又互相转化。由感性的具体到抽象，又由抽象到思维的具体，这是人们认识数学事实的基本认识过程。

在数学教学中，贯彻具体与抽象相结合的原则，应从学生的感知出发，以客观事实为基础，从具体到抽象，逐步形成抽象的数学概念，从而上升为理论，进行判断和推理，再由抽象到具体，应用理论去指导实践。

一般说来，低年级学生的抽象能力要比高年级差些。抽象能力差主要表现在过分地依赖于具体素材，具体与抽象割裂，不能将抽象结论应用到具体问题中去，对抽象的数学对象之间的关系不易掌握。尽管出现这种现象有多方面的原因，然而就数学教学本身而论，主要是没有处理好具体与抽象的关系。

怎样处理好具体与抽象的关系呢？第一，数学概念的阐述，注意从实例引入。通过具体的实物进行直观演示，也可利用图像直观、语言直观等，形成直观形象。第二，对于一般性的数学规律，注意从特例引入。例如，讲解勾股定理，可以先从三角形的三边分别为 3，4，5 或 5，12，13 等出发，阐明三边之间的关系，然后再证明一般规律。必须指出，直观是从具体上升到抽象的辅助工具，特殊化是认识抽象结论的辅助手段，即使高一级的抽象也往往依赖于较低一级的具体。第三，注意运用有关的理论，解释具体的现象，解决具体的问题。还应明确，从数学教学来说，具体、直观仅是手段，而培养抽象思维的能力才是根本目的。如果不注意培养学生的抽象思维能力，那么就不可能学好数学；相反，若不依赖于具体、直观，则抽象思维能力也难以培养。但如果只停留在感性阶段，那么必然会影响思维能力的进一步发展。只有不断做好具体与抽象相结合，才能使数学学习不断向纵深发展，使认识不断提高和深化。

5.3.2　归纳与演绎相结合教学原则

人们认识活动的一般过程总是由特殊到一般或由一般到特殊，归纳和演绎就是这一认识活动的两种思维方法。数学概念的讲解、定理的证明、解题的思路都离不开它们。所以归纳和演绎相结合是数学教学的又一基本原则。

归纳是由特殊到一般或由个别到全体的思维方法，它在数学教学中具有一定作用。

1. 揭示数学规律的重要手段

例如，人们经过多次观察、比较，得出"不重合的两点可以确定一条直线""不在同一直线上的三点可以确定一个平面"，通过对各种三角形内角的度量，得出"任何三角形的内角和等于180°"。

2. 归纳是培养抽象概括能力的重要途径

在数学教学中，用归纳法引入数学概念、原理，有利于培养学生从个别问题中抽象概括一般结论的能力。

3. 归纳启发人们用特殊方法解决一般问题

事实上，研究特殊情况要比研究一般情况容易，而特殊情况的结论往往又是解决一般问题的桥梁。

归纳和演绎是必须相互联系的。贯彻归纳和演绎相结合的教学原则，第一，必须搞清两者的辩证关系，一般说来，演绎以归纳为基础，归纳为演绎准备条件；归纳以演绎为指导，演绎给归纳提供理论根据。两者互相渗透、互相联系、互相补充。第二，在教学实践中，通常总是将两者结合使用，先由归纳获得猜想，做出假设，通过鉴别，获得结论，再给予演绎证明。第三，必须看到，应用归纳和演绎进行推证，不都是先用不完全归纳法做出设想，然后对此进行演绎证明。有时，需对求证的问题进行分类，再对每一类情况分别进行演绎证明。只有把各类情况都证明了，命题才被证明。分类必须完全，又不能重复。有时，用演绎法进行推证，在获得结论时又必须分类归纳，这充分体现了归纳与演绎的相互渗透。

5.3.3　数与形相结合教学原则

数与形是数学中两个最基本的概念。数学的内容和方法都是围绕这两个概念的提炼、演变、发展而来的。在数学发展的进程中，数与形常常是结合在一起的，内容上相互渗透，方法上相互联系，在一定的条件下相互转化。

中学数学的主要内容是代数和几何，其中代数是研究数和数量关系的学科，几何是研究形和空间形式的学科，解析几何则是把数与形结合起来研究的学科。实际上，在中学数学各科教学中都渗透了数和形相结合的内容。例如，实数与数轴上的点一一对应，复数与坐标平面的点一一对应，函数与图像的相互表示，二元一次方程表示坐标平面上的一条直线，二元二次方程表示二次曲线等。

在数学教学中，把数和形结合起来研究，可以把图形的性质问题转化为数量关系问题或将数量关系问题转化为图形的性质问题，从而使复杂问题简单化，抽象问题具体化，化难为易。

例 1　若方程 $\lg(-x^2+3x-m)=\lg(3-x)$ 在 $x\in(0,3)$ 内有唯一解，求实数 m 的取值范围。

分析：将对数方程进行等价变形，转化为一元二次方程在某个范围内有实解的问题，再利用二次函数的图像进行解决。

解　原方程变形为
$$\begin{cases} 3-x>0, \\ -x^2+3x-m=3-x. \end{cases}$$

即
$$\begin{cases} 3-x>0, \\ (x-2)^2=1-m. \end{cases}$$

设曲线 $y_1=(x-2)^2$，$x\in(0,3)$ 和直线 $y_2=1-m$，

如图 5.3.1 所示，可知：当 $1-m=0$ 时，有唯一解，$m=1$；当 $1\leqslant 1-m<4$ 时，有唯一解，即 $-3<m\leqslant 0$，所以 $m=1$ 或 $-3<m\leqslant 0$。

此题也可设曲线 $y_1=-(x-2)^2+1$，$x\in(0,3)$ 和直线 $y_2=m$ 后画出图像求解。

注：一般地，对方程的解、不等式的解集、函数的性质等进行讨论时，可以借助函数的图像直观解决，简单明了。此题也可用代数方法来讨论方程的解的情况，还可用分离参数法来求解（注意结合图像分析只一个 x 值）。

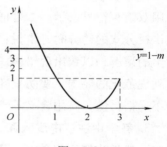

图　5.3.1

以数和形相结合的原则进行教学，这就要求我们切实掌握数和形相结合的思维与方法，以数和形相结合的观点钻研教材，理解数学中的有关概念、公式和法则，掌握数和形相结合进行分析问题与解决问题的方法，从而提高运算能力、逻辑思维能力、空间想象能力和解题能力。

5.3.4　严谨性与量力性相结合教学原则

数学科学是严谨的，中学生认识数学科学又要受量力性原则的制约，因此，在数学教学中，既要体现数学科学的本色，又要符合学生的实际，这就是严谨性与量力性相结合的原则对数学教学的总要求。这条原则的实质就是数学教学要兼顾严谨性与量力性这两方面的要求，一方面对数学教学的各个阶段要提出恰当而又明确的目的任务，另一方面要循序渐进地培养学生的逻辑思维能力。

在数学教学中，主要是通过下列的各项要求来贯彻严谨性与量力性相结合的原则。

1. 教学要求应恰当、明确

根据严谨性与量力性相结合的原则，妥善处理好科学数学体系与作为中学教

育科目的数学体系之间的关系。

2. 教学中要逻辑严谨、思路清晰、语言准确

在讲解数学知识时，要有意识地渗透形式逻辑方面的知识，注意培养逻辑思维，学会推理论证。数学中的每一个名词、术语、公式、法则都有精确的含义，学生能否确切理解它们的含义是能否保证数学教学的科学性的重要标志之一，而学生理解的程度如何又常常反映在他们的语言表达之中。因此，应该要求学生掌握精确的数学语言。为了培养学生语言的精确性，教师在数学语言上应有较高的素养。

新教师在语言上要克服两种倾向：一是滥用学生还接受不了的语言和符号。例如，对七年级学生讲"每一个概念的定义中包含的判定性质是充分必要的"，并用双箭头符号表示。二是把日常流行而又不太准确的习惯语言带到教学中。如在讲授分式的约分时，常说："约去上面的和下面的公因式。"这些话容易引起学生的误解，以致出现错误。因此，数学教师的语言应该既简练、又精确，力争达到规范化的要求。要防止随意制作定义，乱下判断的现象在教学中出现，不能为了通俗易懂，就用含义不十分确切的生活用语来代替数学术语。

3. 教学中注意由浅入深、由易到难、由已知到未知、由具体到抽象、由特殊到一般地讲解数学知识，要善于激发学生的求知欲，但所涉及的问题不宜太难，不能让学生望而生畏，这样才能取得好的教学效果

总之，在强调严谨性时，不可忽视学生的可接受性；在强调量力性时，又不可忽视内容的科学性。只有将两者有机地结合起来，才能提高教学质量。

5.3.5 知情统一相结合教学原则

知情统一原则是指在中学数学教学中教师要将教学过程中的认知因素与情感因素按学生已有的知情状况，以相互统一、相互协调的原则作用于学生，关注学生的知情协调发展。知、情的相互关系表明，要实现中学数学教学中的情感内容必须在教学过程中实施知情统一原则，不可将二者隔离或孤立地看待。

学生的情感变化很大程度上取决于教师。教师对教育事业的情感、对数学教学的情感、对学生的情感在与学生交流的过程中很有可能会真情流露而影响学生的情感变化。在初中的调查中发现，有些数学上的"学困生"来自于教师负面情感的影响，如教师在课堂上忽视学生认知、情感上的差异而讽刺挖苦学生等。教师必须牢记，课堂上面对的是身心发展不成熟的求知的个体，必须以饱满的热情、健康的心态去面对学生，做到"爱生乐教"。

教师只有做到"爱生乐教"，才会在教学的各个环节不断钻研，提高学识水平和教学水平，以渊博的学识、高超的教学艺术和手段传道、授业、解惑；才会以愉悦的心态面对学生，真正的主体间的良性交流才会产生。

下面以《不等式和它的基本性质》一堂课的教学来说明。

教师通过对于教学目的的精心设计和对于本堂课的认真准备，以饱满的主导情绪状态进入教学环节。

1. 设情境，复习导入（略）

通过对"等式及其基本性质"的复习，使学生在温故的基础上进行学习的准备。提问和教师的释疑讲解，可以使学生树立学习的信心。

2. 探索新知，讲授新课（节选）

（1）设置问题，明确目的

不等式和等式既有联系，又有区别，大家在学习时要自觉进行对比。

（2）观察演示实验并回答：演示说明什么问题

教师演示天平称物重的两个实例（同时指出演示中物重为 x g，每个砝码重量均为 1g）。

学生观察实验，思考后回答：演示中天平若不平衡说明天平两边所放物体的重量不相等。

结合实际生活中同类量之间具有一种不相等关系的实例引入不等式的知识，使学生在参与的过程中体验数学，激发学生的学习兴趣。

（3）新课教学

在实际生活中，像演示这样同类量之间具有不相等关系的例子是大量的、普遍的，这种关系需用不等式来表示，那么什么是不等式呢？请看：

$$-7<-5，3+4>1+4，5+3\neq12-5，a\neq0，a+2>a+1，x+3<6$$

提问：① 上述式子中有哪些表示数量关系的符号？

② 这些符号表示什么关系？

③ 这些符号两侧的代数式可以随意交换位置吗？

④ 什么叫不等式？

逐级提问符合学生知识建构的特点。

学生观察式子，思考并回答问题。

不等号除了"＜""＞""≠"之外，还有无其他形式？

学生活动：同桌讨论，尝试得到结论。

讨论是学生主动参与教学的过程，是不同层次学生交流、思维碰撞的过程，也是教师了解学生的过程。

　　教师释疑：（略）现在，我们来研究用"＞""＜"表示的不等式。不等号"＞""＜"表示不等关系，它们具有方向性，因而不等号两侧不可互相交换。通过学生自己观察思考，进而猜测出不等式的意义，这种教法充分发挥了学生的主体作用。通过教师释疑，学生对不等号的种类及其使用有了进一步的了解。

　　3. 尝试反馈，巩固知识 （略）

　　教师可以在此设计调动积极性、强化竞争意识等活动；巡视辅导学困生；统计做题正确的人数，同时给予肯定或鼓励；引导学生深入思考数学符号的精练表达。通过小结，进入研究性学习和能力训练阶段。（略）

　　这部分的教学存在大量的师生间、学生间的情感交互，是对学生兴趣和意志品质培养的过程，是教师指导、帮助学生的过程。知情统一，调动全体学生的学习积极性，这也是实施素质教育的具体体现。

5.3.6　发展性教学原则

　　发展性是指教师在教学中要用发展的眼光看待不断发展的学习主体——学生，根据其发展状况组织教学和评价教学。在教学设计中要根据其已认知的水平以及经过教师的帮助和自我努力可能达到的水平促使其在取得成功体验的过程中向积极的方向发展。

　　学生是学习的主体，主动建构知识的主体，其认知与情感水平在相互促进的基础上是不断发展与进步的，并且呈螺旋上升之势。在教学过程中教师要根据学生的认知的对象——数学知识的不断变化、学生的认知、情感水平的不断发展调整自己的教学方法与策略，调整自己的情感与学生相适应。教师要时刻注意发现、分析学生发展过程中出现波折的原因，帮助学生尽快解决相应的问题，要用发展的眼光看待学生，有效地运用发展性原则进行教学的策略。

　　1）教师在课前要充分了解学生的心智发展水平，了解产生这些情况的原因，要有尊重学生发展现状和确定教学策略、教学方法的思想准备。

　　2）在讲授新的数学内容之前和课堂教学中，应设置与教学内容有紧密联系的、有意义的且富于启发性的问题，不能太易，也不能太难，要让学生通过努力后可以解决，从而能够激发学生的求知欲，使每一个学生处于最佳学习状态，尽量使每一个学生都得到相应的发展。

　　3）关键性知识和"突变"性知识的教学要重点关注。

例 2　下面以《圆的特性》教学实例来说明。

教师：为什么车轮要做成圆的呢？（设置了合适的问题情境，激发学生的兴趣）

学生：能滚动呀！

教师：为什么不做成正方形的呢？

学生：因为正方形不能滚动！

教师：好！那为什么不做成"扁圆"形状呢？这种形状也能滚动啊！（教师边反问边画出"扁圆"图形。这时学生陷入了困境，但这是合适的问题情境，学生已开始积极思维，对问题产生了兴趣）

教师：如果车子的轮子是扁圆的，车在平路上行驶会出现什么情况？（充分发挥了教师的主导作用，启发、引导学生沿既定目标思维进行思考）

学生：一高一低，不平稳。

教师：好！现在大家再重新说说，为什么车轮要做成圆的？

这时，学生已经从新的认识水平上，用圆上任一点到中心的距离相等的特性来加以解释了。这个数学教学过程充分发挥了教师循序渐进地设疑、通过实际例子让学生感知数学、调动学生积极思维的过程。

5.3.7　寓教于乐教学原则

寓教于乐是指在中学数学教学中教师要通过实践、模型、变式等方式以及师生间积极的交流活动，将数学学习中认为较枯燥的概念、定理、公理、证明等知识的学习过程在教师的操纵下转化为学生快乐的、主动的探索与建构过程，使学生达到"乐中学"。教师在教学中操纵各种教学变量，使学生怀着快乐、感兴趣的情绪进行学习。也就是说，使教学在学生乐于接受、乐于学习的状态下进行。

在情感教学中，教师不仅要注意学生学习数学过程中的接受与理解状况，而且还要关心学生学习数学过程中的情感状况，努力使学生在快乐、兴趣中学习。这条原则包括两条教学原则：一是要让学生在快乐中学习；二是要让学生在兴趣中学习。

例 3　《三角函数》中积化和差公式比较难记，于是让学生探索规律，一起总结出这样的顺口溜"括（括号）前一半，同（同名）夸（cos）异（异名）杀（sin），先减后加，有夸用加，无夸用减"；还有对倍半角公式，这里也有规律可循，如倍角公式记忆为"角度倍到半，幂次数半到倍"，半角公式记忆为"角度半到倍，幂次数倍到半"，这样还可以把万能置换公式视为倍角公式，其优势体现如下：

177

已知 $\cos\dfrac{\alpha}{16}=\dfrac{4}{5}$，求①$\cos\dfrac{\alpha}{8}$；②$\sin\dfrac{\alpha}{32}$。这个例子对学生们来说非常"绕"。

本题①意味着 $\dfrac{\alpha}{8} \to \dfrac{\alpha}{16}$（倍到半），用倍角公式；②意味着 $\dfrac{\alpha}{32} \to \dfrac{\alpha}{16}$（半到倍），用半角公式。这样用此记忆法去解不会错的，而学生也体验到趣味性，学起来轻松自如。

再如《解析几何》中坐标平移公式，学生易忘，$x=x'+h$ 且 $y=y'+k$，可给学生解释为 (x,y) 是老坐标代表年老者、资历深，(x',y') 是新坐标代表年轻人、资历浅，故"老"="新"+(h,k)，这是学生们感到头疼的问题，其实只要引导学生领悟出规律"图进标退"的辩证关系。

总之，寓教于乐是课堂知识传授渠道的良好润滑剂，教师只有从教学的实际出发，充分挖掘好的教学方法，使每位学生对数学怀有"要学""易学""会学""好学"的积极情感，才能切实体现当前对教育所提出"素质教育"的要求，使教学质量真正得到提高。

5.3.8 个性化教学原则

个性化指学生是个性发展不同的个体，严格地说，有多少个学生，就有多少种不同的个性。多元智能理论告诉我们，学生的心智发展是多元化的，每个学生的心智发展在多元化的各个方面是不平衡的。个性化要求在教学过程中不要强调统一模式，而要在尊重学生个性发展的同时，使其心理朝着相互关联、协调发展的方向努力。学生是具有个性的个体，即使是同一学段的学生个体也会在知情下产生差异，其结果是在数学学习的成绩上产生差异。这一原则要求教师在教学中使具有差异的个体在自己的基础上均有最大的发展，应注意做到如下几点：

1. 教师要设法帮助学生寻找产生个体知情差异的原因。对于成绩较差的学生，教师要设法在教学的各个方面因材施教，给以解决。

2. 教师在教学中，要尊重学生的个性化差异，因为个体不同，产生差异的原因不同。教师要多鼓励、帮助、少挖苦、讽刺学生，要以人格的魅力和良好的师德感召和影响学生。

3. 在教学上通过多层次的设计，是每个学生均在其"最近发展区"取得成功的体验。采取小步伐、多步骤符合学生实际的教学方法，使学生在成功中得到快乐→兴趣。

4. 教师在教学中应注重让有个性差异的学生进行充分的交流与沟通，而不只是进行分类，使其在交流中互相补充、互相促进、共同发展、缩短差距。尤其应注意的是个性差异的个体均有其长处和短处，要扬长避短。

案例分析

下面以《不等式和它的基本性质》一堂课的教学列举说明。

在确定教学方案时，首先根据学生的心智水平将学生分为两个层次，再确定两套教学目标，确定两个层次学生交流的最佳结合点。

（1）知识目标

1）了解不等式的意义。

2）理解不等式成立的条件，掌握不等式是否成立的判定方法。

3）能依题意准确迅速地列出相应的不等式（优生）。

（2）能力目标

1）培养学生运用类比方法研究相关内容的能力（优生）。

2）训练学生运用所学知识解决实际问题的能力（鼓励学困生）。

（3）情感目标

1）通过不等式的学习，渗透只有不等量关系的数学美；通过互动，激发学生的学习热情。

2）通过引导学生分析问题、解决实际问题，培养他们积极的参与意识、竞争意识，体验数学的价值。

3）通过学生之间的讨论，达到学生之间的交流，实现两个层次学生的最佳结合。

在教学过程设计中，教师要紧紧围绕教学目标的设计，围绕学生已有的心智特点，尊重学生的个性差异，体现使具有不同个性差异的学生在原有的基础上主动获取更多的知识这一教学目的。

教学过程。（略）

5.3.9　学生参与教学原则

数学是一种活动，数学活动教学的基本特征之一是学生作为主体，应该积极地参与获取数学知识的活动过程。这种数学活动观不仅对具体数学知识的教学，而且对数学思想方法的教学都具有重要的指导作用。数学思想方法教学作为数学活动的教学，应重在让学生亲身感受、体会、思索、提炼。教师的提示、讲解和引导固然是重要和必要的，但只有组织学生积极参与教学过程，学生通过自己的内化，才能逐步领悟、形成、掌握数学思想方法。正如波利亚所说："思想应该在学生头脑中产生出来，教师只起一个产婆的作用。"

建构主义的数学教学观则更加强化了上述观点，表明学生是数学认知活动的主体，数学学习是学生在已有知识和经验基础上的建构活动，教师应当成为学生学习活动的促进者等。并且，这种建构是一种社会建构，它需要通过师生之间、学生之间的交流，在数学学习共同体内完成。一切高层次的认知能力都源于个体与其他人的交流，并且通过内化的过程得到发展。数学思想方法的学习是一种高层次的学习，它的教学必须要求学生亲身参与、交流，贯彻学生参与原则。

1）创设学生参与的气氛。教师和学生是平等的伙伴关系，是朋友，是教学的合作者，也是协同完成同一任务的伙伴，因此课堂上的教师应有轻松自如的表现，从而使学生在宽松的环境中积极敏捷的思维，充分的表现自己。

2）给每个人提供成功的机会。针对学生的实际情况，为每个学生，特别是学困生创造成功的机会和条件，让大多数学生都有机会获得优异成绩，用以强化学生学习数学的自信心，促使他们产生可以学好也一定能学好的心理意识。

5.3.10 反复渗透教学原则

所谓渗透性原则，是指在具体数学知识（概念、性质、法则、公式、公理、定理以及知识的应用）的教学中，一般不直接点明所应用的数学思想方法，而是通过精心设计的教学过程，采用教者有心、学者无意的方式引导学生逐步领会蕴含其中的数学思想方法。

数学思想方法教学贯彻渗透性原则是由数学思想方法本身的特点所决定的。数学思想方法的概括性、本质性等特点，还使得它对学习者的心理水平要求较高，学生的知识经验、心理发展都受到年龄特征的影响和限制，不可能将教材具体内容所蕴含的数学思想方法一下子就彻底领悟，只能采取早期渗透、逐步渗透、反复渗透的方法，将数学思想方法的因素与其相关教材内容有机地结合起来，使处于自发状态的隐性思想方法转化为自觉状态。数学教学必须通过数学知识的教学和适当的解题活动突出数学思想方法。

1. 渗透数学思想方法是高中数学解题教学的需要

解题是人类最富有特征的一种活动，是学生学习数学的中心环节，是一种实践性技能，是发展数学思维能力、培养良好心理素质的重要手段。正因为如此，解题在数学教学中具有重要的地位。但是由于长期以来人们对解题概念的不科学理解，导致人们认为"解题=解题类型+方法"。这种模式忽视了解题目标、过程的分析，以及解题中数学思维方法的培养，导致学生创造能力下降，缺乏独立开拓的创新意识与本领。

2. 渗透数学思想方法的教学有利于提高教师的教学水平

只有注意思想方法的分析，我们才能把数学课讲活、讲懂、讲深。另外，只有将数学思想方法与具体数学知识的教学有机结合，并真正渗透其中，才能不断提高教学质量。这就对教师从专业素养、教育理论、能力水平诸方面都提出了更高的要求。

3. 渗透数学思想方法的教学有利于学生思维品质和能力培养

引导学生领悟和掌握以数学知识为载体的数学思想方法，是使学生提高思维水平，真正懂得数学的价值，建立科学的数学观念，从而发展数学、运用数学的重要保证，也是现代教学思想与传统教学思想的根本区别之一。

例 4　已知关于 x 的方程：$x^2-2|x|-k=0$ 有两个不等的实根，求 k 的取值范围。

教师：同学们首先读题，然后思考本题可能涉及的思想方法，并探索解题的基本思路。

学生：该方程可以转化为 $x^2-2x-k=0$（$x>0$）或 $x^2+2x-k=0$（$x<0$）。

教师：按照这个思路，继续下去会怎样？

学生：按题意讨论两方程的判别式，再求 k 的取值范围。

学生：两方程的判别式相等，问题很难解决。

教师：我们能不能利用函数法来解决，同学们思考一下如何找到函数？如果将 x^2 转化为 $|x|^2$，你们会有什么发现？

学生：原方程转化为 $|x|^2-2|x|-k=0 \Rightarrow |x|^2-2|x|+1=k+1 \Rightarrow (|x|-1)^2=k+1$。

教师、学生（共同探索）：我们利用函数法设 $y_1=(|x|-1)^2$，$y_2=k+1$。

而 $y_1=(|x|-1)^2=\begin{cases}(x-1)^2,(x\geqslant 0),\\(x+1)^2,(x<0),\end{cases}$

再利用数形结合法。在同一坐标系内画出 y_1 和 y_2 的图像，如图 5.3.2 所示，要使方程有两个实根，只需两个图像有且只有两个交点。

师生共同画出图像。

教师：分析图像，y_2 的位置变换，得出什么？

学生：当 $k+1=0$ 或 $k+1>1$，即 $k=-1$ 或 $k>0$ 时，两个图像有两个交点。所以原方程有两个不同的实根 k，取值范围是 $k>0$ 或 $k=-1$。

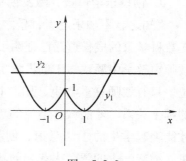

图　5.3.2

教师：同学们反思一下自己的解题过程，用两句话概括出解决本题的关键是什么？

学生：利用函数法解题，关键是找到函数。

学生：利用数形结合法，找到图像的交点。

教师：很好。本题运用函数法的前提是把方程转化为两个函数，求方程的根也就是求两图像的交点。据此，我们采用了函数法和数形结合法。同学们再仔细考虑一下，本题还有没有更为简便的方法？

学生：可以把原方程 $x^2-2|x|-k=0$ 移项转化为 $x^2-2|x|=k$，利用函数法设函数 $y_1=x^2-2|x|$，$y_2=k$。

教师：非常好，同学们按照这种思路动手做一下。

教师找两名学生在黑板上做。其他人在课堂练习本上做。学生们首先画出了分段函数

$$y_1=x^2-2|x|=\begin{cases}x^2-2x,(x\geq0),\\x^2+2x,(x<0),\end{cases}$$

和直线 $y_2=k$ 的图像。

师生共同观察学生在黑板上的图像，很明显地能看出 k 的取值范围是 $k=-1$ 或 $k>0$，这与第一种解法的结果相同。

教师：希望在以后的解题中，同学们能敞开思路，注重数学思想方法在解题中的运用。

5.3.11 鼓励创新教学原则

《数学课程标准》指出："在学习活动中，要使学生自主学习，培养学生的创新精神和应用意识。"要让学生积极主动地探索，发现解决数学问题的方法，发现数学的规律。这也是现代教育价值观的一个彻底的转变。如何鼓励学生进行创新学习，培养学生的创新能力，应注意实施以下创新教学策略。

1. 创设乐学情景，激发创新热情

"知之者不如乐之者，乐之者不如好之者""热爱是最好的老师"，古往今来无数科学家的成长道路已证明了这一点。而培养乐学兴趣则是热爱的先导。所以教师在教学中要致力于创设学生乐学的教学情景。还应重视和尊重学生的主体地位。只有教师尊重学生，用"以人为本"的理念去建立"民主、平等、和谐"的师生关系，才能激起学生的求知欲和好奇心。学生才能畅所欲言、大胆质疑，才能唤起学生的主体意识、创新意识，也才能使学生的思维纵横驰骋、无拘无束，激起学生的智慧火花和创新热情。

2. 鼓励猜想、预测，培养创新意识

"学起于思，思源于疑"，要引导学生大胆猜想质疑。调动直觉思维去推测是培养创新能力的前提。猜想不是空想，而是根据已有知识经验对未来的发展方向做出的一种推测，其前提是要敢想。试想，没有猜想怎么会有飞机上天等伟绩。猜想、预测是创新的前提与动力，也是萌发学生思维火种、点燃智慧火花的手段，所以教师一定要注重点燃猜想的火花，创造成功的预感。"教学艺术不在于传授，而在于激励、唤醒、鼓励"（第斯多惠），这一点也正是我们教师要努力做到的。猜想、预测是学生创新意识的重要表现，也是学生创新活动的前提，因而我们在教学中应予大力的倡导。

3. 营造思维时空，为创新创设时机

"营造思维时空"包含两个方面：一是从时间上营造，这里的时间指教师提出问题不要急于公布答案，要给学生充分考虑的时间。教师要有足够耐心去等待学生智慧火花的点燃，这一点许多老师平时都没有注意到，往往花好长时间编出一个好的题目，结果匆匆收场，不光没有使学生的创新能力得到开发，反而束缚了学生思维能力、创新能力的发展。二是从空间上营造，教师提出的问题要有空间上的跨度即要有纵深感，要注意学生的求异思维和创新能力的发展。要充分调动学生的思维活动，鼓励学生有所创新、有所突破，哪怕只是一点点突破。所提出的问题要有利于发展学生的创新能力，这当然不是指那些难、繁、偏、旧的题目。教师要经常设计一些开放性的、有利于培养求异思维的练习，使学生能有所创新的题目。总之教师要为学生的创新学习创设时机。

4. 培养创新人格，以利于开展创新学习

在现实生活中由于教育的功利性的影响，不少教师、家长对学生的要求近乎苛刻，要他们循规蹈矩、言听计从、百依百顺。完全按照他们的模式培养孩子，孩子因此完全处于被动状态，久而久之，学生也完全变成学习机器。教师教什么学什么，怎么教就怎么学，学生不敢越雷池半步，这表现在学生在做具体的题目时，完全按照教师的思维模式，没有半点新意。而专家经过研究发现，创造性不仅受认知因素影响，而且受学生个性心理、性格、品质的影响也非常大。研究成果还显示，凡具有高度创造性的儿童与成人，在家庭中都有充分的独立和自由，有较多的解决问题的机会。这难道不给我们一点启示？这也证明人格因素在一个人的成长中所处的地位。要培养良好的创新人格必须做到独立性、兴奋性、冲动性、幻想性同时与顺从性、情绪稳定性、自制性、反对现实性的有机结合与统一。总之，我们要培养的是活泼、好动、既注重实际又不局限于传统、敢于突破常规的具有否定精神的良好个性人格，以利于开展创新学习。

5.3.12　情景性教学原则

"让学生在生动具体的情境中学习数学"是课标的一个重要理念。新教材最大的特点和优点之一就是许多知识的引入和问题的提出、解决都是在一定的情境中展开的。因此，情境教学是提高数学教学有效性的一项重要教学策略。贯彻情景性教学原则，在教学中要实施以下三方面策略。

1. 用好新教材中教学情境的文本资源

新教材特别注意选取生动有趣、密切联系生活的素材，精心设计了单元主题图或重要课题的情境图，体现了"数学问题生活化"的理念。教师要充分发挥教学情境图的作用，一是用放大的教学挂图或运用现代教育技术将静态的情境动态化、具体化。二是要给学生提供观察思考的时间，让学生看懂图意，获取和选择信息，以利于新知识的引入或发现问题。这有别于语文的"看图说话"，这里要突出数学的特点，要引导学生学会用数学的目光去观察思考，从数学的角度去发现、提出问题。

2. 教师应是教学情境的直接创设者

教师应根据教学的需要和学生的实际，从学生身边的事物和现象中选取素材，创设新的教学情境，如现实生活情境或模拟现实生活的情境、操作情境，趋近学生思维最近发展区的问题情境、探究情境等，使学生不仅感到生活中处处有数学，而且能激发学生认知的需要、学习的兴趣和探索的动机。

3. 正确认识和适度运用情境教学策略

在公开课、比赛课中，有的教师创设了太多太杂的教学情境，多媒体课件使人眼花缭乱、目不暇接，人为地降低思维要求，变成以机器灌人。这需要进一步明确情境教学的目的和作用，科学适度地进行情境教学。

总之，我们不要约束学生的个性发展，不要给他们条条框框，要让学生活起来、动起来。既要注重点，更要注重面。生活是丰富多彩的，事物是千变万化的，为何要我们的孩子不拘一格呢？给学生一片自由天空，让学生想象插上翅膀才能有利于创新能力的发展。

以上这些教学原则并不是孤立的，而是彼此密切联系、相辅相成的。因此，在教学过程中，教师要深刻理解这些教学原则的整体作用。结合教材和学生特点，配合运用，才能实现教学目的，提高数学教学的有效性。

思考题 5

1. 确定教学原则的依据是什么？
2. 如何理解数学教学原则？
3. 在数学教学中，如何贯通数学教学原则？举例说明。

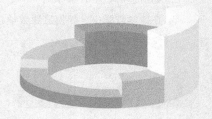

第 **6** 章

数学能力与数学思维的培养

第 4 章我们研究了数学学习的基本理论，学生的学习离不开学生能力的培养。能力，是指直接影响活动效率，使活动顺利完成的某种稳定的心理特征。通过数学教学培养学生的能力，既是学好知识的需要，也是培养人才的需要。因此，在教学中，教师应着力于学生的进步和发展，引导学生认识数学、理解数学、研究数学、应用数学，从而培养学生的数学能力。本章我们从数学能力的概念和结构入手，着重研究数学思维能力的培养。

6.1　数学能力概述

6.1.1　数学能力的理解

数学能力是一种特殊的心理能力。究竟什么是数学能力呢？目前学术界对此众说纷纭，不过大多数学者认为，应当按两种水平区别数学能力，一是学习数学的数学能力，二是创造性的数学能力。这两种水平标志着两种不同层次或不同类型的数学能力。

1. 学习数学的数学能力的理解

克鲁捷茨基认为"学习数学的能力是创造性数学能力的一种表现，是学习（学会、掌握）数学（中小学数学课程）的能力，是迅速而顺利地掌握适当知识和技能的能力"。中学数学教学所要培养的三大能力（运算能力、逻辑能力和空间想象能力）主要属于学习数学的数学能力。

瑞士心理学家魏德林认为"是理解数学的（以及类似的）问题、符号、方法和证明本质的能力；是学会它们，在记忆中保持和再现它们的能力；是把它们同其他问题、符号、方法和证明结合起来的能力；也是在解数学的（或类似的）课题时运用它们的能力"。魏德林实际上把学习数学的数学能力看作解各类教学题目的能力，他代表了大多数西方心理学家的主张。

2. 创造性的数学能力的理解

克鲁捷茨基认为创造性的数学能力是指"科学的数学活动方面的能力，这种能力产生对人类有意义的新成果和新成就，对社会做出有价值的贡献"。

纽厄尔、西蒙等提出了创造性思维的下列标志：①这个心理学活动的产物在主观和客观上都是新颖的、有用的；②思维过程也是新颖的，这表现在思维过程要求转变以前接受的观点或否定它们；③思维过程是以存在者强烈的运动和稳定性为特点的，这些特点在一个相当长的时期内，或者在其本身非常显著的情况下可以观察到。

3. 学习数学的数学能力与创造性的数学能力的关系

曹才翰认为"这两种数学能力都是在创造性的教学活动中形成和发展起来的，因此，它们具有本质上的相同，但是由于形成这两种数学能力的实际活动分别属于不同的层次，因此它们也有区别。同时，在一定条件下，学习数学的能力可以发展成为创造性的数学能力，而且要具备创造性的数学能力，必须具备较强的学习数学的能力"。他还认为"我们把数学能力区分为这两种水平是有意义的，因为由此可以清楚地看到中学数学教学所要培养的运算能力、逻辑思维能力和空间想象能力主要属于学习数学的数学能力"。我们赞赏这一观点。

克鲁捷茨基说："我们研究的一些有天赋的学生，他们确实会自己'发现'中小学代数和几何课程中的某些部分。他们正在发现着人们久已熟知的东西。他们创造的产物并无客观价值，但就学生自己的主观方面来说，无疑是对某种新东西的发现、发明和独创的成就。在某种意义上说，这种活动十分肯定的是数学创造能力的一部分。"

6.1.2 数学能力的结构

学生的数学能力结构是一个比较复杂的问题，国内外的心理学家和教育学家对这个问题的看法并不完全一致，至今没有一个公认的统一结构模型。

1. 国外学者的一些看法

1）西方心理学家通过因素分析，提出了和学生数学能力有特殊关系的一些因素：一般因素（一般的抽象思维能力）、数因素（算术的四则运算和解决数学问题的能力）、空间因素（物体、空间位置和关系的能力）、语言因素（用词语表达思想和用语言表达数学关系的能力）、推理因素（对问题的推理能力）。

2）日本学者在研究中，把学生的数学能力概括为三个方面：数理性的领会能力（使之抽象化、图式化和形式化）、统一发展的概括能力（使之扩展、集中归纳、改变观点和变换条件）、有条理的思维能力（有计划按步骤地进行思考，进行类比或对比、有根据地进行证明）。

3）关于数学能力的结构，具有代表性的观点是克鲁捷茨基的观点。克鲁捷茨基依据收集的实验性和非实验性材料以及对专题文献的研究，提出了学生数学能力结构的一般轮廓：第一，获得数学信息。对于教学材料的形式化理解的能力，掌握题目的形式结构的能力。第二，加工数学信息。用数学符号进行思维的能力；对数学对象、关系和运算的迅速而广泛的概括能力；数学活动中心理过程的灵活性；从正向思维序列转到逆向思维序列的能力。第三，保持数学信息。数学记忆：对数学关系、类型特征、论证或证明的模式、解题的方法以及探索的原则等的概括记忆。第四，一般综合性成分。

还有一些能力成分没有包含在上述结构中，克鲁捷茨基认为它们是"中性的"。这些成分有：作为暂时特征的心理过程的敏捷性；计算能力（迅速而精确的计算能力，常指心算）；对符号、数和公式的记忆；形成空间概念能力；把抽象的数学关系和函数依赖关系视觉化的能力。

　　克鲁捷茨基认为，数学能力是一种结构复杂的心理形成物，它是各种心理特性的一种独特的综合，是包括各个心理方面的一个整体的心理品质，它是在数学活动中发展起来的。仅仅为了进行分析，才分解出上面这些个别成分，但绝不是把它们当作孤立的特性，这些成分密切联系、相互影响，并在它们的组合中形成一个单独的体系，其表现就是通常所称的教学才能的综合特征。克鲁捷茨基的观点体现了一种比较完整、系统的数学能力结构，在教育心理学和数学教育中均有较为深远的影响。

2. 国内学者的一些看法

　　我国的心理学工作者和教育工作者，对学生数学能力也进行了不少研究，大致有以下几种看法。

　　1）提出"三维数学能力结构模型"，认为数学能力的特殊因素表现在三个方面：①内容方面，包括数概念、数量关系和空间关系的掌握；②思维和操作方面，包括概括推理和逆运算能力；③能量方面包括速度、准确性和灵活性。这三个方面，每个方面都可表示为一个坐标轴，从而构成一个三维的数学能力结构模型。

　　2）用"因素分析"的方法得出学生数学能力主要有四个因素：①演绎推理能力，也就是把特例纳入已知概念的能力；②识别关系和模式的能力，这是一种高级的概括能力；③空间想象能力，即根据文字材料想象事物的空间形式；④速度能力，即感知数学符号的反应速度。有人认为数学能力是以概括为基础的开放性动态系统，是三种数学能力与五种思想品质相互交叉构成的统一体。

　　3）学生学习数字的能力应该包括三个主要方面：①基本能力，就是对数学材料的感知、记忆、思维和想象等方面的能力；②数学创造能力，即独立地发现问题和提出多种解题方法与途径，善于抓住最佳解法，思维的过程和产物具有新颖性、独创性，并富有想象能力和直觉思维能力；③初步的数学辩证思维能力，是把握数学概念的本质和概念体系的内在联系的能力，对数字材料形成辩证概念，进行辩证判断和推理能力。

　　4）在数学能力的分析研究中认为，数学能力作为一种特殊能力，对它的分析研究应包括三个方面：一是从数学学科的特点分析，数学能力的本质是逻辑思维能力，分别表现为数的、形的和数形结合的逻辑思维能力。二是从认识过程来分析，把八种认识能力分成四组来考虑：观察、注意（信息收集）能力，记忆、理解（信息储存）能力，想象、探索（信息加工）能力和对策、实施（信息运

189

用）能力。三是从个性心理特征方面分析，包括抽象概括、简捷灵活、逆转过渡等具体特性以及对数学的需要、动机、兴趣等。

5）我国学者王子兴等根据斯皮尔曼1904年提出的智力二因素说，把能力分为一般能力、特殊能力和综合性能力。学习数学的数学能力的结构成分如图6.1.1所示：

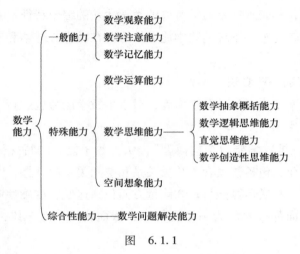

图　6.1.1

这一结构图较全面地反映了中学生的数学能力结构，而且便于教师理解。

6.2　数学思维及其品质

从6.1节可以知道，数学思维能力是数学能力的重要组成部分。在知识经济时代，思维是经济和社会发展的本源性动力。数学是人类思维的体操，数学思维能力是智力的核心，而且数学教学应围绕揭示思维过程，培养学生思维能力为目的而展开，旨在开启学生的创造潜能，培养学生的创造性思维，既符合新世纪人才培养的要求，又适应当前数学教学改革的主旋律，在数学教学中加强逆向思维、求异思维和集中思维等一系列的训练将有利于激发学生的思维创新，提高学生的创新能力。下面从数学思维的概念、特性、品质和类型加以论述。

6.2.1　数学思维定义及特性

数学思维是对数学对象的本质属性和内部规律的间接反映，并按照一般思维规律认识数学内容的理性活动，就数学思维的本质而言，我们应了解：

数学思维是数学活动中的思维，它具有一般思维的根本特征，但又有自己的个性。主要表现在思维活动的运演方面，是按照客观存在的数学规律的表现方式进行的，即具有思维的特点和操作方式。特别是作为思维载体的数学语言的简练准确和数学形式的符号化、抽象化、结构化的倾向。

从一般思维的特性和数学的特点这两个方面的结合来分析，从而得出数学思维的特性主要是概括性、问题性和相似性。

1. 数学思维的概括性

数学思维的概括性是由于数学思维能揭示事物之间抽象的形式结构和数量关系这些本质特征和规律，能够把握一类事物共有的数学属性。思维的概括性还在于它的迁移性，就是使主体不仅能从部分事物相互联系的事实中推知普遍的与必然的联系，而且能将这种联系推广到同类现象。

2. 数学思维的问题性

数学科学的起源和发展是由问题而引起的。数学思维就是解决数学问题的心智活动，数学思维总是指向于问题的变换，表现为不断提出问题、分析问题和解决问题。因此，问题性是数学思维目的性的体现，解决问题的活动是数学思维活动的中心。

3. 数学思维的相似性

数学思维的相似性是思维相似规律在数学思维活动中的反映。数学的发展就其思维活动的规律而言，是对各种数学模式的探求。解决数学问题的根本思想在于寻求客观事物的数学关系和结构的模式；从已解决的问题中概括出思维模式，再用模式去处理类似问题，进而形成新的模式。

数学思维的三个主要特性是互相联结的。概括性和相似性寓于问题性之中，概括性是问题性和相似性的基础，相似性是概括性和问题性本身及相互间的联系，即应用已知的数学关系去解决有关问题。

6.2.2　数学思维的品质

数学思维过程构成了一个包括数学知识、方法及主客体交互作用的系统。数学思维过程可以说是主体以数学知识、理论为基础在头脑中建立起来的信息操作系统。学生数学思维结构形成的速度和完善程度，既有一般规律，也有个性差异，这就是思维品质。

数学思维品质是由数学思维本身的特征所决定的，主要包括以下几个方面：

1. 数学思维的深刻性

思维的深刻性是指思维活动的抽象程度和逻辑水平，以及思维活动的广度、深度和难度。数学思维的深刻性，反映的是学生"透过现象看本质"，把握事物的规律，预见事物发展进程的水平，即对具体数学材料进行概括，对具体数量关系和空间形式进行抽象，以及在推理过程中思考的广度、深度、难度和严谨性水平的集中反映。

一般来讲，中学生数学思维的深刻性表现为：形成概念、构成判断、进行推理论证的深度上存在差异，即思维形式上的个性差异；在如何具体地、全面地、深入地认识事物的本质和内在规律性的方法上存在差异，如是否能有效地使用归纳与演绎、特殊与一般、具体与抽象等一般方法，即思维方法上的个性差异；在运用思维规律上存在个性差异，思维深刻性水平高的学生，能自觉遵循思维的规律，使用概念明确、判断恰当、推理合理、论证得法；在思维的周密性与精细性上，即思维的广度和难度上存在个性差异。

培养学生数学思维的深刻性，就要引导学生能自觉地思考事物的本质方面，学会从事物之间的联系来理解事物的本质，学会全面地认识事物。为此，可通过对比，加强对有关概念的理解。如：正数和非负数、负数和非正数、空集∅与集合 {0}、锐角和第一象限角等，可以通过辨析帮助学生把握概念的外延，从而达到对概念本质的认识。

2. 数学思维的灵活性

思维的灵活性是思维活动的灵活程度，表现在对知识的运用自如、流畅变通，善于自我调节。如果培养好学生的数学思维的灵活性可以使他们在知识经济时代里，用自己的数学思维针对所遇到的复杂问题的各种社会现象做出具体的分析，并能够根据客观条件的变化和发展及时地摆脱习惯思维形态的程序和模式，灵活地调整思维形态，从不同的角度、不同的方法去思考它们，用不同的方法去解决它们。

一个数学思维灵活性水平高的学生，能根据条件的发展变化，及时改变先前的思维过程，寻找解决问题的新途径。这样的学生在数学学习中，其思维还会表现出与众不同的发散特点。他的思维具有多端性、伸缩性、精细性、新颖性等。

数学思维的灵活性还表现在思维流畅，富于联想，掌握较丰富的数学思维技巧，具备求异思维与求同思维兼容的、富有目标跟踪能力的特征。

如：学生解决问题"一元二次不等式 $x^2-mx+1<0$ 对于满足 $1 \leqslant x \leqslant 2$ 的实数都成立，试确定 m 的范围"时，如果能将问题转化为"确定 m 的范围，使 $f(x)=x^2-mx+1$ 在 $[1, 2]$ 上的最大值小于零"，这样，利用二次函数的图像就可以解

决问题。这一过程表现出了思维的灵活性。

3. 数学思维的创造性

思维的创造性是指思维活动的创新程度。即人们在问题解决过程中产生新的思维成果的思维活动，它有两个思维标志：一是思维的产物是新颖的、有价值的。对于学生来说，尽管他们在数学学习活动中的发现是人们早已熟知的，但对其自己来说，新东西的发现对智力的发展有积极作用，其思维过程是创造性的。因此在数学教学过程中，应从创造性思维特点出发，在掌握"双基"的基础上，注意培养思维的灵活性、深刻性、全面性和独创性，既重视知识本身，又重视知识产生的过程，让学生学会自己思考，自己去发现问题、解决问题。它是人类思维的高级形态，是智力的高级表现。如：一般人的头脑中只有唯一的现实空间，而数学家们创造了四维空间、五维空间、n 维空间、非欧几何空间、拓扑空间等；正方形与圆既不全等，也不相似，但从拓扑的观点看，它们的结构是相同的，它们都将一个平面划分为两部分，其内部区域的连续性是一样的，在拓扑变换下，两者可以互相转化。

4. 数学思维的广阔性

数学思维的广阔性，也称为数学思维的发散性，是一种不依常规，寻求变异，从多角度、多方面去思考问题，寻求解答的思维品质。其反面是数学思维的狭隘性，表现为数学思维的封闭状态。基础知识的教学使学生形成完整的认知结构，这是发展数学思维广阔性的基础。但是仅利用数学知识本身的联系建立起来的知识结构还远远不够。还应该指导学生利用知识在数学问题解决中的联系建立有多种组织结构的知识联想数据库。比如获得同一结论的条件都有哪些？某个定理的用途都有哪些？某种方法的应用范围和特点是什么？通过这样以问题或专题建立起来的知识结构才能在分析数学问题时迅速而准确地完成知识信息的联想和迁移。在解题中通过捕捉有用信息，进行对比、联想，以一题多解与一题多变的形式进行练习，对培养学生数学思维的广阔性无疑是十分有益的。

在课堂上对"尽可能多地写出表示等于 1 的式子"的练习时，有的学生只能写出 $\sin^2\alpha+\cos^2\alpha=1$，$\sin 90°=1$，$a^0=1$（$a\neq 0$），$\log_a b \cdot \log_b a=1$ 等几种，有的学生却能写出二三十种。这种差别就说明了知识联想的范围不同，可以使学生在分析数学问题的时候有一定的差异。

如：解不等式 $|x|<|x+1|$，有的学生只能写出一种解法，有的学生却能应用"消绝对值号""不等式性质""函数图像"等知识给出多种解法。求 $x^2+\dfrac{4}{x^2}$ 的最

小值的练习中，有的学生仅能就题解题，有的却能分别通过类比的方法解出此题。以上的差别，体现了学生思维广阔性上的差异。

5. 数学思维的敏捷性

思维的敏捷性是指思维活动的反应速度和熟练程度。它表现为在思考问题时的敏锐快速反应。如果培养好学生的数学思维的敏捷性，能够使他们在知识经济时代的工作生活中，即使在各种紧迫情况面前，也能够运用所掌握的数学思维、所学的知识以及所积累的经验进行思考，抓住所思考的对象的实质，迅速、果断地做出判断（正确的而非轻率地判断）。

一个数学思维敏捷性水平高的学生，在数学活动中的外化表现，是思路清晰、反应敏捷、推理与运算"跨度"大、内化水平高、解题耗时少。

6. 数学思维的批判性

数学思维的批判性是指人们在解决数学问题时善于发展问题、提出疑问、辨别是非、评价优劣的一种思维品质。批判性的思维是一种实事求是、周到、缜密的思维。

为了培养学生数学思维的批判性，应提出一些容易混淆的概念，引导学生分析辨认；给出一些隐蔽性的判断，启发学生辨别真假；还可给出某些问题的错误解答，组织讨论，让学生找出错误之所在和原因。特别要注意的是，当学生在独立思考过程中出现了认识中的片面性和表面性等问题时，教师不应加以嘲笑、斥责，相反地，应注意及时鼓励、引导和启发进行评价，因为这正是发展思维批判性的最佳时机。

如：在一次八年级代数课上，教师板书方程出现错误，已知 x_1、x_2 是方程 $x^2+3x+5=0$ 的两个根，求 $x_1^2+x_2^2$ 的值。因 $x_1^2+x_2^2=(x_1+x_2)^2-2x_1x_2=3^2-2\times5=-1$，两数平方和等于负值。学生不理解，有一学生插话"这个题不能做"，教师当场予以指责。当那个学生争辩时，教师仅将方程改 $x^2-3x-5=0$ 就了事了。这样就失去了一次极佳的辨析评价的机会。

思维的批判性品质是思维过程中自我意识作用的结果。自我意识以主体自我为意识对象，是思维结构的监控系统。

6.2.3 数学思维的类型

我们从数学思维特点的角度分析了数学思维的品质。下面对中学数学思维进行分类。这些分类对我们深入理解数学思维的本质和培养学生思维品质方法的研究有一定的益处。

1. 从思维的方式分：逻辑思维和直觉思维

逻辑思维是以数学的概念、判断和推理为基本形式，以分析、综合、抽象、概括、（完全）归纳、演绎为主要方法，并能用词语或符号加以逻辑表达的思维方式。它以抽象性和演绎性为主要特征，其思维过程是线型或枝权型一步步地推下去的，并且每一步都有充分的依据，具有论证推理的特点。

数学直觉思维是包括数学直觉和数学灵感两种独立表现形式，能够迅速直接地洞察领悟对象性质的思维方式。它们以思维的跳跃性或突发性为主要特征。它是创造性思维的一种。直觉思维与逻辑思维既有区别又有联系，直觉思维必须以逻辑思维的方法为基础，逻辑思维方法作为组成因素渗透在直觉思维过程中，直觉思维是更高级的思维形式和方法。

2. 从思维的方向分：集中思维和发散思维

集中思维（也叫求同思维）：是"多入一出"的思维，多种信息输入，一种信息输出。它是从已知条件和目的出发，寻求正确答案的一种思维过程和方法。它的特点是思维形式比较单一。

发散思维（求异思维）：是"一入多出"的思维，一种信息输入，多种信息输出。它是沿着不同方向对信息进行分析和重新组合。

例如，"$1 = ?$"这个问题通过发散性思维可以得到许多答案：

① $\dfrac{a}{a} = 1$（$a \neq 0$）；② $3^0 = 1$；③ $|-1| = 1$；④ $-i^2 = 1$；⑤ $\sin^2 \alpha + \cos^2 \alpha = 1$ 等

可见发散思维的特点是不依靠常规、寻求变异，从多方向寻求答案的思维方式。

发散思维是创造性思维灵感的基础，也是集中思维和探索解题方法的前提。在思维活动中，它们是相辅相成的。

在"复数的三角式"课中，如果简单地把 $a + bi$ 表示式化成 $r(\cos \theta + i \sin \theta)$，则学生对 r, θ 的意义仍然是模糊的。他们在解稍有变化的题时便会感到困难。在判断下列各式是否是复数三角式的时候就会出现困难，

$$Z = -3\left(\cos \frac{\pi}{4} + i\sin \frac{\pi}{4}\right), \ Z = 5\left(\cos \frac{\pi}{3} - i\sin \frac{\pi}{4}\right), \ Z = (\cos \pi - i\sin \pi).$$

但是，如果在教学中有了去异求同阶段，就可以使学生对三角式的认识更为全面。在三个不同的象限画出如下复数的几何表示：

$$Z = a + bi = (r\cos \theta) + (r\sin \theta)i = r(\cos \theta + i\sin \theta).$$

由此看出 r 是复数的模，性质为非负，θ 是复数的幅角，$r\cos \theta$，$r\sin \theta$ 分别

195

是复数的实部和虚部。掌握了这些，复数的三角式和代数式就融会贯通了。对上面的例题，就能方便地解决了。并且有了这样的基础，学生便可以进而用三角式去处理相应的问题。不便用三角式去解决的问题，可以转化成代数式，使最熟悉的代数语言发挥作用。这就为他们的发散思维打下了基础。

集中思维有利于掌握知识规律，是发散思维的基础。发散思维则有利于提出多种设想，这些设想还要靠集中思维予以科学验证。

3. 从思维的素材分：具体思维和抽象思维

具体思维是借助实物或操作进行的思维。如笔算和恒等式变形过程中所体现出来的思维活动等。例如，$(3+x)(3-x) = 3^2 - x^2$。

抽象思维是离开具体形象，运用概念、判断和推理等进行的思维。它是在感性认识取得材料的基础上，运用概念、判断和推理等理论认识形式对客观世界间接概括的反映的过程。例如，同底数幂的相除法则就是通过除法的合理性分析获得的。

4. 从思维的广度分：孤立思维和网络思维

孤立思维是在某种单纯环境中进行的思维。它特点是思维方向明确、关联单一、过程简单。例如，立体几何中的垂线定理这一节后的例题和习题必然要用到垂线定理及逆定理，学生不必思考应选择什么样的定理。

网络思维是在实际环境中进行的思维。它的具体特点是能够根据题目迅速联想，并择优使用。网络体现在问题表述、知识体系、问题解决、过程与结果分析之间的关系等方面，如图 6.2.1 所示。

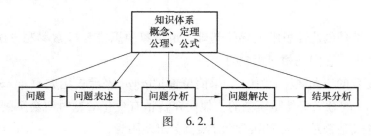

图　6.2.1

学生在解题过程中，受教材环境影响形成了较为简单的孤立思维，所以书后练习和作业同步练习等都比较顺利。但在考前综合训练或答卷时，由于没有环境提示，就会造成成绩下降，其原因就是网络思维没有建立起来，缺乏网络思维的训练。

5. 从思维的灵活性分：惯性思维和求异思维

惯性思维是依据基本的常规模式或习惯进行的思维。它的特点是与人的思维走势相一致，可以强化关联，促进联想。例如，求最佳问题——建立一个二次函数。问题中有"至多""至少"等词——反证法。

求异思维是违反常规的思维。如反向思维、对立思维、悖向思维等。它的特点是与平时的思考习惯相违背。例如，几何题用几何方法是常规思维，而用代数法或构造法等方法就是求异思维。求异思维与惯性思维的转换就是建立新的思维定势，惯性思维的打破就是求异思维。对求异思维的概括和总结的结果可以进一步丰富惯性思维。

6. 从思维的复杂性分：单一思维和综合思维

单一思维是运用一种思维方法进行的思维。它的特点是难度低、格式清楚。例如，数学归纳法证明的格式清楚，当用归纳法出错时，原因主要是证明过程的计算和代数式运算的错误所造成，而不是归纳法模式本身。

综合思维是同时运用多种思维方法进行的思维。它的特点是多种思维方法有机结合、相互补充。例如，命题"圆周角等于同弧圆心角的一半"的证明就是综合运用了完全归纳法和演绎法。几何题运用代数法与几何法相结合的方法求解等。单一思维是思维训练的起点，也是综合训练的基础。综合思维是思维训练的目的，也是单一思维的灵活运用。

6.3　数学思维训练的一些途径

6.2节谈了数学思维的类型和品质，数学知识是数学思维活动升华的结果，整个数学教学过程就是数学思维活动的过程。如何通过数学教学来培养学生的数学思维是值得探讨的重要课题。下面我们谈谈在教学中数学思维训练的一些途径。

6.3.1　学生对数学思维本身的内容有明确的认识

长期以来，在数学教学中过分强调逻辑思维，特别是演绎逻辑，从而也就导致了数学教育仅赋予学生以"再现性思维""总结性思维"的严重弊病。因此，为了发展学生的创造性思维，必须打破传统数学教学中把数学思维单纯理解成逻辑思维的旧观念，把直觉、想象、顿悟等非逻辑思维也作为数学思维的组成部分。只有这样，数学教育才能不仅赋予学生们"再现性思维"，而且更重要的是给学生赋予了"再造性思维"。

6.3.2　概念教学是数学思维训练的最佳途径

数学概念是进行数学思维的基本材料。数学概念的教学应注意：

1）认识概念引入的必要性，创设思维情境及对感性材料进行分析、抽象、概括。此时，如果教师能结合有关数学史谈其必要性，将是培养学生创造性思维的大好时机。例如，为什么要将实数域扩充到复数域、扩充的办法为什么是这样、这样做的合理性在什么地方、又是如何想出来的等。也就是说，数学概念教学的任务，不仅要解决"是什么"的问题，更重要的是解决"是怎样想到的"问题，以及有了这个概念之后，在此基础上又如何建立和发展理论的问题。即首先要将概念的来龙去脉和历史背景讲清楚。

2）对概念的理解过程。这一过程是复杂的数学思维活动的过程。理解概念是更高层次的认识，是对新知识的加工，也是旧的思维系统的应用，同时又是新的思维系统建立和调整的过程。

为了使学生正确而有效理解数学概念，教师在创设思维情境，激发学生学习兴趣以后，还要进一步引导学生对概念定义的结构进行分析，明确概念的内涵和外延。在此基础上再启发学生归纳概括出几条基本性质、应用范围以及利用概念进行判断等。

3）应用概念解决问题。教师还应阐明数学概念及其特性在实践中的应用方法和表现形态。例如，用指数函数表示物质的衰变特征，用三角函数表示事物的周期运动特征等。从应用概念的角度来看，教学不应只局限于获得概念的共同本质特征和引入概念的定义，还要学会将客体纳入概念的本领。即具有判断客体是否隶属于概念的能力。教育心理学的研究表明，从应用抽象概念向具体的实际情境过渡时，学生一般将会遇到很大困难。因为这时既要涉及抽象的逻辑思维，更要求助于形象的非逻辑思维。

综上所述，数学概念的教学，从引入、理解、深化和应用等各个阶段都伴随着重要的数学思维活动过程。因而在概念教学的整个过程中蕴涵了极其丰富的素材。只要我们能够恰当地运用科学的启发式进行教学，就能达到培养学生数学思维的目的。

6.3.3 在数学定理的证明过程中，进行数学思维训练

数学定理的证明过程就是寻求、发现和做出证明的思维过程。它几乎动用了思维系统中的各个成分，因而是一个错综复杂的思维过程。数学定理、公式反映了数学对象的属性之间的关系。关于这些关系的认识，要尽量创造条件，从感性认识和学生的已有知识入手，以调动学生学习定理、公式的积极性，让学生了解定理或公式的形成过程，并要设法使学生体会到寻求真理的兴趣和喜悦。另一方

面，定理一般是在观察的基础上，通过分析、比较、归纳、类比、想象、概括而形成的抽象的命题。这是一个思考、估计、猜想的思维过程。因此，定理结论的"发现"，最好由教师引导学生独立完成。这样，既有利于学生创造性思维的训练，也有利于学生分清定理的条件和结论，从而对进一步做出严格的论证奠定心理基础。

定理和公式的证明是数学教学的重点。因为它承担着双重任务，一是它的证明方法一般具有典型性，学生掌握了这些具有代表性的方法后可以达到"举一反三"的目的。二是定理和公式的证明是锻炼学生创造性思维的好机会。

在数学命题教学中还要注意使学生真正掌握知识的内在联系。这也是人的认识由感性上升到理性的一个重要方面。每一个数学定理、公式或法则实质上都揭示了数学对象的某种内在联系。

总之，一个命题展现在学生面前，首先应该使学生从整体上把握它的全貌，凭直觉预测其真假性，在建立初步确信感的基础上，再通过积极的思维活动从认识结构里提取有关的信息、思路和方法，最后才能给出严格的逻辑证明。

6.3.4　习题课教学，进行思维素质的训练

习题在思维训练中的作用不言而喻。许多人已经编写出了大量的习题册，诸如"考王""题海""同步训练"以及"必读"等。但是强调习题的作用并不意味着让学生在无边的题海中"遨游"，我们必须根据学生的具体情况，对习题加以选择，并在教学中采用恰当的方法去处理，才能获得良好的效果。

1. 加强习题的趣味性以发展思维的主动性

趣味性在数学教育中的地位已为越来越多的数学教师所认识，并且也已把"引起学生学习数学的兴趣"列入现行教学大纲。它包括的内容相当丰富。这里只谈谈在习题课中如何加强趣味性。

2. 以概念性习题发展思维的深刻性

思维的起点（或者说解题思路的出发点）都是对概念的理解，根据不同的理解进行演绎推理，便可得出不同的方法。

数学中有许多重要性质（实际上也是一种稍为复杂的概念），如不等式的方向性，幂函数和指数函数的增减性，方程变形中的增根和丢根，应用基本不等式 $\frac{a+b}{2} \geqslant \sqrt{ab}\,(a>0,\ b>0)$ 求极值时，必须一端为定值，甚至包括分母不能为 0 这样一些最简单的性质在内，虽经教师多次强调，但学生在遇到具体问题时依然出

错。这就要靠在习题课适当地做一些概念性较强的习题来理解，从而加深对一些重要性质的记忆。

3. 以综合性习题和一题多解发展思维的广度

思维的广度在解题中，集中反映在是否能把代数、几何、三角等各个分支的数学知识结合起来进行思考，并得到更为简捷的思路和方法。思维广度的学生在解决一些综合性习题时，常常反应敏捷，思维灵活，因此有必要在高中阶段引导学生多做一些综合性的习题。教师可以有意识地要求学生对同一道题给出代数的、几何的、三角函数的多种不同解法。

例 1 已知 $\sin A + \cos A = a$，求证 $\sin A$ 和 $\cos A$ 是方程 $2x^2 - 2ax + a^2 - 1 = 0$ 的两根。

【解法一】 解原方程，由求根公式，得

$$x = \frac{2a \pm \sqrt{4a^2 - 8a^2 + 8}}{4} = \frac{a \pm \sqrt{2 - a^2}}{2},$$

把 $a = \sin A + \cos A$ 代入上式，得

$$x = \frac{\sin A + \cos A \pm \sqrt{2 - 1 - 2\sin A \cos A}}{2} = \frac{\sin A + \cos A \pm (\sin A - \cos A)}{2}$$

故 $x_1 = \sin A$，$x_2 = \cos A$。

【解法二】 把 $\sin A + \cos A = a$ 代入原方程得

$$2x^2 - 2(\sin A + \cos A)x + (\sin A + \cos A)^2 - 1 = 0$$

化简得 $\qquad\qquad x^2 - (\sin A + \cos A)x + \sin A \cos A = 0$

分解得 $\qquad\qquad (x - \sin A)(x - \cos A) = 0$

故 $x_1 = \sin A$，$x_2 = \cos A$。

上述两种方法虽思路不同，但都是三角函数定理和公式的综合运用。

4. 以技巧性习题训练思维的灵活性

前面已经讲到，思维的灵活性是在具有一定的深度和广度的基础上，才能产生比较难得的思维素质。俗话说"熟能生巧"，这话意味着学生做数学题应具备的技巧性，必须在做了一定数量、一定难度的习题之后才能获得。这种技巧性的获得，可以促进思维灵活性的发展。

在习题课上，教师可以介绍这样一些题目，如果按部就班地做，将相当烦冗；但可以明白告诉学生，它们都存在着比较巧妙的方法。"巧"常常是个别题目所特有的。学生探索巧思敏想的过程，也就是认识这个题目"特殊性"的过程。所以，这样的训练对发展学生的观察、分析能力也是很有意义的。

例 2　如果 $abc=1$，求证：$\dfrac{a}{ab+a+1}+\dfrac{b}{bc+b+1}+\dfrac{c}{ac+c+1}=1$。

【证法一】　一般同学首先容易想到通分，将上式变为

$$\frac{a(bc+b+1)(ac+c+1)+b(ab+a+1)(ac+c+1)}{(ab+a+1)(bc+b+1)(ac+c+1)}+\frac{c(ab+a+1)(bc+b+1)}{(ab+a+1)(bc+b+1)(ac+c+1)}=1$$

只需证明分子等于分母即可。

$$a(bc+b+1)(ac+c+1)+b(ab+a+1)(ac+c+1)+c(ab+a+1)(bc+b+1)$$
$$=(ac+c+1)(abc+ab+a+abb+ab+b)+(abc+ac+c)(bc+b+1)$$
$$=(ac+c+1)(bc+b+1)(a+ab)+(ac+c+1)(bc+b+1)$$
$$=(ac+c+1)(bc+b+1)(ab+a+1)$$

即
$$\frac{a}{ab+a+1}+\frac{b}{bc+b+1}+\frac{c}{ac+c+1}=1。$$

上述证明必须紧扣 $abc=1$ 这个条件，有意识地在分子中凑出分母的因式来，如果一味地乘下去，则很难证出。

【证法二】　给第二个分式的分子分母同乘以 a，第三个分式上、下同乘以 ab，则不但完成了通分，而且一下得出结论。

$$原式左端=\frac{a}{ab+a+1}+\frac{ab}{abc+ab+a}+\frac{abc}{abac+abc+ab}=\frac{a}{ab+a+1}+\frac{ab}{ab+a+1}+\frac{1}{ab+a+1}=1$$

对比上述两种方法，即可看出运用技巧在恒等变换中的重要作用。

5. 有意地介绍一些"错误"，以提高思维的辨别力，发展思维的批判性

在习题课上除了及时纠正学生做题中出现的各种错误之外，还可以有意地介绍一些难以辨别的或个别学生出现的错误，从而提高思维的辨别力。

例 3　$x+\dfrac{1}{y}=1$，$y+\dfrac{1}{z}=1$，求证：$z+\dfrac{1}{x}=1$。

此类题关键在于利用代数式的恒等变形，或由已知条件导出结论，或应用已知条件证得结论的正确。

【证法一】　$y+\dfrac{1}{z}=1$，则 $\dfrac{1}{y}=\dfrac{z}{z-1}$，代入 $x+\dfrac{1}{y}=1$，可得 $x+\dfrac{z}{z-1}=1$，即 $\dfrac{xz-x+z}{z-1}=1$，$xz-x+1=0$，因为 x，y，z 均不为零，故上式两边同除 x 可得：$z+\dfrac{1}{x}=1$。

【证法二】　由 $x+\dfrac{1}{y}=1$，得 $x=1-\dfrac{1}{y}=\dfrac{y-1}{y}$，所以 $\dfrac{1}{x}=\dfrac{y}{y-1}$，又由 $y+\dfrac{1}{z}=1$，得 $\dfrac{1}{z}=1-y$，故 $z+\dfrac{1}{x}=\dfrac{1}{1-y}+\dfrac{y}{y-1}=\dfrac{1-y}{1-y}=1$。

201

6.3.5 形象思维与抽象思维的结合，形成良好的理性思维的途径

在中学教学教育中，把形象思维与逻辑思维有机地结合起来，尽可能的先形象后抽象，不但能促进这两种思维能力同时得到发展，而且还为逐步培养学生的辩证思维能力创造了条件。因为后者在研究数学时，已经冲破了数和形之间那种固有的差异，而更多地强调二者的"统一"。在这一方面，教师可以由浅入深地做到以下几点：

1. 尽可能让学生借助形象进行思维

在研究位置关系时，重视其相应的数量关系比较容易做到。例如在平面几何中，由两个三角形相似即可得出对应边成比例，反之亦然；三角形内角平分线把对边所分的两段之比等于夹这个角的两边之比；三角形两边中点的连线除了平行于第三边之外，必等于第三边的一半等。在空间几何中，夹在二平行平面间的几何体，若与底面等距的截面处处等积，则其体积相等；锥体与柱体等底等高，则锥体的体积等于柱体体积的三分之一等。这些都是讲述由位置关系所确定的数量关系。定理的本身就是二者"对立统一"的范例。在这里数和形的结合既是自然的也是必然的，教师只需有意识地提出这种规律的存在性，学生就会留下深刻的印象。因此，在几何教学中，数形的结合，借助形象进行思维，显得自然而容易掌握。

2. 重视代数问题的图化和几何意义

形象思维与逻辑思维相结合的能力差的学生，在学习中的表现是离开图像、死记硬背各种函数的性质；在理解、记忆各种数量关系的结论时，不会求助于"形"。他们往往是在"数"上下的功夫多，而在"形"上下的功夫少。在解题中的表现则常常是遇到了数量关系，往往想不到"形"，有的虽想到了却又不能正确地描画出来。要改变这种状况，教师在习题课上应重视把文字叙述和解析表达式"图化"。这样，有的题可以从示意图或图像中得到启发；有的题可以用图形来表示数据；有的题还可以在题目的几何意义中使知识更加深化。

例 4 试求函数 $y = \dfrac{x-3}{x+3}$ 的定义域和值域。

函数的定义域是一目了然的，$x \neq -3$ 即可。但求值域时，不少学生想当然地认为只要 $x \neq -3$，分式就均有意义，所以 y 可为一切实数，这显然是错的。思维比较广的学生可借助于代数运算的经验，由对 x 的一切值，均有 $x-3 \neq x+3$ 而得出 $y \neq 1$ 的结论。

函数的值域是 $y \neq 1$ 的一切实数，这个结论是正确的，但没有得到其"形"的解释，总觉心中不踏实。如果重视了上述问题的几何意义，用描点法画出图像，则其定义域与值域就一目了然了。因为 $x = -3$ 与 $y = 1$ 正是这条双曲线的渐近线。

3. 重视三角问题的图形构造

在中学数学教学中，在解析几何中强调数形结合的多，而在三角函数问题中强调数形结合的却不多，这是一个明显的不足。在三角函数问题中除了前面已经提到过的应用单位圆和图像来研究三角函数的性质，证明基本公式（包括诱导公式，加法定理等）之外，还可以把平面几何和三角函数问题的知识结合起来，构造一些图形来解决三角函数问题。

例5 不查表，计算 $\sin 18°$。

【解法一】（应用倍角公式和三角方程）

因为 $\sin 36° = \cos 54°$，所以 $\sin(2 \times 18°) = \cos(3 \times 18°)$，

又得 $2\sin 18° \cos 18° = 4\cos^3 18° - 3\cos 18°$；

又 $\cos 18° \neq 0$，故变为 $\qquad 4\cos^2 18° - 2\sin 18° - 3 = 0$，

化简得 $\qquad\qquad\qquad 4\sin^2 18° + 2\sin 18° - 1 = 0$，

则 $\qquad\qquad\qquad \sin 18° = \dfrac{-2 + \sqrt{4+16}}{8} = \dfrac{\sqrt{5}-1}{4}$（只取正号）。

【解法二】（应用平面几何知识）

作等腰 $\triangle ABC$，令顶角 $\angle A = 36°$，底角 $\angle B = \angle C = 72°$，并作 $\angle B$ 的角平分线，交 AC 于 D，则 $\triangle BCD \backsim \triangle ABC$，故 $\dfrac{AB}{BC} = \dfrac{BC}{CD}$。设 $AB = 1$，$AD = BD = BC = x$，则有 $\dfrac{1}{x} = \dfrac{x}{1-x}$，即 $x^2 + x - 1 = 0$，解得 $x = \dfrac{-1+\sqrt{5}}{2}$，则 $\sin 18° = \dfrac{\sqrt{5}-1}{4}$。

6.3.6 掌握类比的思维方法，防止"想当然"

类比是应用广泛的思维方法，也是由旧知识向新知识开拓的一种主要途径。如果教师在教学中有意地且尽可能地运用它，使学生注意到新旧知识间的联系，则可以大大巩固和加深学生对各类基本知识、基本概念、基本方法的理解和掌握。

如：在有了" $a > 0$，则有 $a + \dfrac{1}{a} \geq 2$ 成立"这个结论之后，在对数中便可类比地引入"若 $a > 1$，$b > 1$，就有 $\log_a b + \log_b a \geq 2$ 成立"的结论，在三角函数中便可引入" a 属于第一、三象限时，$\tan \alpha + \dfrac{1}{\tan \alpha} \geq 2$"的结论。这样，在不同阶段反复熟

悉这个基本不等式，不但了解了这个不等式的广泛用途，也加深了印象和记忆。可见类比的思维方法应该得到提倡。但是在教学实践中，却可以看到部分学生有许多"想当然的类比"。常见的如：$\lg(a+b)=\lg a+\lg b$，$\sin 2x+\sin 3x=\sin 5x$ 等。

显然，这是由于把乘法分配律 $a(b+c)=ab+ac$ "推广"到新范围里得来的。错误是明显的，也是本质的。因此教师在教学中应像打防疫针那样，主动地提出此类错误，而不必等发现了错误再去纠正。在讲述了对数的积、商、幂、根的一系列展开式后，可以问："遇到 $\lg(a+b)$ 时，怎么办？"从而使学生明白地认识到 $\lg(a+b)\neq\lg a+\lg b$。此时再强调 $\lg$ 与（$a+b$）不是相乘，前者只是一种特定的对应法则的记号。对数作为"计算科学的有力的杠杆"是因为它可以简化各类运算，而最简单的运算就是加法，因此遇到加法 $a+b$，再去取对数，是没有意义的。这样一段对对数的描述，在学生认识到 "$\lg(a+b)=\lg a+\lg b$" 的错误之后，将会留下较深的印象。类似地，出现 "$\sin 3x+\sin 2x=\sin 5x$"，也是由于没有认识到 $\sin$ 与 $3x$ 之间的关系，而由乘法分配律"想当然"地"类比"出来的，为此，在讲述加法定理之前，就可以先让学生判断 $\sin 30°+\sin 60°\neq\sin 90°$，而得出结论 $\sin(\alpha+\beta)\neq\sin\alpha+\sin\beta$，从而在讲述和差化积时避免出现 $\sin 3x+\sin 2x=\sin 5x$ 一类的错误。

上述这类"想当然"的错误，在学生中有一定的普遍性。这种由旧知识"想当然"地引出"新知识"，是教育心理中的"负迁移"现象。正确的类比，能开拓知识范围，这是"正迁移"。教师的作用是在思维方法的训练中，努力做到"扬正抑负"。

总之，在习题课中，应向学生强调正确运用类比，促进代数、几何、三角函数之间相互渗透，从而丰富解题的思路和方法。

6.4　数学创造性思维能力的培养

6.3 节研究了数学教学过程中数学思维训练的一些途径，数学思维能力培养在数学教学中显得尤为重要。这节我们重要研究数学创造性思维能力的培养。

6.4.1　创造性思维

学习贵在创新。由于科学技术的发展日新月异，知识经济已初见端倪，竞争日趋激烈，所以造就高素质的人才势在必行。研究学生思维创造性的发展是信息时代赋予教育工作者的一项重要的任务。

1. 创造性思维的含义

所谓创造性思维，就是"创新过程中的思维活功"，即只要思维的结果具有创新性质，这种思维（过程）就是创新思维。它包括发现新事物、揭示新规律、创造新方法、建立新理论、解决新问题、获得新成果等思维过程。广义的创造性思维是指思维主体有创见、有意义的思维活动，每个正常人都有这种创造性思维。狭义的创造性思维是指思维主体发明创造、提出新的假说、创建新的理论、形成新的概念等探索未知领域的思维活动，这种创造性思维是少数人才有的。

2. 创造性思维的基本特征

1）思维的广阔性是指创造性思维极少受原有框框的束缚，能够全面、系统、周密地思考问题，把思路引向比较广阔的领域，在时空中大幅度地搜索答案或目标。这种思考的广阔性打破了常规性思维那种自我封闭、局限于原有经验的狭小领域，可以从众多的领域中吸取有价值的信息和借鉴之处或从同一来源中产生各式各样的构想。

2）思维的灵活性是指创造性思维不受方向上的限制，能够灵活变换思路，善于将思维的角度回转、跳跃，不断把思路从一个方向移到另一个方向。在解决问题时，随机应变，不拘一格，经常变换思考角度，用多种思维方式"进攻"目标。逆向思维与发散思维比较典型地反映了创造性思维的这种灵活性。灵活在于思维角度不确定、思维模式不单一。

3）思维的洞察性是指创造性思维能有效及时地把握和领悟事物的本质，以小见大，敏锐地捕捉任何有价值的信息。许多科学家和发明家之所以取得众多的科学和发明成果，在很大程度上得益于他们比常人具有更强的洞察力。世上很多事物在平常人看来都是司空见惯的，而在他们眼里，却能透过表面现象中的细枝末节，认识和掌握它的重要所在。每个人在这方面表现出的能力是大不相同的，但这不等于洞察能力只赋予少数人。

4）思维的坚定性是指创造性思维对事物的本质有着深刻的理解，思维不会受偶然因素和权威们的影响而犹豫和动摇，能在逆境下坚持独立、冷静地思考。这方面的思维特性在很大程度上取决于发明创造者的个性和毅力。许多科学家和发明家都具有这方面的品质，这也是他们成功的一项基本素质。无论是进行科学探索，还是从事发明创造，思维的坚定性都是必不可少的。

5）思维的批判性是指创造性思维在认识事物和领悟某些权威性观点时所采取的慎重态度，不盲从，不随波逐流，敢于打破"常规"，勇于探索。在科学史上，无论是科学发现，还是科技发明，总是新的事物取代旧的事物，旧的理论让位给新的理论。所谓创造性思维就是具有批判意识，破除不合时宜的东西，不断地发展和创新。这种批判意识是建立在以客观事实和严密的理性基础上的，而不是盲从的、无根据的。

6.4.2 数学创造性思维能力的培养

江泽民同志强调指出："创新是一个民族进步的灵魂，是国家兴旺发达的不竭动力，一个没有创新能力的民族，难以屹立于世界先进民族之林。"可见，培养学生的创新精神和以创造性思维为核心的创造能力是社会发展的需要。

1. 创造性思维培养的一些技巧

（1）培养学生独立思考的能力

学习上的独立思考是培养学生创造能力的起点和关键。任何创造发明都离不开独立思考，都是从独立思考开始的。所以创造能力的形成，要从培养学生独立思考能力和习惯开始，要抓住独立思考这个关键。做到：打好基础，多做习题，肯动脑筋，深刻地了解定理、定律、公式的来龙去脉。再想一下，那些结论别人是怎样想出来的。遇到不懂或难懂的地方，自己想想看、做做看，想不出、做不出的时候，再请教老师，这样就可以逐步养成独立思考的习惯。

（2）引导学生动手实践，点燃创造思维的火花

教师只有让学生动手实践，才能激起学生的兴趣，给学生设计并营造"乐于创造"的氛围，数学教与学的过程才会有创造的"激流"，学生的视线方可穿透坚固的"围城"，思维才能冲出定势，各种奇思妙想的表露也就显得比较自然。

（3）引导学生大胆猜想，发展创造性思维能力

牛顿说过："没有大胆的猜想，就做不出伟大的发现。"数学猜想是数学由隐到显的中介。提出数学猜想的过程，本质上就是数学探索和创造的过程。因此，加强数学猜想的训练，对于发展学生的创造性思维具有十分积极的作用。在数学教学中，努力打破定势，可以将一些验证式习题变为探索性、开放性习题，积极引导、鼓励学生多思考、多探索、多尝试，从探索中发现创新性解法和证法，从尝试中寻求解决问题的新方法。

（4）引导学生敢于质疑，促进创新思维发展

数学质疑，是指在数学学习中，不盲从，不唯上，不唯师，不唯书，只唯实，敢于对权威的观点提出异议，发表不同的见解，说出自己的理由。质疑也是一种创造，是促进学生数学思维发展的巨大动力。在数学教学中，教师要引导学生提出质疑，更要善于对待学生的质疑。

（5）合理运用各类有利于自主创新学习的教学方法、模式和活动策略

发展学生主体性和创新能力，既要灵活合理运用各类引导学生自主创新学习的教学方法，如体验学习教学法、发展问题教学法等，在教学方法上把抽象思维训练与形象思维训练、发现思维训练与复合思维训练有机结合起来，并根据教学实际需要不断进行调整、更新和整合，又要注重构建多维度的创新性课堂教学模式，把接受性、主体性、活动性、问题探究性等自主创新性教学模式根据教学实际和需要有机结合起来，通过教学模式的优化，改变过去教师独占课堂、学生被动接受的单一的教学信息传递方式，促进师生间、学生间的多向互动和认知与情感和谐互动教学关系的形成。

（6）数学灵感——人类创造性活动的神妙之花

从认识的过程看，灵感是一种突变性的创造活动。它一经触发，就会使感性认识突然升华为理性认识。从认识的结果看，灵感是一种突破性的创造活动。它能冲破人的常规思路，为人类创造性思维活动突然启开一个新的境界。爱因斯坦有过这样一个神奇经历，一天，他坐在伯尔尼专利局内的椅子上突然想到：假设一个人自由落体时，他绝不会感到自身的重量。他吃了一惊……这就是他创立引力论的灵感。

逆向思维能力是创造性思维能力的主要组成部分，可见逆向思维能力的培养尤为重要。

2. 逆向思维能力的培养

所谓"逆向思维"，是指与原先思维相反方向的思考与研究，也正因为如此，在国外关于数学思维的现代研究中，有时就把这种思维形式称之为"逆转"。在教学过程中，我们可以适当运用逆向思维解决问题。

（1）定义的逆向运用

在概念学习中要明确：定义具有"可逆性"。例如"使方程左右两边的值相等的未知数的值叫作（是）方程的根"，那么就有"方程的根是使方程左右两边的值相等的未知数的值"。适当利用定义的"可逆性"，可使解题灵活简捷。

例 6　设 $f(x) = 4^x - 2^{x+1}$，求 $f^{-1}(0)$。

分析：常见的方法是先求反函数 $f^{-1}(x)$，然后再求 $f^{-1}(0)$ 的值，但只要我们逆用反函数的定义，令 $f(x) = 0$，解出 x 的值即为 $f^{-1}(0)$ 的值，$f^{-1}(0) = 1$。

（2）公式的逆向运用

在公式的学习中，要注意从正反两方面来运用它们，这样不仅有利于深入领会公式，而且能达到解题灵活迅速并且减少运算量的目的。

例 7　化简 $\cos^3 A+\cos^3\left(\dfrac{2\pi}{3}+A\right)+\cos^3\left(\dfrac{2\pi}{3}-A\right)$。

分析：此题如果用和差角公式后再三次方，则运算量太大，但我们只要联系与三次方有关的三倍角公式 $\cos 3A=4\cos^3 A-3\cos A$，通过变形逆用三倍角公式。有 $\cos^3 A=\dfrac{1}{4}(\cos 3A+3\cos A)$，这样就可以使原式降次，然后用和差化积公式，就能很快得出结果 $\dfrac{3}{4}\cos 3A$。

（3）定理的逆向运用

在定理教学中，应特别强调一个命题成立，但它的逆命题不一定正确，但又必须防止学生误解为不能逆用定理。逆叙述或逆运用定理对培养学生的逆向思维有重要作用。对于一个定理，应引导学生探究其逆命题的真假，使学生理解和掌握数学中的许多定理。如勾股定理、一元二次方程根的判别式、韦达定理等其逆命题都成立且应用广泛。

例 8　已知实数 x，y，z 满足 $x=6-y$，$z^2=xy-9$，求证：$x=y$。

本题用韦达定理的逆定理和一元二次方程根的判别式定理的逆定理可获解。

证：由已知得 $x+y=6$，$xy=z^2+9$，根据韦达定理的逆定理，x，y 可看作一元二次方程 $t^2-6t+z^2+9=0$ 的两根。x，y 为实数，利用根的判别式逆定理，得 $\Delta=(-6)^2-4(z^2+9)=-4z^2\geq 0$，而 $-4z^2\leq 0$，所以 $z=0$，从而 $\Delta=0$，故方程有两个相等实数根，即 $x=y$。

（4）分析题中的逆向运用

在解题时，采用反常规法，逆向转换就是反过去想，它对思维定向的指导意义是：当沿着一个方向进行思维难以奏效时，通过逆向思维往往就能解决问题。例如，在数学学习中存在许多矛盾的转化，如"由因导果"与"执果索因""化数为形"与"化形为数""化整为零"与"化零为整"，以及"化未知为已知"与"化已知为未知""化特殊为一般"与"化一般为特殊""化确定为不定"与"化不定为确定""化相等为不等"与"化不等为相等"等。

例 9　已知正数 a、b、c 成等差数列，求证：a^2-bc，b^2-ac，c^2-ab 也成等差数列。

分析：要证原结论成立，只需证 $2(b^2-ac)=a^2-bc+c^2-ab$，即 $2b^2+(a+c)b=(a+c)^2$，而 $2b=a+c$，所以上式成立，所以原结论成立。

（5）证明题的逆向运用（反证法）

反证法就是假设结论的反面成立，由此推导出与题设、定义、公理相矛盾的结论，从而推翻假设，肯定结论的证明方法。这种应用逆向思维的方法，可使很多问题处理起来相当简捷。初中数学中的否定性命题、唯一性结论大多是用这种方法证明，如"一个三角形中不能有两个直角""过同一直线上的两点不能做一个圆"等。

例10　设 $f(x)=x^2+ax+b$，求证：$|f(1)|$，$|f(2)|$，$|f(3)|$ 中至少有一个不小于 $\dfrac{1}{2}$。

分析：此题直接证比较困难，但用反证法则较为简便。

假设 $|f(1)|<\dfrac{1}{2}$，$|f(2)|<\dfrac{1}{2}$，$|f(3)|<\dfrac{1}{2}$，所以 $|f(1)|+2|f(2)|+|f(3)|<2$，

而

$$|f(1)|+2|f(2)|+|f(3)|=|f(1)|+2|-f(2)|+|f(3)|\geqslant$$
$$|(1+a+b)+2(-4-2a-b)+(9+3a+b)|=2，$$

矛盾，所以假设不成立，故原结论成立。

思考题 6

1. 如何理解数学能力的概念？
2. 数学思维的特性和品质是什么？
3. 数学思维是如何分类的？
4. 简单说明数学思维训练的一些途径。
5. 在数学教学中如何培养创造性思维能力？

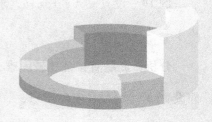

第 7 章

中学数学课堂教学方法和教学模式

　　一直以来，数学教育改革从未停止脚步，对数学教学方法和教学模式的研究成了数学教育工作者和一线教师关注的热点问题。数学教学模式是数学教育观念指导下的数学教学原则的体现。本章我们介绍数学课堂教学方法的定义和课堂教学的常见教学方法，探讨中学数学课堂教学模式的原则和策略，并介绍几种常见的数学教学模式。

7.1　中学数学课堂教学方法

众所周知，课堂教学是教学的主要形式，课堂学习是学生获得知识与技能的主要途径。因此，教学质量的好坏，将主要取决于课堂教学质量。笔者认为，激起学生的学习兴趣、优化课堂结构、改进教学方法、重视数学机制教学等，是提高中学数学课堂教学质量的有效途径。

7.1.1　教学方法概述

1. 什么是数学教学方法

对于教学方法，一方面是师生共同进行的认知活动，既要研究教的活动，又要研究学的活动；另一方面，教学方法又是由一定的教学模式所组成的活动方式。当今教育家们较一致的看法是：数学教学方法是为达到数学教学目的、实现教学内容、运用教学手段而进行的以教师为主导、学生为主体的师生相互作用的活动。

人们常说"教学有法，但无定法；教学有格，但不唯格"，重要的是要依据实际情况，合理运用教学方法。从这个角度来说，教学方法的选择和运用是一门艺术，是具有创造性的活动。

一般来说，构成教学方法的基本要素是：读、讲、练、看、想、问。读是指导学生阅读材料，培养学生的自学能力；讲是教师进行启发引导，或学生回答问题；练是让学生主动、独立地练习；看就是引导学生进行观察，培养学生的观察能力；想就是让学生独立猜想、思考问题；问就是教师或学生提出问题，揭露矛盾。根据教学中运用读、讲、练、看、想、问的侧重点不同，而形成不同风格的教学方法。

2. 教学方法的实质

教学活动是教与学的双边活动，包括了教师的教和学生的学，所以教学方法就包含了教法（教授方法）、学法（学习方法）、教与学的方法以及教学方法。

从本质上看，教学方法就是为了达成一定的教学目标，教师组织学生进行专门内容的学习活动所采用的方式、手段和程序的总和；它包含了教师的教法、学生的学法和教与学方法。教法，是教师为完成教学任务所采用的方式、手段和程序；学法，是学习者在一定条件下获得知识、形成技能、发展能力和发展个性过程中使用的方式；教与学方法，是指在教学过程中教师为了完成教学任务所采用的工作方式和学生在教师指导下的学习方式的总和。

3. 教学方法与教学内容的关系

教学内容是教师传授给学生的知识、技能、技巧、思想、观点、信念、言语、行为、习惯的总和。在西方则一般是指"进入学校教学活动领域的文化"。具体是指"一门学程中包含的特定事实、理念、原理和问题等"。

实际上，学生的学习就是教学内容内化为学生发展成果，同时又外显或外化为特殊经验与行为变化的过程，这是一个从外到内又由内向外的过程，它是不会自动完成的，必须借助于一定的教学方法。不同的内容，是以作为学习主体的学生的身心发展水平为依据的，小学生有小学生的特定内容，中学生有中学生的特定内容。既然教学方法是以儿童的学习规律为依据，以学生学习规律为依据选择的教学内容，就自然成了教学方法的依据。因此，一般而言，教学内容决定教学方法。反之，一旦教学方法选定之后，也会对教学内容产生重大的反作用。

7.1.2 确定实现数学教学方法的因素

众所周知，教是以学为目的的，没有了学，也就无所谓教。作为一名优秀的数学教师，应懂得传授给学生的是知识信息，而不是知识本身。因为，只有当新知识与学生原有知识体系或认知结构发生共鸣或顺应、内化时，知识才被学生所接受，从而形成新的认知结构，也只有这时知识对于学生才会是有意义的。基于此，数学教学方法的确定，应从以下几个角度加以考虑。

1. 教学目标因素

数学教学方法的选择，应以达到教学目标为目的，无论什么样的教学方法，都应服从于、服务于特定的教学目标要求，脱离教学目标的教学方法是没有意义的。教学目标对数学教学方法确定的影响可分为两个层次：一是每节课的具体目标要求，其对教学方法确定的影响是直接的、外显的；二是作为教师整个教学思想重要组成部分的教学目标观念，其对教学方法确定的影响是较长期的、内在的。而每节课具体目标的达成，也会直接影响到最终课程目标的实现。在教学实践中，一些数学教师对于教学目标的设计不够合理，这也会直接影响到教学方法的选择。

2. 教学内容的因素

任何教学方法都是通过特定的教学内容而表现出来的，教学内容是教学方法得以展现的载体。离开了教学内容，也就无所谓教学方法。事实上，同一教学方法作用在不同的教学内容上时，其展现形式也有其特殊性。因此在选择教学方法时，要充分考虑具体的教学内容，同时，根据不同的教学内容设计教学方法的具体实施，从而取得良好的教学效果。

3. 学生的因素

教学面向的对象是学生，因此在选择教学方法时，除了需要考虑上述的教学目标和教学内容之外，还应充分分析学生这一重要因素。我们所熟知的"因材施教"就已经明确告诉我们，在教学中应根据"材"，即不同学生的年龄特征、认知水平、学习基础情况、学习能力等，去选择适合的"教"，即教学方法，从而促进不同学生的发展，取得理想的教学效果。

关于对学生因素的考虑，我国古代文献中，早有记载。在我国古代最早的教育文献《学记》一书中，提到："学然后知不足，教然后知困。知不足，然后能自反也，知困，然后能自强也。故曰，教学相长也。"这里所说的"学"包括复习、判断、再认识；"教"意味着对先前认知的提取和加工。"自反"和"自强"说明认知在教和学过程中的作用。《学记》中还提到：学者有四失，教者必知之。人之学也，或失则多，或失则寡，或失则易，或失则止。此四者，心之莫同也。知其心，然后能救其失也。教也者，长善而救其失者也。"这里也明确指出，教师应了解不同学习者的心理特点，从而帮助学生克服不足。

4. 教师教学能力的因素

教师自身的课堂教学能力也是影响到教学方法选择的重要因素。教学方法主要是以教师为主导而进行的活动，因此教师在确定教学方法时，首先应保障这种方法是自身能力可以理解和很好驾驭的，教师有能力使所选择的教学方法在教学过程中发挥其应有的作用。当然，教师也应不断提升自身能力，从而能够游刃有余地使用多种教学方法。

教师的教学能力主要包括教师课堂教学的思维能力、表达能力与组织管理能力，教师课堂教学的设计、评价能力，教师课堂教学的研究能力等。

综上所述，数学教学方法的确定需要综合考虑教学目标、教学内容、学生的生长环境、认知特点、教师自身教学能力等各种因素，当然，在实际教学过程中还应根据实际情况，比如网络信息条件、学生人数等各种因素，来选择恰当的数学教学方法。

213

7.1.3　传统的数学教学方法

中学数学课程在长期的教学实践中，形成了一些具有自身特点的教学方法，随着中学数学教学内容的变革和时代的进步，这些教学方法也不断地被发展和改进，始终成为中学数学教学方法中重要的组成部分。因为这些方法由来已久，因此人们称其为"传统的教学方法"，主要包括以下几类：

1. 讲解法

（1）讲解法的含义

讲解法是教师通过简明、生动的语言向学生系统地传授知识、发展学生智力的方法。在这种教学方法中，教师通过对教材内容进行系统概括和讲解来传授知识，学生通过接受性的学习来完成对自身知识体系的重构。

（2）讲解法的基本要求

1）注意数学语言的精确性和逻辑性。如"增加了"和"增加到"，一字之差，含义完全不同，这就要求数学语言一定要严谨，正确使用专业词汇。同时，教师还要掌握教材的逻辑性，课堂教学遵循知识体系的逻辑关系，合理安排教学内容，帮助学生更好地掌握教材内容。

2）注意体态语的运用。教学中的体态语包括手势、体态动作、表情、眼神等，是传递信息、增强语言表达效果的手段。心理学调查表明，一条信息的表达，除了语言的准确描述，声调和表情甚至起着更重要的作用。因此讲解教学法的运用，也应借助一些手势、表情等体态语来帮助知识的准确传递。

3）讲解要注意从具体到抽象。众所周知，数学具有高度的抽象性，教学中注重具体到抽象的原则就显得尤为重要。为了调动学生的学习积极性，吸引学生的注意力，在讲解法中可以配合直观演示或联系学生生活中的实例进行，使学生在感性认识的基础上形成概念、掌握新知识。

4）讲解要注意启发性。

（3）讲解法的特色

讲解法的优点是，它能保证教学中所讲授知识的准确性、流畅性和连贯性，提高信息传输的密度。在教学过程中，教师不仅能系统地将知识传授给学生，并且能够很好地把控教学节奏和教学时间。

作为一种传统的教学方法，讲解法也有其局限性。这种方法主要以教师讲授为主，学生参与度低，容易造成学生只是被动接受的局面，一方面学生很难干预教师传递知识的性质、速率和数量，另一方面教师也很难判断学生的接受情况，从而影响教学效果。另外讲解法也容易使学生产生依赖心理，不利于学生独立自主学习能力和创新能力的培养。

2. 谈话法

（1）谈话法的含义

谈话法也称问答法，是教师通过师生对话的形式进行教学，引导学生主动获取新知的一种教学方法。谈话法的运用，通常是教师根据所讲授的教学内容，提炼出若干个逻辑清晰、逐渐深入的问题，学生通过积极主动思考，在回答这些问题的过程中逐步深入理解所学内容的过程。在这个问答的整个过程中，教师需要纠正学生回答的错误，同时帮助学生答疑解惑，从而达成教学目标。

（2）谈话法的基本要求

1）谈话前做好充分的准备。教师在备课时就应拟出提问的提纲，准备好提问的问题，提问的对象，列出学生可能的答案，对应不同的学生解答应如何进一步做好启发引导等。另外对谈话所需要的时间等也要做好计划和把控。

2）谈话时灵活、全面。设计的问题力求做到明确、具体、难易适中，要具有启发性，并能够引发学生思考。问题不宜仅限于有固定标准答案的记忆题，要善于由浅入深，由易到难地提出问题，逐步引导学生得出科学准确的结论。谈话的对象要全面，照顾到全体学生，使得所有学生都能够积极准备，参与到课堂教学中来。对于不同基础的学生，提出的问题也应有所区别，做到因材施教。

3）谈话后进行小结。对同学的回答做出科学的评价，对回答好的学生要给予鼓励，对不准确的回答予以及时纠正，确保学生掌握的知识系统、准确。

（3）谈话法的特色

谈话法是师生之间信息双向交流的过程，一方面教师通过提出的问题引发学生思考，同时通过学生的回答获得一定的教学反馈。另一方面学生通过教师对其回答做出的评价和指导，可以认识到自己的优势和不足。在这一信息交互的过程中，师生均根据获得的反馈信息不断调整和改善教与学的策略。这一过程能够充分调动学生的思维活动，有利于发展学生的语言表达能力，使学生在积极思考中掌握知识。

谈话法也有其不足之处，即教学过程与教学时间不易把控，有时会影响教学计划的完成，并且当学生数量较多时不易采用。

3. 讲练结合法

（1）讲练结合法的含义

讲练结合法是教师与学生共同活动的一种教学方式，即在教师的调控下，采用讲、练结合方式，使学生获得新知识，巩固旧知识，培养基本能力的过程。讲练结合法分为以练带讲、讲练同步、以讲导练三种形式。

215

（2）讲练结合法的几种形式

1）以练带讲。基本要求是：一是适用性，即练习设计必须符合课程标准所规定的教学要求，符合学生的学习实际；二是发展性，即在练习设计中体现"最近发展"的思想，最大限度地促进学生的思维发展；三是具有一定的层次性。

2）讲练同步。讲练同步即在教学中一边讲解一边练习，运用讲练同步的教学方式意味着教学的信息输出、信息反馈、强化矫正同步展开；意味着讲的过程与练的过程的合一；意味着教师在学生练的过程中讲，学生在教师讲的过程中练。

3）以讲导练。这种形式是讲练结合法中最常用的形式。其基本要求是：教师先讲清楚基本概念和基本知识，再结合教学要求设计问题，让学生练习。

（3）讲练结合法的特色

讲练结合法是师生的双边活动，讲与练紧密结合。一方面教师可以对新知识进行准确、详细的分析，另一方面学生也能够积极思考、同步练习，其优点是效率高，便于发现问题和反馈信息，并根据实际情况及时调整教学节奏。它也是目前中小学数学教学中采用的最为普遍的教学方法之一。

讲练结合法使师生的双向活动得到充分发挥，使学生既动脑，又动手，有利于发现问题，反馈信息，便于及时调整教学节奏。所以它也是目前中学数学教学中最为普遍采用的一种教学方法，特别是侧重于数学思想和方法以及能力培养的课题，在教学时宜采用讲练结合法。一般说来，随着学生年龄的增长，讲练所占的比重有所不同，初中阶段应练多讲少，而高中阶段则应讲多于练。

4. 讨论法

（1）讨论法的含义

讨论法是在教师指导下，学生为解决某个问题，以班级或者小组为单位，通过相互之间的启发、讨论和交换意见，辨明真伪，从而获取知识的教学方法。讨论法的基本形式是学生在教师的指导下，经过独立思考和相互交流进行学习。

（2）讨论法的基本要求

1）讨论前做好充分准备。这里包括明确讨论的主题和讨论的具体要求。对于讨论的主题，一方面，主题应具有讨论价值，讨论内容应当是教学内容中比较重要的事实、概念、原理等；另一方面，注意讨论问题的难易适度，过于简单的问题难以激起学生的学习热情，过于复杂的内容则容易挫伤学生的积极性。提出讨论的具体要求，方便学生在教师的指导下目标明确地查阅相关资料。

2）讨论中引导学生积极参与、把握方向。讨论法是一种师生全面参与的教学方法，为避免一些学生只倾听、不参与讨论的情况，教师应全面巡视，鼓励学生积极参与，让每个学生都有表达自己想法的机会。在讨论遇到障碍、深入不下去时，教师应适当点拨，在讨论脱离主题时加以提醒。善于肯定学生的各种观点，做引导者，让学生通过畅所欲言的讨论，得出正确答案，而不是急于否定学生，使得学生不愿甚至不敢表达自己的想法。

3）讨论后及时总结。教师应当处理在讨论结束时遇到的问题，总结讨论的整体情况，帮助学生总结和整理，使学生获得准确的知识。

（3）讨论法的特色

讨论法的特色在于可以打破课堂上"教师讲、学生听"的界限，通过发展水平相近的学生共同讨论，能够调动学生的积极性和主动性，培养学生的语言表达能力，容易激发兴趣、活跃思维，培养学生独立思考的能力和合作精神，有助于他们学会倾听和思考，学会判断和甄别，促进思维能力的发展。当然讨论法也有其局限性，就是容易造成学生讨论积极性过高，使得教学过程不易控制，时间不易控制。

5. 演示法

（1）演示法的含义

演示法是教师在课堂上通过展示各种实物、直观教具，或进行示范性实验，让学生通过观察获得感性认识的教学方法。这是一种辅助性教学方法，要与讲解法、谈话法等教学方法综合使用。常用的演示手段大体有两种：一是实物或模型的演示，目的在于使学生获得外在的感性认识；二是利用幻灯片或其他信息技术手段模拟，演示事物变化的过程等，使抽象理论具体化。演示法通常配合讲授法、谈话法等方法一起使用。

（2）演示法的基本要求

1）课前做好演示准备。根据教材和教学大纲的要求，明确演示目标和关键内容。认真检查教具以及计算机环境，课前完成预演，确保演示过程的准确无误，了解演示成功的关键，避免在实际教学中出现演示故障或演示失误。

2）注意演示过程清晰准确、重点突出。教师的演示过程应使全部学生清晰地观察到完整过程，便于学生把握重点，帮助学生理解所学新知识。

3）演示过程尽可能多地调动学生多种感官参与，使学生从视觉、听觉、触觉等多角度感知事物，从而丰富学生的感性认识，增强演示的效果。

4）演示过程配合讲授法、谈话法等教学方法。帮助学生通过表象看本质，从感性认识上升到理性认识。

5）演示法的使用应适时、适当，避免过度使用。要使演示教学为掌握理论、形成概念服务，过早过多的演示会分散学生学习的注意力，降低教学效果。

（3）演示法的特色

演示的特色在于加强教学的直观性，它不仅是帮助学生感知、理解基本知识的手段，也是学生获得知识、信息的重要来源。

6. 范例教学法

（1）范例教学法的含义

范例教学法就是选取一些在所教授知识领域中具有代表性的、最基础、最典型的例子，让学生通过对这些范例的学习，从特殊到一般，实现学习的迁移，掌握这一类知识的一般规律，并能积极主动地去发现问题、分析问题和解决问题，从而获得自主学习的能力。

（2）范例教学法的基本要求

范例教学法要求在教学内容上坚持三个特性，即基本性、基础性和范例性。这三条特性在选择范例的时候同样适用。

1）基本性。即教给学生的教学内容应该是（或者选择的范例应该包含）一门学科的基本概念、基本原理和基本规律等基本要素，能够反映该学科的基本结构。

2）基础性。指从教学对象的基本经验出发，即教学内容的选择应充分考虑教学对象的知识水平、智力发展水平和已有的知识经验积累等，使学生在学习过程中获得进一步的经验积累，并与他们的真实需要和未来发展密切相关。

3）范例性。指经过精心选择的教学范例内容应满足基本性和基础性原则，同时这些范例应具有一定的代表性，即学习者通过学习这些范例，能够容易地举一反三、触类旁通，实现学习迁移和将所学知识应用于实际，启发学习者独立思考并提高判断、分析、解决问题的能力。

（3）范例教学法的特色

把范例作为传授知识的工具，是范例教学法的主要特点。即学习者通过对典型范例这种"特殊"的学习，来获得同类"一般"规律的掌握，进而通过自主学习认识自我，了解世界，这一方法符合人类认识事物的规律。当然，范例教学法要求教师熟悉教材并对学生有足够的了解，这也是这一方法顺利实施的关键。

7.1.4 素质教育下的数学教学方法

随着社会的发展，尤其是网络信息技术的飞速发展，同时为了适应教育发展的需要，近年来，教育教学理论处于不断的改革和发展中，新课改也明确了未来课程教学的发展方向——以学生思维的发展、素养的提升为根本目标。在这些理论的指导下，数学教学方法有了较大的改革和创新，下面介绍两种新的教学方法。

1. 情境教学法

（1）情境教学法的含义

对于情境教学法，并没有统一的定义。Brown 等人最早提出情境教学的概念，他们认为个体若想使所获得的知识有意义，就必须让其活跃在产生和应用的情境中。张新华认为情境教学是一种有效的教学方法，这种教学方法在具体教学目标的指引下，以教学需要和学生学习的实际需要为基础，通过创设鲜活生动的场景或氛围，激活学生强烈的求知欲，从而帮助教师取得最佳的课堂教学效果。

（2）情境教学法的基本要求

1）教学情境的设计要符合学生的认知水平。数学课程教学中的问题情境，可以是学生熟悉的生活情境，也可以是实验情境、习题情境等，无论是哪种问题情境，都应建立在学生现有的知识、经验和认知发展水平之上，使学生的知识体系经过重组后得到新的发展。

2）教学情境的设计应具有趣味性。美国教育学家布鲁诺说：学习的最好刺激，是对所学材料的兴趣。数学课程内容难免抽象，通过问题情境的设计激发学生的学习兴趣，是激发学生学习动力的有效途径。

3）教学情境的设计应具有启发性和探究性。设计的问题要能够激起学生主动探究的意愿，同时也要注意留给学生探究的空间，使得学生有意愿、有能力去主动探索和学习。

（3）情境教学法的特色

情境教学法趣味性强、能够突出学生的主体性、体现数学的应用性，贴合数学课程改革的重要理念，在中小学数学教学中有着广泛的应用。

2. 问题驱动教学法

（1）问题驱动教学法的含义

问题驱动教学法是一种以学生为主体、以专业领域内的各种问题为学习起

219

点，以问题为核心规划学习内容，让学生围绕问题寻求解决方案的一种学习方法。教师在此过程中的角色是问题的提出者、课程的设计者以及结果的评估者。

（2）问题驱动教学法的基本要求

1）要有明确的目标。问题设计必须紧紧围绕教学目标，教师要尽量了解教材和学生的具体情况，设计的问题要明确。

2）由浅入深。在设计问题时，要给学生以清晰的层次感，由易到难，以便增强学生的自信心，激发学生的学习兴趣，促使学生积极思考。

3）难度适当。过于简单的问题难以激发学生的兴趣，但如果问题太难，学生就会望而生畏。

4）面向全体学生。在设计问题时，要注意调动每一个学生的学习积极性，力争让每个人都有发挥和表现的机会，做到人人能参与、人人有收获。

（3）问题驱动教学法的特色

问题驱动教学法是一种以问题为主线，以学生为主体、以教师为主导的教学方法。贯穿教学始终的问题具有阶梯性、趣味性和研究性的特色。

以上介绍的是在数学教育教学理论发展过程中发展起来的新的教学方法，除此以外，还包括自主教学法、程序教学法等方法，这些教学方法在新课程改革背景下，对于培养全面发展的创新型人才具有重要的作用。

7.2　中学数学课堂教学模式的原则和策略

教学模式的合理运用有益于提高教师的教学技能和课堂的教学效率。基础教育要完成从"应试教育"向"素质教育"转变，在数学教学中着力培养学生的自主学习能力、应用能力和创新能力等，不断深化数学教育教学改革，构建中学数学课堂创新教学模式势在必行。然而，到底何谓教学模式？其特点和构建策略有哪些？

7.2.1　教学模式的概念

关于教学模式的概念，一直没有统一的说法。国内对教学模式的概念主要有四种：第一种认为教学模式是教学活动的范型；第二种认为教学模式是教学过程的模式；第三种认为教学模式是一个系统的整体，它不仅是一种结构或流程，而且完整的教学模式至少包括理论基础、教学目标、教学程序、辅助条件、评价标准五个要素；第四种认为教学模式是教学理论和教学方法与策略的重要中介。谭明严等认为，教学模式是建立在一定的教学理论指导下和丰富的教学实践经验基础上，为设计和组织教学而形成的一套较为稳定的教学活动结构框架和活动程序。"结构框架"，意在凸显教学模式从宏观上把握教学活动整体及各要素之间内部关系的功能；"活动程序"，意在突出教学模式的有序性和可行性。

7.2.2　构建素质教育课堂教学模式的原则

1. 目标性

没有哪一种教学模式是普遍适用的，任何一种教学模式的选择和运用，都应以实现特定的教学目标为前提。即任何一种教学模式的评价，都不应脱离教学目标，只要能够充分达成特定的教学目标，就是有效的教学模式。在实际教学过程中应注意教学模式对教学目标的适应性，选择特点和性能都合适的教学模式。

2. 操作性

教学模式是教学理论应用于教学实践的中介，这也就决定了教学模式不应只是理论层面上的教学思想，而是具有可操作性的指导性方法。它为教师提供教学行为具体的指导，让教师在授课时有章可循，方便教师理解和运用。

3. 完整性

教学模式的完整性是指教学理论和教学实践应保持一致，力求整合统一。一方面保证结构完整，另一方面其理论和操作指导达成统一，做到理论指导行为，行为诠释理论。

4. 稳定性

教学模式的稳定性，是指它是大量教学实践活动的总结和理论概括，在某种意义上揭示了教学活动具有的普遍规律。一般来说，教学模式对不同学科均具有指导意义，这就体现出它的稳定性。

5. 灵活性

受政治、经济、文化、科学、教育水平的影响，又区别于科目、教学内容、施教者、受教者等因素，在具体实施过程中，教学模式的呈现也具有多样性，体现教学模式的灵活性。

221

7.2.3　构建素质教育课堂教学模式的策略

1. 从理论上着眼，避免过于具体化

对于教学模式的认识，一种误区在于将教学模式简单等同于教学环节或教学

步骤。即便教学模式在课堂教学的实施过程中是通过教学环节与教学步骤展现出来的，我们也不能认为教学模式就是教学步骤和环节。事实上，教学模式的关键在于教与学双边活动及活动的方法。因此在构建教学模式时，应从理论上着眼，重视教学活动及其方法，避免过于具体的环节和步骤的规定。

2. 注重模式群的构建和优化组合

教学既是一门科学，又极具艺术性，它并不是一成不变的。为了能够有效推进教学，更好地指导教学，教学模式的构建应成模式群系，一个主体模式与其相关的许多子式和变式构成一个模式组，多个模式组形成一个模式群。教学是一个非常复杂的系统，只凭单一化的模式不可能解决复杂的教学问题，只有针对不同的教学实际情况，用多组甚至多群教学模式协同驱动，才能有效地推动教学进程。

3. 注重质量，强调实用

教学模式实施的目的在于指导教学，达成教学目标，取得更好的教学效果，因此教学模式应强调其实用性和质量，而不是仅追求形式的漂亮。要反对把模式当作追求环节和步骤的趋同。

4. 求其有序，易于操作

教学模式对教学的作用除了理论上的指导外，更应重视其可操作性。根据教与学双边主体需求及对模式的认同趋向加以改造，而不是从一个模式到另一个模式的简单取舍。因此，在构建教学模式时，有必要充分考虑情感在模式中的润滑作用。只有具有充分情感性的教学模式才是活的教学模式，而没有情感因素的教学模式只不过是一些教学因素的堆砌。

5. 加强对学的研究

建构主义认为教学是激活学生原有的相关知识经验，促进学生的知识构建活动，以实现知识经验的重新组织、转换和改造的过程。因此在教学中应以学生为主体，培养学生的自主学习能力。这也就要求在构建教学模式时，应注重因材施教，重视对学习内容、学习进程等的深入研究。

222

7.3 素质教育的中学数学课堂教学模式

随着教育改革的不断深化，一线教师在实践教学中构建了许多新的教学模式，数学学科也是如此。通过长期的课堂教学实践及调查研究，在众多教学模式中，遴选出几种在数学课堂教学过程中行之有效的教学模式，下面对这些教学模式进行总结。

7.3.1　发现式教学模式

1. 发现式教学模式的含义

发现式教学模式是由美国教育家布鲁纳提出来的，是指学生在教师的指导下，通过阅读、观察、实验、思考、讨论等方式，去发现问题、研究问题，进而解决问题、总结规律，成为知识的发现者。在这种模式的教学活动中，教师不再是简单的知识传授者，学生也不再被动地接受知识，学生将带着教师精心设计的问题去观察和探究，并在教师的指导下，成为问题的发现者。发现式教学模式的关键在于教师按照教学大纲要求，为达成教学目标，将教学内容划分为一系列发现过程，设计问题链。教师创设的问题情境应符合学生认知发展，使得学生能够通过独立探究获得智力的提升。

2. 发现式教学模式教学目标

发现式教学模式的目标在于使学生学习发现问题的方法，培养、提高创造性思维的能力；发展学生的探究思维能力，让学生从已知事实或现象中推导出未知，形成概念，从中发现事物发展变化的规律性，并培养学生的科学态度和独创精神，掌握科学研究的方法。其操作程序如图 7.3.1 所示。

图　7.3.1

3. 发现式教学模式的效能

1）可以提高学生智慧的潜力；

2）可以使学习动机从外部向内部转化；

3）有助于所学知识保持记忆；

4）学会发现的探究法。

发现式教学模式在一定教学条件下（如教材适合运用"发现法"，学生思维活跃，能力较强，对所学内容有一定知识储备等）是一种有效的教学模式，它能够充分调动学生的学习热情，培养学生主动探究的学习习惯和能力，使得学生在解决问题和获得新知识的过程中获得成就感，有助于发展学生归纳思维、直觉思维和迁移能力。当然发现式教学模式也有其局限性，如费时费力、适应面窄等。

7.3.2 自学—辅导教学模式

1. 自学—辅导教学模式的含义

自学—辅导教学模式是在教学过程中，学生在教师的指导下独立进行探索、研究，从而实现教学目标的各种教学形式。这种教学模式的特点体现了学生在教学中的主体地位，师生间充分互动，使学生能够积极主动地参与学习，在自主学习中学习新知识、掌握方法、培养习惯。

2. 自学—辅导教学模式的教学目标

1）培养学生的自学能力，包括独立阅读、思考、分析问题和解决问题的能力；

2）培养学生自主学习能力，养成良好的学习习惯；

3）发展学生思维水平；

4）提高师生互动程度和效果。

这一模式的基本操作程序如图 7.3.2 所示。

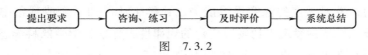

图　7.3.2

3. 自学—辅导教学模式的效能

1）有助于所学知识保持记忆；

2）培养了学生独立自主进行学习的能力；

3）培养了学生各学科间知识迁移的能力；

4）学会自学的探究法。

7.3.3 分层次教学模式

1. 分层次教学模式的含义

分层次教学模式是将学生按照一定标准（通常是学生的学业成绩、能力倾向）划分为不同的层次，给予不同的教学，实行与各层次学生的学习能动性相适应、着眼于学生分层提高的教学模式。通常情况下，分层是根据学生的实际情况动态调整的。

2. 分层次教学模式的教学目标

分层次教学模式依据因材施教原则，以教学大纲、考试说明为依据，根据教材的知识结论和学生的认知能力，将知识、能力和思想方法融为一体，合理制定各层次学生的教学目标，这一模式的教学目标可分为五个层次：①识记；②领会；③简单应用；④简单综合应用；⑤较复杂综合应用。对于不同层次的学生，教学目标要求不一样：A 组的学生达到①~③；B 组的学生达到①~④；C 组的学生达到①~⑤。

3. 分层次教学模式的效能

根据学生的数学基础、学习能力、学习态度、学习成绩的差异和提高学习效率的要求，结合教材和学生的学习水平，再结合学生的生理、心理特点及性格特征，将学生分成三层：A 层是学习有困难的学生；B 层是成绩中等的学生；C 层是学习很好的学生。在教学各个环节中施行分层次，不仅将教学目标层次化，而且课前预习课堂教学过程、课堂例题练习和作业、课堂小结也要层次化，真正实现教育民主化的思想。

（1）补偿认知缺陷

在教学新知识前，对各层次学生学习本节课新知识所必备的基础知识进行了解，并针对各层次学生存在的不同认知缺陷在课前或课中给予补偿。

（2）明确分层目标

根据大纲、教材的要求及内容，综合班级里各层次学生的已有水平，制定与各层次学生认知水平"最近发展区"相吻合的分层教学目标。

（3）分层讲授新知

对于新知识的教学，需要我们按照"认知的不平衡"，将认知目标分为不同的层次，使学生在层次不断深入的教学中完善、深化对该技能的掌握。

（4）自主作业，分层反馈

教师给各层次的学生以多样的、适当的、有针对性的鼓励。将不同层次学生的作业进行区分，并进行不同层次的反馈。

7.3.4　翻转课堂教学模式

翻转课堂教学模式是近年来兴起的一种新型教学模式，随着网络和信息技术的飞速发展，翻转课堂教学模式迅速拓展到世界范围，受到了国内外教育界的广泛关注。

1. 翻转课堂教学模式的含义

翻转课堂教学模式是以网络信息化环境为依托，学习者通过课前对教师提供的教学视频、导学案等学习资源的自主学习来获取知识并提升能力，师生在课上共同完成协作探究、互动交流和答疑等活动的一种新型的教学模式。

2. 翻转课堂教学模式的教学目标

翻转课堂教学模式将教师对知识的传授和学生对知识的内化相结合，利用网络和信息技术的优势，培养学生的自主学习能力、协作学习能力、语言表达能力、分析问题和解决问题的能力等，通过课前自主学习、课上分组汇报、讨论、教师讲解答疑等流程达成教学目标，从而促进学生的全面发展。

通常翻转课堂教学模式如图7.3.3所示。

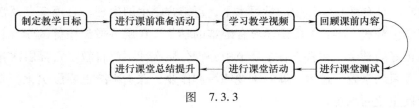

图 7.3.3

3. 翻转课堂教学模式的效能

翻转课堂教学模式真正体现了学习者的主体地位，不仅提高了学习者的自主学习能力、独立思考和解决问题的能力；通过小组合作、课堂讨论、教师答疑等环节提高了学习者协作学习能力和人际交往能力，大幅度增加了师生互动、学生间互动，提升了集体凝聚力；有助于小组负责人提高组织协调的领导能力。

7.3.5 探究式教学模式

1. 探究式教学模式的含义

探究式教学模式是学生在教师的指导下以探究的方式解决问题从而主动构建知识结构的过程。探究式教学模式更注重学生获得知识的过程，而不仅仅是获得的知识本身。在这一过程中，学生不再是被动的知识接受者，而是真正成了课堂的主人，教师则是组织者、引导者和参与者。

2. 探究式教学模式的教学目标

探究式教学是一种针对开放性学习的教学方式。在这一过程中，学生通过主动学习能够提升独立思考的能力，培养研究性思维和创新思维；这一教学模式还可以极大地调动学生学习的积极性；独立探索、思考，同学间讨论碰撞出的灵感也使得学生始终保有学习热情，学生将带着好奇心和对知识的兴趣去不断探索新知，从而培养学生好学、乐学的学习态度。

进行的基本步骤如图7.3.4所示。

提出问题 → 分析问题 → 收集信息 → 分析、交流 → 总结、反思

图　7.3.4

3. 探究式教学模式的效能

探究式教学模式强调学生的主动参与、学生创造性思维能力的培养等，注重学生的全面发展，同时使学生在教学过程中获得轻松、愉快的学习体验。下面我们详细研究数学探究式课堂教学模式。

7.4　数学探究式课堂教学模式的研究

数学探究性学习是在动态的教学过程中以问题为载体，创设类似知识发生发展的情境，让学生自己去体验、感受发现知识的再创造过程，使学生领略数学对象的丰富、生动且富于变化的一面，进而形成数学知识、技能和能力，发展学生数学情感、态度和思维等方面的品质。探究式教学模式在概念型和简单规律、法则的教学中使用较多。

7.4.1　数学探究式课堂教学模式的目标

1. 知识目标

通过数学探究性学习使学生获得必要的数学基础知识和基本技能，理解基本的数学概念、数学结论的本质，了解数学知识产生的背景及其应用，体会其蕴含的数学思想方法，提高分析数学问题、解决问题的能力。

2. 情感目标

通过数学探究性学习课堂教学过程的每一个互动环节，让学生体会学习数学的乐趣，保持强烈、持久、稳定的学习动机，坚持对数学学习保持积极、乐观、向上的态度。通过充分的自主探究、合作交流、积极思考，提高学生交流和处理信息的能力，树立学数学的信心以及锲而不舍进行钻研的精神和科学态度。

3. 应用创新目标

通过数学探究性学习课堂教学过程中实际问题情境的设置，引导学生把生活经验上升到数学知识，培养学生应用数学的意识和能力，鼓励学生积极进行创造性的思维活动，培养探索与创新精神，体现"数学学习的本质是学生的再创造"的过程。

227

7.4.2 数学探究式课堂教学模式的特点

1. 开放性

斯滕豪斯说："教育即引导儿童进入知识之中的过程，教育成功的程度即它引发的学生不可预测的行为结果增加的程度。"数学探究式学习是一种开放性的学习，即便是同样的问题，由于学习者个人生活经验、兴趣爱好、前期积累以及学习目的的不同，使得探究问题的视角、探究过程的切入点以及研究问题的方法等都可以有多种选择，从而实现目标开放、过程开放、结果开放。它强调个性化的学习活动过程，关注学生在这一过程中获得丰富多彩的学习体验和个性化的创造性表现。这种探究式的学习过程有助于培养学生的开放性思维和创新思维。

2. 主体性

主体性主要是指人在实践过程中表现出来的能力、作用、个人看法以及地位，即人的自主、主动、能动、自由、有目的活动的地位和特性。与之相反的，如果学生的学习是在一定的压力下被迫完成的，这种学习就是被动的、消极的，也就很难取得理想的教学效果。而探究性学习则变被动接受学习为主动探究，希望通过学生主动思考探究新知，这种教学模式充分尊重学生的主体地位，让学生真正成为课堂教学的主体，从而形成一种稳定而持久的学习内驱力，更好地实现自我知识的构建。

3. 创造性

培养创新性人才已经成为当今社会对人才培养的重要要求。而探究性学习通过学生独立思考和探索、充分发挥想象力、从教师提出的实际问题中提炼数学问题、进而积极解决问题的过程，能够培养学生的创新意识、创新思维能力和解决问题的能力。事实上，这一解决问题的过程就是一种创造的过程，充分体现了学生的探索精神和求异思维。

7.4.3 数学探究式课堂教学模式的分类

1. 数学概念课的探究式课堂教学模式

史宁中教授指出，数学要成为科学，第一个不可逾越的难关就是如何理解概念。概念的获得大致有两种方式：一种是概念同化方式；另一种是概念形成方式。前者的教学过程简明，可以比较直接地学习概念；后者的教学过程相比之下略为复杂。事实上，数学概念既是逻辑分析的对象，又是具有显示背景和丰富寓意的数学过程。因此必须让学生从概念的现实原型、概念的抽象过程、数学思想的指导作用、形式表述和符号化的运用等多方位理解一个数学概念。

（1）数学概念课的探究式课堂教学模式的理解

近年来，美国的杜宾斯基等人在实践中发展起来的 APOS 理论是一种建构主义学习理论，该理论指出，学生的学习过程是一种有层次的构建，其过程可以分为四个阶段：活动（action）阶段，过程（process）阶段，对象（object）阶段，图式（scheme）阶段。其中"活动"阶段是一种外部的行为，是学生理解数学概念的一个必要条件，通过"活动"让学生亲身体验、感受客观背景和概念间的关系；"过程"阶段是学生对"活动"的内化和提升，经历思维的内化、概括过程，学生在头脑中对活动进行描述和反思，抽象出概念所特有的基本属性并在大脑中进行构建；"对象"阶段是通过前面的抽象认识到了概念的本质，对其进行压缩并赋予形式化的定义和符号，使其达到精致化，成为一个思维中的具体对象，在以后的学习中以此为对象进行新的活动；"图式"阶段是将反映概念的特例、抽象过程、定义及符号结构等与原有的这个概念相关的其他概念、规则图形等进行整合，经过长期的学习过程，从而形成新的图式结构，如图 7.4.1 所示。

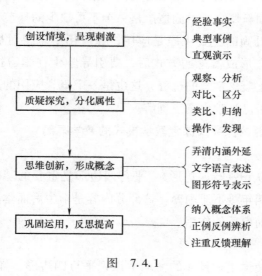

图　7.4.1

（2）数学概念课的探究式课堂教学模式说明

1）创设情境，呈现刺激。数学概念虽然抽象，但其往往都是从现实世界的具体问题中抽象出来的。创设情境，就是通过学生熟悉的生活中的问题为概念的呈现提供基础。对学生来说，"数学现实"就是他们的经验，所以结合学生的实际经验和学生的认知规律或学生关心的事物，可以提高学生对数学知识的直接体验，激发学生的学习兴趣，这需要教师根据具体的教学内容创设合情的、合理的、有针对性的、有目的性的情境。

2）质疑探究，分化属性。学起于思，思起于疑，疑则诱发探究。教师讲、学生被动接受的教学模式不利于学生对于数学概念的理解，而在探究式教学模式中，学生在教师的引导下，亲自参与数学活动，通过独立思考、分组讨论、自主学习等方式，对呈现的刺激模式进行观察、分析、对比、发现、归纳，对刺激模式的属性进行充分的分化、比较，进而培养学生从平常的现象中发现不平常性质的能力。

3）思维创新，形成概念。在分化、比较各种属性的基础上引导学生对刺激模式中的共同属性进行抽象，并从共同特征中抽象出概念的本质属性，概括形成概念。这一过程就是明确概念的内涵和外延的过程，是学生思维的再创造过程，这是探究性学习活动的重要环节。

4）巩固运用，反思提高。概念形成后，教师要采取适当的措施，使学生认知结构中的新旧概念分化，以免造成新旧概念的混淆。另外，应及时把新概念纳入已有的概念体系中，使之与学生已有的认知结构中的有关概念建立联系，同化新概念，并立刻巩固新概念。巩固概念是一个不可缺少的环节，这也是由知识向技能转化的关键。巩固的主要手段是应用，在应用中求得对概念更深层次的理解。当学生逐步学会形成概念的方式后，要引导学生在学习过程中自行定义概念。并能检验和修正概念定义的过程，这也是一个概念应用的过程，从中可看出概念的本质特征是否已被学生真正理解。

（3）数学概念课的探究式课堂教学模式的教学案例

1）教材分析。

教学内容是《认识平行四边形》。平行四边形是重要的基础几何图形，是苏教版小学数学教材四年级下册内容。这部分内容是学生后面学习平行四边形的面积的基础，具有承前启后的作用。

2）教学目标。

知识与技能：使学生在具体的活动中认识平行四边形，知道它的基本特征，能正确判断平行四边形；认识平行四边形的高和底，能正确测量和画出它的高。

过程与方法：使学生在观察、操作、比较、判断等活动中，经历探索平行四边形的基本特征的过程，进一步积累认识图形的经验，发展空间观念。

情感态度价值观：使学生体会平行四边形在生活中的广泛应用，培养数学应用意识，提高认识平面图形的兴趣。

3）教学重点、难点。认识平行四边形的特征，画平行四边形的高。

4）教学过程。

◆ 创设情境

1. 拼图游戏

教师：三角板是我们常用的学习工具，你能用两个同样的三角板拼出不同的图形吗？两人合作试一试。（学生合作拼图，教师巡视）

教师：谁愿意把自己的发现和大家分享一下？

学生：我拼出的是三角形（展示）。

教师：不错，还有其他拼法吗？

学生：我拼出的是正方形（展示）。

教师：很聪明，你是怎么拼的？

学生：我拼的是长方形（展示）。

教师：谁还有别的奇思妙想？

学生：我拼出的是个平行四边形（展示）。

[评析：拼图形活动，既让学生对各种平面图形有了直观的感性认识，又提高了学生的学习兴趣；使数学课更加生动活泼、有滋有味，学生更加喜爱数学。]

2. 揭示课题

教师：今天我们就专门来研究一下平行四边形。（板书课题：认识平行四边形）

◆ 质疑探究

（1）在生活中找平行四边形

教师：你在哪些地方见过平行四边形？

学生 1：伸缩衣架。

学生 2：学校地面砖上的花纹。

学生 3：我们家窗户上的防盗网上的图形也是平行四边形的。

教师：我们学校里也有很多平行四边形，一起来欣赏一下。（出示课件：门口的电动门、教学楼的楼梯、花园的篱笆）你能找到上面的平行四边形吗？

（叫学生上前来指）

教师：观察得很仔细，还有吗？（另叫一位学生指）

教师：你有一双善于发现的眼睛。

[评析：《数学课程标准》指出："学生的数学学习内容应当是现实的、有意义的、富有挑战性的。"根据学生已有的知识经验，联系生活实际，选择学生熟

悉和感兴趣的素材，吸引学生的注意力，激发学生主动参与学习活动的热情，让学生初步感知平行四边形。]

（2）根据长方形的特征初步猜测其特征

教师：（教师手拿长方形可变形的框架）来，同学们看长方形有哪些特征？

学生：对边相等，四个角都是直角。

教师：很棒，谁还有补充？

学生：对边分别平行。

教师：很全面，看老师变魔术了，（拉成一个平行四边形）成什么了？

学生：平行四边形。

教师：猜一猜，它有哪些特征？

学生1：对边相等。

学生2：对角相等。

学生3：对边平行。（教师不做任何点评）

[评析：学生从感性和直观上能够认识平行四边形，但条理清楚地说出具体特征相对来说是比较困难的。由长方形的特征来搭建一个台阶大体引出平行四边形的基本特征，对学生来说就像有了指路明灯，目标变明确了。]

（3）通过做平行四边形进一步感知其特征，使猜测更具体

教师：根据你的猜想，你能做出一个平行四边形吗？

学生：能。

教师：心动不如行动，好，听清要求，小组合作，利用手中的学具可以用摆一摆、围一围、画一画的方法来做，做完之后，再和小组内的同学说一说你是怎样做、怎样想的？好，开始。（教师巡视指导）

全班汇报交流。

教师：交流完的小组请坐端正。谁想把你的作品展示给大家？来，你来试一试。

1）在钉子板上围。

教师：大家看，这是平行四边形吗？

学生：是。

教师：你是怎么做的呀？

学生：上边这条边占了4个格，下边这条边也占4个格，这样这两条边就相等了，一拉就成了平行四边形了。

教师：说得很清楚，谁还有不同的做法？

2）在方格纸上画。

教师：这样画行吗？

学生：行。

教师：怎么画的？

学生：上面这条边占了5个格，稍微一斜，下面这条边也占5个格，然后用直尺连起来。

教师：说得很有条理。还有吗？

3）用小棒摆。

（让4根小棒全相等的小组在实物投影上展示）

（让2根长边相等、2根短边相等的小组展示）

学生：老师，我有个问题，我们小组的4根小棒不能围成平行四边形。

教师：（故意）哎，怎么回事？上来试一试。（学生围出的不是平行四边形）

教师：我这里有几根小棒，选一根再试试看。（学生慎重的选了一根）这次行了吗？

学生：行了。

教师：为什么？

学生：刚才这2根长的一样长，但是2根短的小棒不一样长，所以不能围成平行四边形，我选了一根和这根短的一样长的小棒之后就能围成了。

［评析：一个小小的教学环节的设计看似信手拈来，仔细推敲后发现它体现了老师的独具匠心。其构思、其技巧，不费一番心思是很难得来的。］

教师：也就是说要想围成平行四边形，上边这条边要和下边这条边——

学生：相等。

教师：左边这条边要和右边这条边——

学生：相等。

教师：简单地说就是——

学生：对边相等。

教师：中间再加一个词。

学生：分别。

教师：非常棒，把这个词作为一个礼物送给大家，让大家记到心里好不好？

（板书：对边分别相等）

教师：哎，你用的什么方法？来展示一下。

4）用直尺画两组平行线。

教师：说说你的想法？

学生：我横着沿着直尺的上下两边画 2 条平行线，再斜着把尺子随便一放，再画 2 条平行线，中间的这个图形就是平行四边形。

教师：也就是说你认为平行四边形的这两组对边是——

学生：平行的。

教师：好，我把它也写下来。（板书：对边分别平行）

［评析：这个环节的设计，本着以学生为主体的思想，敢于放手，让学生的多种感官参与学习活动，让学生在操作中体验平行四边形的特点；知识由学生自己去探索，规律由学生自己去发现，方法由学生们自己去寻找，结论由学生们自己去总结。课堂真正成了学生们自己创造的天地，而老师只是学生学习过程中的指导者和参与者。既实现了探究过程开放性，也突出了师生之间、学生之间的多向交流，体现了学生为本的理念。］

（4）通过验证，明确其特征

教师：通过刚才的操作，我们初步得出的这两条结论与开始的猜想相吻合，真理需要实践来证明，咱们来验证一下吧。拿出画有平行四边形的纸来，想一想，怎样来验证呢？开始。（教师把一张平行四边形纸贴在黑板上，然后巡视指导）

教师：对边分别相等怎么验证？

学生 1：用尺子量，上下两条边都是 10cm，左右两边都是 8cm。

学生 2：对折之后两边重合。

教师：谁上来验证一下对边分别平行呢？（学生用直尺和三角板进行验证）

教师：有科学的、严谨的态度，不久的将来你一定会是一位出色的数学家。

［评析：放手让学生自己验证交流，使学生在碰撞和交流中确切得出最后的结论。在这个过程中，学生充分展示了自己的思维过程，在交流与倾听中把自己的方法与别人的想法进行了交换和比较。］

（5）认识平行四边形的底和高

教师：老师碰到了一个小难题，想请大家帮帮忙，不知道大家愿不愿意？

学生：愿意。

教师：我们学校有一个平行四边形的草坪（指黑板上贴的平行四边形），想从中间铺一条水管，怎样铺最短？

学生：作一条垂直线段。

教师：谁想上来画一下？（指生上前边来用三角板画，教师提醒用虚线画，并画上直角标记，其他同学在画有平行四边形的纸上画）

教师：这条垂直线段就是平行四边形的高，对应的这条边就是平行四边形的底。（教师标出高和底，并把三角板稍微平移）这样的垂直线段是不是最短？

学生：是。

教师：猜一猜，这样的垂直线段有多少条？

学生：无数条。

教师：也就是高有——

学生：无数条。

教师：你能测量出以这条边为底的平行四边形的高吗？

学生：是 3cm。

教师：能以其他的边作为底来画一条高吗？

学生：能。

教师：要求画完之后并测量出来。（汇报交流）

◆ 巩固运用

教师：想一想，怎样用七巧板中的几块拼成一个平行四边形。

6）案例分析

把知识发生的背景置于生活情境中，体现了学有用的数学，引发他们强烈的探究愿望。

本节课教师通过对平行四边形的探究，培养学生的求异思维，发展学生独立解决问题的能力，培养学生的科学精神和创造力。

2. 数学命题课的探究式课堂教学模式

数学命题是数学知识的重要组成部分，也是提高数学素养的基础，相比之下，数学命题比数学概念更具有抽象性和逻辑性，因此它是数学课的又一重要基本课型。

（1）数学命题课的探究式课堂教学模式的理解

命题课教学中，应引导学生学会分辨命题的条件和结论，探索通过条件证明结论的思路。命题课教学的主要目的是，明确命题的内容、适用范围和成立条件、命题的证明过程，探究其论证过程中蕴含的数学思想、思维方法和典型的技巧。命题证明的思路宜采用"分析与综合相结合"的方法，即假定结论成立，逆推出其应具备的充分条件或从已知条件出发，分析其能推出的结果。还可以考虑是否需要添加辅助元素（线、角、元等），把欲证的问题进行分解、组合或其他转换。依据命题课的特点，构建探究性学习模式，如图 7.4.2 所示。

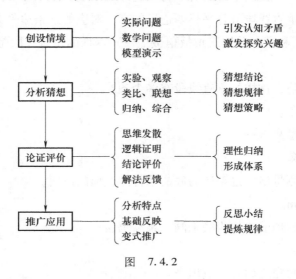

图　7.4.2

（2）数学命题课的探究式课堂教学模式的说明

1）创设情境。教师应根据教学内容和教学大纲要求，合理创设教学情境。创设情境的问题既可以是数学问题，又可以是生活中的实际问题，问题还可以多种形式展现，如文字描述、模型演示或者动画演示等。总之，创设情境的问题应具有趣味性、能够引起学生的认知冲突，同时具有启发性和探索性。

2）分析猜想。对于公式、定理等命题课的教学，不应仅仅满足于定理本身的证明和应用，应启发学生从发现者的角度去探索命题的发现过程。学生通过主动探索，逐步解决问题，从而获得新知。在这一过程中，教师可以根据不同的教学内容，引导学生去猜想结论、猜想规律和猜想策略。

3）论证评价。在这一环节中，学生可以在教师的引导下，对上一环节的分析猜想进行论证，给出严格的逻辑证明。教师应鼓励学生自主完成并展示证明过程，一方面给其他同学以启发，另一方面对于不够完善的地方，也可以请其他同学加以补充，充分调动学生的积极性，这种思维碰撞的过程也能够激发学生的潜力。

4）推广应用。公式、定理等命题经过理论证明后，要应用于解题以及实际问题中，这也体现了数学的应用性以及"实践—理论—实践"的哲学思想。通过这一环节，引导学生进行反思小结，对知识进行整理、规律进行总结、思想方法进行提炼，最终形成自己的观点。

（3）数学命题课的探究式课堂教学模式的教学案例

1）教材分析。本节是研究平行四边形性质的第一课时，是初中数学实验几何的重要组成部分。学生在学习和掌握了对称、旋转和全等等知识的基础上，能够进一步借助图形的运动来研究平行四边形的性质。本节不但是学习矩形、菱形、正方形等后继知识的基础，也是研究两角相等、两线段相等的一个重要工具。而且平行四边形的性质定理应用广泛，在现实生活与生产实践中也有着广泛的应用。

2）教学目标。

知识与技能：了解平行四边形的概念，掌握平行四边形边、角、对角线的有关性质，并会运用平行四边形的性质解决简单的问题。培养学生观察、分析、归纳知识的能力，以及发展学生的思维能力和有条理的表达能力。

过程与方法：体会通过数学活动、探索归纳获得数学结论的过程，感受平行四边形性质在解决问题中的作用。通过对问题解决的过程的反思，获得解决问题的经验，积累解决问题的方法。

情感态度价值观：通过积极参与数学活动，让学生学会在独立思考的基础上，积极参与对数学问题的讨论，享受运用知识解决问题的成功的体验，增强学好数学的自信心。

3）教学重点、难点。教学重点是让学生理解并掌握平行四边形的概念和性质；教学难点是通过数学活动让学生探索平行四边形的性质，培养学生学习的思维能力，规范学生在解题中的书写格式。

4）教学过程。

◆ 创设情境

教师：同学们，老师课前让你准备的两个全等三角形都准备好了吗？

学生：准备好了。

教师：这节课我们首先来进行一个拼图游戏，大家说好不好？

学生：好。

教师：请同学们拿出全等三角形，以小组为单位，把你手中的两个全等的三角形拼成一个四边形，看看哪个小组拼成的四边形最多？好，下面开始（学生开始活动）

［评析：通过进行拼图游戏，激发了学生强烈的好奇心和求知欲，增强学生对四边形的感性认识，为下面即将学习的平行四边形打下基础。］

教师：我刚才看了一些小组的作品，大家都能积极思考，拼出了不同的四边形，下面每个小组派一名代表把作品贴在黑板上。

教师：哪个小组先来？好，三组同学到黑板上展示。（学生展示）

教师：这是三组同学展示的作品，他们小组一共拼成了三种不同的四边形，非常好，其他小组有没有补充的？好，四组同学上来展示。（学生展示）

教师：四组同学又拼成了三组不同的四边形，也非常好，再有没有了？（学生沉思）

教师：好，没有了。刚才同学们用两个全等的三角形拼成了六种不同的四边形，非常好！

［评析：学生通过展示自己的作品，不仅活跃了课堂气氛，有效地调动了学生学习数学的积极性和主动性，而且能培养学生在独立思考基础上的合作交流能力，为更多学生提供在他人面前展示自己成果的机会，体验成功的喜悦。］

教师：请同学们看大屏幕（课件），这就是你们刚才拼出四边形，那么你能找出下面的四边形当中有哪几个是平行四边形吗？

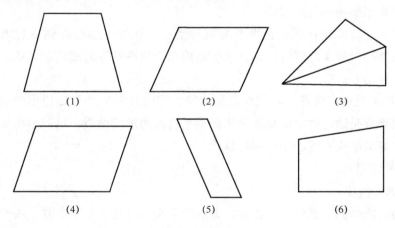

学生：（2）、（4）、（5）是平行四边形。

教师：好，你是怎样判断的？

学生：它的两组对应边都是平行的。

教师：嗯，两组"对应边"都是平行的，"对应边"？"对应边"这个概念我们以前好像在哪儿学过是不是？谁知道在哪儿学的？

学生：我们在六年级下册全等三角形这部分知识的时候学习过。

教师：嗯，这位同学的记性真好！今后，我们到了初三，在学习"图形相似"的时候也要用到对应边。但是，在平行四边形当中，相对的两个边不叫

"对应边"，应该叫"对边"，这个同学们要注意。

教师：那么同学们能给平行四边形下个定义吗？

学生：有两组对边分别平行的四边形就叫作平行四边形。

教师：好，归纳得相当准确。（板书：1. 定义：对边平行）

［评析：概念是数学基础性的知识，是数学教学中的一个重点内容，也是学生数学学习中的难点知识。因此，对概念的归纳必须是准确无误的，不能稀里糊涂地走过场，否则，容易使学生在学习后面知识的时候造成混淆。］

教师：看来呀，同学们对平行四边形还不太熟悉，下面我们共同复习一下平行四边形各部分的名称，请看大屏幕（课件）。

教师：哪位同学能起来回答一下平行四边形各部分的名称？

学生：平行四边形中两条相对的边简称（对边），相对的角简称（对角），相邻的角简称（邻角），不相邻两个顶点连成的线段叫作（对角线）。

教师：非常好，请坐。

教师：了解了平行四边形各部分的名称以后，我们再来学习一下平行四边形的表示方法，大屏幕上的这个平行四边形应该怎样表示呢？哪位同学能回答？（学生沉思）

教师提示：三角形的表示方法我们学过是不是？你可以仿照三角形的记法来表示平行四边形，想一想？（让学生到黑板上写出来）

教师：嗯，这位同学真聪明。

教师：（大屏幕展示课件）平行四边形可以记作"$\square ABCD$"，读作"平行四边形 $ABCD$"。

教师：对于平行四边形字母的书写，是有一定要求的，必须从一个顶点出发，按照顺时针或逆时针的方向依次书写，不能打乱顺序，这个大家要注意。

［评析：通过复习平行四边形各部分的名称以及学习平行四边形的表示方法，加深了学生对平行四边形的认识，同时也为学习平行四边形的性质做好了铺垫。］

教师：实际上我们的生活当中有很多平行四边形，你能举出几个例子吗？

学生：黑板、桌面、玻璃、晾衣架、伸缩门、小桥护栏、衣帽架、防盗门、篮球场。

教师：刚才同学说出了很多生活当中的平行四边形，老师这里也给大家准备了一些图形，一起来感受一下吧，看大屏幕。

［评析：通过举例，可以让学生认识到平行四边形在生活、生产中的广泛应

用，知道本节课的研究具有实际意义，从而激发学生的学习兴趣，引出本节课主题。]

◆ 分析猜想

教师：同学们，我们知道平行四边形的两组对边是互相平行的，那么除此之外，平行四边形的边和角还有没有其他的关系呢？下面我们就以小组为单位进行探究。首先，请同学打开你们小组的"智能袋"，老师给每个小组都准备了直尺、量角器、两个全等的三角形、两个相同的平行四边形和图钉。同学们可以任意的从中选择适当的工具或图形进行探究，好，下面开始。（学生以小组为单位进行探究）

教师：好。我看同学们都基本完成了，下面请各小组汇报一下你们探究的成果。

◆ 论证评价

教师：哪个小组先来？八组同学。

学生：我们小组首先用直尺测量出了平行四边形四条边的长度，发现了较长的一组对边的长度都是 25cm，较短的一组对边的长度都是 18cm，说明了平行四边形的对边是相等的。接着又用量角器量出了平行四边形四个角的度数，发现了较大的一组对角的度数都是 120°，较小的一组对角的度数都是 60°，说明了平行四边形的对角也是相等的。（学生演示）

教师：嗯，说得不错。八组同学采用了测量的方法，得出了平行四边形的对边是相等的、对角也是相等的。这种方法虽然比较简单，但是很节省时间，也很有实效，非常好。

教师：还有没有其他的方法了？好，请五组同学展示。

学生：我们组选择了两个完全相同的平行四边形，通过平移（学生演示），发现了两个平行四边形能重合到一起，说明了平行四边形的对边相等、对角相等。

教师：五组同学选择了两个完全相同的平行四边形，采用了平移的方法，使两个平行四边形能够完全重合，由此发现了平行四边形的对边相等、对角相等的性质。非常棒！

教师：还有吗？哇，还有这么多的同学举手啊！看来同学们探究的还是比较深入的，好，六组同学展示一下。

学生：把两个全等的三角形拼在一起（学生演示），像这样，就能组成一个平行四边形。我们知道，全等三角形的对应边相等，实际上，全等三角形的对应边就是平行四边形的对边，所以说平行四边形的对边是相等的。我们又知道全等三角形的对应角是相等的，那么这两个角加起来的和也应该是相等的（根据等式的性质），因此，平行四边形的对角也是相等的。

学生：我们组首先选用的是两个完全相同的平行四边形，然后把对角线的交点用图钉固定好（学生操作演示），然后再绕着这个点旋转 180°，这两个图形就能够完全重合，说明了平行四边形的对边相等、对角相等。同时可以看出点 O 是这两条对角线的中点。

教师：漂亮，太精彩了！刚才可能有的同学听得不太明白，下面我们对照大屏幕，来重温一下这位同学的方法。

教师：这位同学是参照了课本给我们提供的方法，把两个完全相同的平行四边形的对角线的交点用图钉固定好，然后再绕着这个点旋转 180°，发现能够与原来的图形重合，由此得到平行四边形的对边相等、对角相等的性质。同时还发现了点 O 是两条对角线的中点。这实际上是我们下节课所要学习的性质——平行四边形的对角线互相平分。看来，这位同学课前预习了，是不是？

学生：是的。

教师：好，同学们，课前预习是我们学习数学的一个重要的方法和手段，能给我们减轻不少学习知识的压力，所以，我建议我们大家都要向这位同学学习，养成一种认真预习的好习惯，大家说好不好？

学生：好。

［评析：通过小组合作交流及展示这一环节，不仅激发了学生学习数学的兴趣，使学生的语言表达能力得到了发展，而且更重要的是学生知道了数学定理证明的多样性，发展了学生的思维能力，开拓了学生的视野。］

教师：同学们真是爱动脑筋的好学生，总是有自己独特的思考问题的方式，不仅完成了自己的任务，而且还归纳出了我们下节课所要探究的性质，你们的表现真是让老师太高兴、太意外了，你们都是最棒的！谁能完整地叙述一下平行四边形的性质？

学生：平行四边形的对边相等，平行四边形的对角相等。

教师：非常好！

（教师板书：2. 对边相等；3. 对角相等）

教师：再有没有了？

学生：平行四边形的对边互相平行。

教师：真聪明！别忘了，平行四边形的定义实际上也是它的一条性质。

教师：这就是我们这节课所要学习的重点内容——平行四边形的性质。（板书：平行四边形的性质）

◆ 推广应用

教师：同学们，我们已经知道了什么样的四边形是平行四边形，也知道了平行四边形的性质，下面我们用平行四形的概念和性质，来解决有关问题，看问题1。

问题1：在平行四边形 $ABCD$ 中，在已知 $\angle A = 40°$ 的条件下，你能确定其他三个内角的度数吗？

学生：能。

教师：说说你的理由好吗？

学生：因为平行四边形的对角相等，所以 $\angle A = \angle C = 40°$，又因为平行四边形的两组对边分别平行，所以 $\angle A + \angle B = 180°$，$\angle A + \angle D = 180°$，所以 $\angle B = \angle D = 140°$。（根据学生回答，教师利用课件演示解答过程）

教师：非常好，请坐。

[评析：通过对问题的解决，巩固了平行四边形的对角相等的性质，同时根据平行四边形的定义又得出了"邻角互补"这一辅助性质，增加了知识的全面性。]

教师：我们再来看下一道题。（课件）

问题2：在平行四边形 $ABCD$ 中，在已知 $AB = 8$，周长等于 24 的条件下，你能算出其余三条边的长度吗？

学生：能。

教师：好，那么大家拿出笔来试一试，由哪两位同学上来给大家演示？

学生：解：因为平行四边形的对边相等，所以 $DC = AB = 8$，$AD = BC = 4$。

（教师在下面学生中巡视，对个别学困生进行具体的指导）

教师：很好。

[评析：通过对本问题的解决，让每位学生都亲身体验了平行四边形对边相等的性质在问题解决中的应用，同时培养学生的读题、审题的良好学习习惯。通过两位学生的黑板演示，初步规范平面几何的书写格式，教育学生要用科学的方法来分析问题和解决问题。]

教师：下面我们来看一个开放性问题。（课件）

问题3：在平行四边形 $ABCD$ 中，AC 是平行四边形 $ABCD$ 的对角线。

① 请你说出图中的相等的角、相等的线段；

② 对角线 AC 需添加一个什么条件，能使平行四边形 $ABCD$ 的四条边相等？

（先让学生认真读题、思考、分析，然后得出有关结论）

学生：因为平行四边形的对边相等、对角相等。所以 $AB = CD$，$AD = BC$，$\angle DAB = \angle BCD$，$\angle B = \angle D$，又因为平行四边形的两组对边分别平行，$\angle DAC = \angle BCA$，$\angle DCA = \angle BAC$。

教师：回答得很好（根据学生回答，板书有关正确的结论）由谁来回答第②个问题？

学生：只要添加 AC 平分 $\angle DAB$ 即可。

教师：你能说说理由吗？

学生：因为平行四边形的两组对边分别平行，所以 $\angle DCA = \angle BAC$，而 $\angle DAC = \angle BAC$，所以 $\angle DAC = \angle DCA$，所以 $AD = DC$，又因为平行四边形的对边相等，所以 $AB = DC = AD = BC$。

［评析：开放性问题，能留给学生更多思考问题的时间和空间，通过对新问题的解决过程，也是学生新知识的获得和巩固的过程，开放性问题更有利于培养学生的思维能力，让不同人都能体验成功的喜悦。］

（4）案例分析

本节课以情境为基础，激发了学生强烈的好奇心和求知欲，为后面的学习打下基础。教学过程中学生成了课堂教学的主体，成为知识的"发现者"和"创造者"，教学过程成为学生主动获取知识、发展能力、体验学习的过程。

在"分析猜想"这一环节中，由学生熟悉的平行四边形的两组对边平行出发，引导学生分组探究并发现平行四边形的边和角的关系，让学生在探究的过程中体会发现的乐趣，激发学生学习的热情。

在"论证评价"这一环节中，请学生分组展示，这一过程锻炼了学生的语言表达能力，学生通过其他小组的展示也开阔了视野，拓宽了思维。

在"推广应用"的环节中，引导学生利用平行四边形的概念和性质解决问题，并通过开放性问题培养学生的发散思维，增加了数学课的趣味性。

3. 数学解题课的探究式课堂教学模式

（1）数学解题课的探究式课堂教学模式的理解

美国数学家哈尔莫斯说："学习数学的唯一方法是做数学。"解题是学习数学必不可少的环节，解题课也是数学教学中重要的课型之一。一直以来，一种普遍的误解是将解题课理解为"题海战术"的训练，这种解题课模式虽然能够提高学生解题的熟练度，但却不利于学生思维能力的培养。事实上，解题课的基本功能是在概念课和命题课的基础上，巩固基础知识和基本概念，并能运用它们解决问题。而探究式教学模式能够使学生在教师的引导下主动思考，熟练掌握解题方法和技能，同时促进学生思维能力的发展。数学教育家波利亚在他的著作《怎样解题》中强调数学解题过程中解题者的主动探究是一种主动、积极的探索式学习。根据以上的理论依据，构建教学模式，如图 7.4.3 所示。

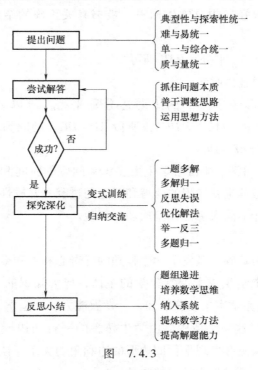

图　7.4.3

（2）数学解题课的探究式课堂教学模式的说明

1）提出问题。解题课的探究式教学模式要求教师依据教学目标，创设一系列的引导性问题，从而引导学生层层递进地解决问题。这里教师提出问题的质量显得尤为重要，这就要求问题注重典型性与探索性统一、难与易统一、单一与综合统一、质与量统一。

2）尝试解答。这是探究式课堂教学模式的重要环节，这一环节应充分体现学生在课堂上的主体地位，强调学生自主地探索、发现和创新。这其中教师在不影响学生主体性的情况下可以适度引导学生发现问题的本质，并在学生思路发生偏差时引导学生调整思路。解题的探究过程是个创造的过程，要善于运用联想、归纳、转化、数形结合、换元、配方等常用的数学思想方法，动手做、动眼察、动耳听、动笔写，逐步提高探究能力。

3）探究深化。这一环节包括变式训练和归纳交流两种途径。变式训练主要是对解决问题的多种变式的识别和把握，有助于学生发散思维和创新思维的训练。归纳交流是指在教师的指导下，学生可以在小组之间进行交流讨论，分享各自的探究成果，有利于学生之间的互助和提高。教师要抓住这一环节，引导学生真正把问题弄懂弄透，使其成为切实有效的锻炼思维的手段。在交流过程中，还应引导学生分析探究过程中失误的原因，找到避免这种失误的方法，做到"吃了一堑"，就要"长上一智"。归纳交流还应规范和优化解题思路和步骤。

4）反思小结。解题课的反思小结，重在使知识纳入系统，使方法得到提炼，使解题思路得以开阔。通过对本节解题课过程中的探究和学习，总结重点，反思不足，提高学生的数学思维能力。

（3）数学解题课的探究式课堂教学模式的教学案例

1）教材分析。教学内容是定理 $|a|-|b| \leqslant |a \pm b| \leqslant |a|+|b|$ 的应用解题课教学设计。

2）教学目标。

知识与技能：理解和掌握该定理，会用该定理求函数的最值；通过该定理的学习，培养学生创新思维能力，提高学生的分析问题、解决问题的能力，培养学生探究意识。

过程与方法：在本节课的学习过程中，学生可以通过独立思考或小组合作交流的形式解决问题，充分发挥教学中学生的主体性，探究用多种方法解决问题的学习方法。

情感态度价值观：使学生在学习过程中体会团结协作、互相帮助的氛围，感受解决问题的快乐，树立学习数学的自信心，养成勇于探索、克服困难的良好品质。

3）教学重点、难点。

教学重点：定理 $|a|-|b| \leqslant |a \pm b| \leqslant |a|+|b|$ 的应用。

教学难点：理解该定理的实质。

4）教学过程。

◆ 提出问题

教师：上节课我们学习了定理 $|a|-|b| \leqslant |a \pm b| \leqslant |a|+|b|$，也了解了它可以帮助我们求函数的最值，今天我们就来看一下，如何利用这个定理来求函数的最值。思考这个例题，求函数 $f(x) = |x+3|-|x-5|$ 的最小值。

（给学生几分钟思考时间）

◆ 尝试解答

学生 1：利用定理 $|a|-|b| \leqslant |a \pm b| \leqslant |a|+|b|$，因为 $|x+3| \geqslant |x|-3$，　　　　①

$$-|x-5| \geqslant -|x|-5,　　　　②$$

于是式①+式②得　　　　$|x+3|-|x-5| \geqslant -8$，　　　　③

即 $f(x)_{min} = -8$。

教师：非常好！你的主要过程是对的，但是不够严密。哪位同学能帮他补充这个小漏洞呢？

学生 2：这个过程当中，并没有强调取等号的条件。当 $f(x)$ 取最小值时，需要式③中取得"="，此时式①和式②中"="应同时成立。由定理可知：式①中 $x \leqslant -3$ 时取"="，式②中 $x \leqslant 0$ 时取"="。二者取交集，当 $x \leqslant -3$ 时，$f(x)$ 取得最小值-8。

◆ 探究深化

教师：完全正确，尤其是多个取等条件要取交集，非常准确。考虑一下，是否还有其他做法呢？

学生 3：我认为可以先去掉绝对值符号，把函数写成分段函数的形式，再来研究最值的问题。

$$F(x) = \begin{cases} -8, & x \leqslant -3, \\ 2x-2, & -3 < x < 5, \\ 8, & x \geqslant 5, \end{cases}$$

显然，当 $x \leqslant -3$ 时，$f(x)$ 取得最小值-8。

教师：这个办法很好，对于含有绝对值的不等式或函数问题，通过去绝对值符号化简函数，是非常常用的方法。

学生 4：老师，我还有一种方法。

设　　　　　　　　$|x+3|-|x-5| \geqslant m$，

则　　　　　　　　$|x-5|-|x+3| \leqslant -m$，

因为　　　　　　　$|x-5|-|x+3| \leqslant |(x-5)-(x+3)| = 8$，

所以　　　　　　　$|x+3|-|x-5| \geqslant -8$。

教师：老师非常高兴，同学们能够灵活运用定理，想到这样具有创造力的解法，这说明大家的潜力无限，那么我们再想想，还可以想到其他解法吗？

（听到这些话，同学们积极性高涨，努力思考）

学生 5：老师，我又想到另外一种解法。

因为 $\big|\,|x+3|-|x-5|\,\big| \leqslant |(x+3)-(x-5)| = 8$，

所以　　　　　　　　$-8 \leqslant (x+3)-(x-5) \leqslant 8$，

即　　　　　　　　　　$f(x)_{\min} = -8$。

教师：太棒了！通过这种解法，$\big|\,|a|-|b|\,\big| \leqslant |a\pm b| \leqslant |a|+|b|$ 作为 $|a|-|b| \leqslant |a\pm b| \leqslant |a|+|b|$ 的加强不等式，也是我们常用的解题的工具，同学们可以根据具体问题选择相应的不等式求解。还有其他方法吗？可以跟小组同学讨论。

（学生没有想到其他的办法）

教师：绝对值的几何意义是什么呀，从这个角度考虑，可以怎么解决这个问题呢？

教师：非常精彩，同学们在解题的过程当中，可以积极尝试不同的方法，大家一定可以感受到学习数学的乐趣。

◆ 反思小结

教师：这节课，我们尝试应用定理解决带有绝对值函数的最值问题，同学们表现得非常优秀，想到了多种方法解决同一问题，相信大家在这个过程当中，也能感受到探究问题的乐趣和解决问题的喜悦，希望大家能够懂得，解决问题是要不畏艰辛，只有勇敢的人才能攀登到光辉的顶峰，享受那幸福的喜悦。

（4）案例分析

通过本节课的学习让学生掌握基本的解题方法和技巧，这对沟通不同知识之间的联系，开拓思路、培养发散思维、求异思维，激发学生的兴趣都是十分有益的。

教学过程当中，学生在教师的引导下，通过独立思考或小组合作的形式探究和解决问题，充分体现学生的主体性，有助于学生自主学习能力的提升和主动思考习惯的养成。在反思小结的环节中，将知识和方法提炼，提高了学生总结和概括的能力。

在整个教学过程中，教师不断地引导和鼓励学生，一方面帮助学生有目标的思考，另一方面也树立了学生的信心，从而更加积极地参与到教学活动中，通过主动探究感受到学习的乐趣。在反思小结的环节中，教师不失时机地对学生进行情感和意志品德的教育，有利于提高学生的人文素养。

247

思考题 7

1. 数学教学方法的概念与实质是什么？

2. 数学教学方法与教学内容、教学模式的关系是怎样的？

3. 在数学教学中，如何更好地运用数学教学方法，激发学生的学习兴趣和热情？试举例说明。

4. 传统的数学教学方法与素质教育下新的教学方法有何不同？

5. 素质教育下课堂教学模式的原则和策略是什么？

6. 素质教育下的数学教学模式有哪些？在教学过程中是如何实施的？

7. 构建数学探究式课堂教学模式有哪些？举例说明。

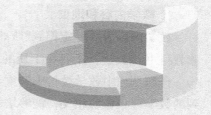

第 8 章

课堂教学案例与分析

8.1 活动——参与教学模式案例分析

8.1.1 教材分析

1. 教学内容和地位

教学内容为"一定摸到红球吗"（北京师范大学出版的义务教育课程标准实验教科书《数学》七年级上册的内容）。

概率是初中数学教材中的重要内容，这部分教学内容与学生日常生活中接触到的数学现象密切相关，能够培养学生数学应用的意识和创新能力。

2. 教学重点和难点分析

教学重点：正确理解日常生活中的可能事件、不可能事件和必然事件。

教学难点：培养学生应用数学探究实际问题的能力。

8.1.2 教学目标分析

1. 知识与技能

会区分必然事件、随机事件和不可能事件。

2. 过程与方法

经历猜测、试验、收集与分析试验结果等过程；初步体验、理解生活实际中的三种事件，并能应用于生活实际。

3. 情感态度价值观

通过试验，使学生感受数学活动的探索性；在活动中，发展学生收集信息、处理信息的能力和语言表达能力。

8.1.3 教学方法与学法分析

本节课主要采用了活动教学法，即主体参与为内容，以主体互动为过程，以主体构建为结果，通过主体参与来完成教学，实现发展的教学方法。在教学活动中，学生成为学习的主人，在学生自主活动的过程中实现教学目标。

8.1.4 教学过程

1. 创设情境

根据学生实际的生活背景，提出三个生活中的不同事件，引出本节课所要研究的问题。

2. 提出研究问题

例 1　用身边的素材进行试验研究。

活动要求：请同学们任意翻开课本，记录右边的页码，连续做五次，记录所得的五组数据，并根据试验数据分析以下几个问题：

1）"页码能够被 6 整除"这个事件是否一定会发生？

2）"页码大于 10000"这个事件是否一定会发生？

3）"页码小于 10000"这个事件是否一定会发生？

从以上几个问题的结论学生发现，有的事件一定会发生，有的事件一定不会发生，有的事件可能发生也可能不发生。

例 2　利用教材中的游戏分组进行试验研究。

对于右边的图形，"一定能摸到红球"这一事件是否一定会发生？为什么？我们把这样的事件称为必然事件。（板书：必然事件）

对于中间的图形，"一定能摸到红球"这一事件是否一定会发生？为什么？我们把这样的事件称为不可能事件。（板书：不可能事件）

对于左边的图形，"一定能摸到红球"这一事件是否一定会发生？为什么？我们把这样的事件称为不确定事件。（板书：不确定事件）

根据刚才的学习，请同学们思考一下，我们最初提出的三个问题分别属于这三类事件中的哪一种？

3. 解决数学问题

例 3　三种事件的实际应用。

教师给出事件，请学生判断。比如：

"太阳从东方升起"属于哪一类事件？

"掷骰子发现 7 点朝上"属于哪一类事件？

"过马路时恰好遇见绿灯"属于哪一类事件？

请学生自己举例，其他的同学判断该事件属于哪一类事件。

4. 拓展数学问题

比如，"地球绕着太阳转"是个必然事件；再比如，对于某个有四个选项的选择题，当我们不会做时，有的同学会选择抓阄决定选哪个答案，这时候能够选对这一事件就是随机事件。事实上，我们生活中有很多这种例子，同学们只要留心，就会发现数学就在身边。

8.1.5　教学案例分析

活动——参与教学模式中，教师在教学过程中引导学生自主参与活动，本节课中学生通过观察随机翻开教材中出现的两页的页码,发现不可能事件、必然事件和不确定事件,充分体现了活动教学中独立性的原则。

让学生分辨"不可能事件""必然事件""不确定事件"的教学过程中,请同学们自己寻找生活中的例子,使学生体会数学的广泛应用性,同时这也体现了开放性的教学原则。

8.2 自主——发展课堂教学模式案例分析

8.2.1 教材分析

1. 教学内容与地位

"圆的认识"是学生在认识了矩形、正方形、三角形、梯形等图形的基础上进行的,是小学阶段学习的最后一种平面图形。圆的学习是学生在认识发展上从直线到曲线的一次飞跃。通过圆的认识,不仅能够使学生更加清楚地了解生活中各种圆形设计的原理,提高分析问题和解决问题的能力,也为后面学习圆柱和圆锥打下了基础。

2. 教学重点和难点分析

教学重点:认识圆及其各部分的关系。

教学难点:圆的特征及用圆的特征解释生活中的问题。

8.2.2 教学目标分析

1. 知识与技能

认识圆及圆的各部分名称,掌握圆的特征,会用工具画圆。

2. 过程与方法

通过动手操作、观察、思考等自主探究活动,培养学生实践操作能力,发展空间能力。

3. 情感态度价值观

会用圆的相关知识解释生活中的一些现象,感受数学的应用性,激发学生学习数学的热情。

8.2.3 教学方法和学法分析

本节课主要采用了自主—发展教学模式,创设问题情境,恰当地引导学生探究圆的特征，发现生活中的圆形。在问题的解决过程中，获得了数学思想方法。在教学活动中，通过学生的自主学习发展学生的能力。

8.2.4　教学过程

1. 设计问题

教师：前两天，我在街边靠套圈游戏，迎来了一个熊猫玩偶，你们想要吗？

学生：想。

教师：我是靠套圈游戏赢来的，你们想要，也得靠套圈游戏从我这儿赢过去。谁想来试试身手。

（一学生上前尝试）

教师：给你一个圈，你站这边，我站这边。你们觉得，这个目标应该放在哪里？（向全班同学征求意见）

学生：中间。

教师：中间公平，就放中间。

（教师和一学生代表玩套圈游戏）

教师：套圈游戏玩完了，我们来理一理其中的数学道理。刚才我们两个人玩套圈游戏中，目标要放在中间位置的原因是什么？

学生：两个人到目标的距离一样。

教师：不错，会用数学语言来解释生活现象。再想一想，要保证游戏公平，目标位置只能在这一点吗？

学生：还可以放在这一竖排上的位置。

教师：在你们的脑海中把这条线给画出来（见图 8.2.1）。

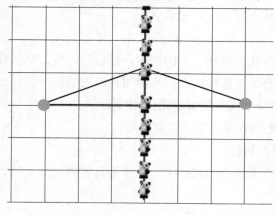

图　8.2.1

教师：你看，带着数学的眼光，我们能发现比游戏和奖品更有意思的事情，为你们头脑中具有的空间想象力和数学思维鼓掌！

2. 探究——自主探索

教师：看来玩套圈游戏好玩，想玩的举手。（学生纷纷举手）这么多人要玩，我们得筹划筹划，设计一个可行的方案。在目标位置已经确定的前提下，请设计一个公平的套圈游戏方案，用点表示参与者的位置，画出示意图。

（学生展示作品，学生拿投影展示，教师引导学生画出距离相等的线段）

教师：大家给出的方案，其实都是一种模型，就是"圆"，参与者的具体位置可能不同（教师在圆上随意标画几个点），如图 8.2.2 所示，但都处于圆形的边线上，也就是"圆上"，公平的原因在于它们到中心的距离是相等的，这个中心位置就是"圆心"，这些表示相等距离的线段，就是圆的"半径"。

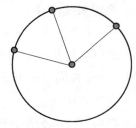

图 8.2.2

教师：我设计了一种多边形方案，让参与者站在多边形的顶点处。比如 5 个人玩，就让它站在正 5 边形的顶点，每个人到中心的距离也是相等的；6 个人玩，就让他们站在正 6 边形的顶点处，以此类推，也能保证游戏的公平，如图 8.2.3 所示。

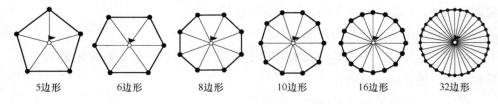

5边形　　6边形　　8边形　　10边形　　16边形　　32边形

图 8.2.3

教师：对于这种方案，大家怎么看？

学生：……

教师：圆其实是我们早就认识的图形，通过对这些方案的设计和对比，今天你们对圆这种图形有什么新的认识，你能用自己的话说一说什么是圆吗？

学生 1：圆上所有的点到中心的距离相等。

学生 2：可以把圆看成一个正无数边形。

3. 归纳——深入剖析

教师：在刚才方案设计的过程中，大家都自觉地画出了圆，你们是用什么工具画的？怎么画的？

（学生介绍用圆规画圆的方法）

教师：关于套圈游戏，刚才我们设计了方案，现在我们要把方案变成现实。我们要在地上画一个半径 1m 的圆，该用什么工具呢？

（学生看着手中的圆规，面面相觑，认识到圆规太小了）

教师：那该如何解决这个难题？

学生：用绳子来画，中心点不动，用绳子绕一周。（教师提供 1m 长的绳子让学生实地画圆）

教师：不动的这个点，就是圆心的位置，绳子的长度就是圆的半径。

教师：这个圆画好了，让我们再来套圈。

（教师为学生提供一个小圈，很多学生代表都不能将圈套进目标）

教师：让我来试一试。（教师悄悄从抽屉中拿出一个更大的圈来套，很容易就套中了）

学生：不公平，你的圈大，我的圈小。

教师：看来，圆是有大有小的。你的这个圆圈有多小？请所有同学都按它的实际大小画在一张纸上。如果全班同学在 1min 之内都能在纸上画出与它一样大小的圆，我就把这个礼物送给大家。

（学生开始自发讨论，商量，先用直尺量出圆上最长的线段，除以 2，得到圆形的半径，全班同学都用这个半径的数据用圆规画圆，在规定时间内所有同学完成画圆任务）

教师：任务是完成了，现在得要说服我们，这些圆到底是不是与小套圈一样大？你们怎么做的？依据的原理是什么？

学生：我先量出圆上最长的线段，它就是圆半径的两倍。

教师：也就是说，半径决定了圆的大小，要去找半径，就去量直径，依据的是半径长度是直径的一半；这些都建立在一个共识基础之上，那就是直径是圆上最长的线段。

（教师选择几个学生画在纸上的相同圆形，排列成整齐的一行）（见图 8.2.4）

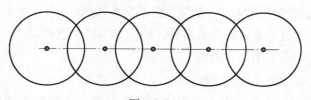

图　8.2.4

教师：再看这些圆形，大小相同的原因是都选用了相同长度的半径，也就是说，决定圆的大小的是半径。

教师：再看这些圆，有什么不同？

学生：位置不同。

教师：把这一副静止的图想象成一个动态过程，你有什么发现？

学生：这些圆在滚动。

教师：滚动了多远？你要测量从哪里到哪里的距离？我能来指一指吗？

（学生指出测量左右两侧的两个圆的圆心之间的距离）

教师：圆的滚动有什么特点？

学生：圆心在一条直线上。

教师：圆心在一条直线上运动的原因是什么？

学生：因为从圆心到圆上任意一点的距离处处相等。

4. 应用——同步拓展

教师：这样的滚动在生活中有没有实物的原型？

学生：轮胎。

教师：还有其他地方也有圆的应用吗？

学生：井盖、火锅……

学生：把数学与生活联系起来，你们真棒，看看成都的太阳神鸟图标和甘肃的月牙泉，你能从中发现圆形吗？

学生：成都的太阳神鸟是由两个大小不同、但圆心在同一个位置的两个圆构成的，月牙泉是由两个大小位置不同的圆构成的。

（教师为每一位学生发一个套圈游戏用的小圆圈）

教师：现在，你们可以和同学自由地玩一玩这个圆圈，边玩边想，你能找到圆圈在动，而圆心的位置不动的玩法吗？

学生：……

5. 小结——深化目标

教师：通过这节课的学习，你都学会了哪些知识？

学生 1：我知道了圆各部分的名称，圆心、半径和直径。

学生 2：我学会了用圆规画圆。

学生 3：我还学会了用绳子画圆。

教师：非常好！今天我们认识了圆，圆形也存在于我们生活中的各个角落，很多建筑正是因为有了圆形的设计才显得格外漂亮。我国古代数学家祖冲之在前人研究的基础上，将圆周率计算到小数点后七位，这一研究成果比欧洲早了将近一千年。希望同学们也能努力学习，将来为我们国家的发展做出自己的贡献。

8.2.5　教学案例分析

本节课的教学实践，以"游戏公平"为推动学生主动学习的内在线索，清晰呈现对圆的特征认识从表象到本质的递进过程，体验"缄默性"知识背后的思维活动过程，培养学生的空间观念。对空间观念的构建有着清晰地认知和实施策略：寻找"等距"源头，设计方案呈现"圆"的模型，"画圆"激发思维的活力，"找圆"回到生活，将学生自主探究的学习逻辑与数学学科本身的知识逻辑做了较好的融合，也循序渐进地展现了儿童几何思维发展的五个水平，整个学习全部由真实可见、可参与的"套圈游戏"贯穿，从两个人到多个人参与，学生可以真切感知到圆上的"无数个点"，"半径"就是目标与参与者之间的距离，"圆心"就是套圈目标所在的位置，体现了几何思维的"视觉"层次；全班学生要在短时间内共同画出一个等圆，必须对原来的模型圆进行直径特质、直径、半径长度关系进行分析；将多个静态的圆进行对比和联动，将数学中的圆与生活中的圆形物体和现象进行对应，需要进行想象、推理，体现了几何思维的"分析、演绎性和严密性"，正是因为具备了真实的问题情境和连贯、深度的思维性，才使得本课得以呈现出生动性和深刻性。

8.3　抽象——具体课堂教学模式案例分析

8.3.1　教材分析

1. 教材内容和地位

教学内容是"函数"（高中《数学》第一册上）。

函数概念是数学从运动的研究中引出的一个基本概念，它反映了客观世界中各种运动和数量的依赖关系，这个概念在科学研究和生产生活实际中有着广泛的应用，也因此在数学领域中占据了极为重要的位置。函数是中学数学尤其是高中数学的核心内容，在整个高中数学课程中充当着联系各部分代数知识的"纽带"，同时也为解析几何学习中的数形结合思想奠定了基础。

2. 教学重点和难点分析

教学重点：函数的概念、构成函数的三个要素、函数定义域与值域的求解。

教学难点：函数的概念、函数符号的含义及使用、函数定义域和值域的求解。

257

8.3.2 教学目标分析

1. 知识与技能

通过学习，使学生掌握集合论观点下的函数定义，认清函数关系的实质，理解构成函数的三要素，掌握函数的表示符号及含义，会求函数的定义域和值域。

2. 过程与方法

通过函数概念的学习，使学生初步具备利用函数表示现实世界两个变量关系的意识和能力，发展学生的抽象思维能力。

3. 情感态度价值观

使学生体会函数在模型建立过程中的作用。

8.3.3 教学方法和学法分析

为了更好地揭示函数概念的实质，教学中应注重把抽象的概念和具体案例相结合。通过解析式、图像和表格形式给出一些函数例子，使学生通过具体案例直观地感受函数的概念，探索变量之间的关系，从而帮助学生理解概念，更好地完成知识构建。

8.3.4 教学过程

1. 复习回顾

（1）复习初中函数的定义

教师：我们初中时学习过函数的定义，设在某变化过程中有两个变量 x 和 y，如果对于 x 的每一个值，y 都有唯一的值与它对应，那么就说 y 是 x 的函数，x 叫作自变量。请大家自己举一些函数关系的例子。

学生1：每个演算本3元，购买演算本的钱数与购买本数之间是一种函数关系。

学生2：小明以 4km/h 的平均速度前进，则小明步行的路程和时间的关系也是一种函数关系。

教师：初中函数定义的特点是表明了两个变量之间的一种依赖关系。用变量来描述函数，可以形象生动地描述事物的变化规律，但又有一定的局限性。

教师：考虑下面问题：

① "$y=2$" 是函数吗？ ② "$y=2x$" 和 "$y=\dfrac{2x^2}{x}$" 是同一个函数吗？"

学生：看起来很简单的问题，又不太确定答案。

教师：我们今天的内容将从另一个角度来定义函数，从而解决上述问题。

2. 新课讲授

（1）函数定义

教师：观察下面三个例子，见表 8.3.1 指出其 x 与 y 的对应关系。

表　8.3.1

函数关系式	$y = 2x$	$y = x^2$	$y = \dfrac{1}{x}$
x 与 y 的对应关系	乘 2	平方	倒数

学生很容易能够得到答案。

教师：再观察三个函数例子，归纳其共性。

1）自由落体运动中，距离与时间的关系函数式：$s = \dfrac{1}{2}gt^2$。

2）某校学生好奇心指标随年龄增长的变化规律如图 8.3.1 所示。

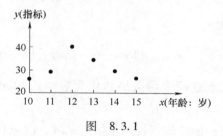

图　8.3.1

3）我国从 1998 年到 2002 年，每年的国内生产总值见表 8.3.2。

表　8.3.2

年份	生产总值/亿元
1998	78345
1999	82067
2000	89442
2001	95933
2002	102398

学生：一个变量会对应另外一个变量的值。

教师：严格地，共性可以总结为对于自变量集合中的任意一个元素，按照某种对应法则，因变量集合中都有唯一一个元素与其对应。

259

引导学生归纳出函数关系的实质：一个函数关系必须涉及两个数集和一个对应法则。函数关系实质上是表达两个数集的元素之间，按照某种法则确定的一种对应关系。这种"对应关系"反映了函数的本质。（这里教师要帮助学生认识图像、图表也是一种对应关系）

在此基础上，教师给出集合论角度下的函数定义。

教师：设 A、B 是非空的数集，如果按某个确定的对应关系，使对于集合 A 中的任意一个数，在集合 B 中都有唯一确定的数 $f(x)$ 和它对应，那么就称 $f:A{\rightarrow}B$ 为从集合 A 到集合 B 的一个函数，记作 $y=f(x)$，$x{\in}A$，其中，x 叫作自变量，x 的取值范围叫作函数的定义域，与 x 的值相对应的 y 的值叫作函数值，函数值的集合 $\{f(x)|x{\in}A\}$ 叫作函数的值域。

教师：回忆一下刚才的问题，根据定义判断"$y=2$"是否是函数吧。

学生根据定义说出自己的理解。

教师：函数学习贯穿高中教学始终，随着知识的积累，我们对函数的认识也需要不断地加深。在高中阶段我们要研究几种基本初等函数，有三角函数、指数函数和对数函数。

（2）函数的三要素

教师：再来考虑一下，"$y=2x$ 和 $y=\dfrac{2x^2}{x}$"是否是同一个函数呢？

学生：老师，我发现这两个函数虽然化简后形式相同，但它们的定义域不一样。

教师：对，事实上，函数的三要素包括定义域、值域和对应法则。只有两个函数的定义域、值域、对应法则完全相同的函数才是同一个函数。所以这两个函数虽然化简后形式相同，但因为定义域不同，所以它们并不是同一函数。

讲解过程中，有两个问题需要注意：

1）函数符号的含义。

在本节中我们初次引入了抽象的函数符号 $f(x)$，学生往往只接受具体的函数解析式，而不能接受 $f(x)$，所以教师应给学生讲清、讲透符号的具体含义。

2）定义域、值域的求解。

（3）例题分析

教师带着学生练习以下两个例题。

例4 求下列函数的定义域。

① $f(x)=\dfrac{1}{x-3}$；② $f(x)=\sqrt{x+2}$；③ $f(x)=\sqrt{x+1}+\dfrac{1}{2-x}$。

解：① 此函数的定义域应是使分式 $\dfrac{1}{x-3}$ 有意义的实数 x 的集合。当 $x \neq 3$ 时，分式有意义，所以此函数的定义域是 $\mathbf{R} - \{3\}$，即由实数集中除去 3 这个元素所组成的集合。可表示为 $\{x \mid x \neq 3\}$，也可表示为 $\{x \mid x < 3\} \cup \{x \mid x > 3\}$。

② 此函数的定义域是使根式 $\sqrt{x+2}$ 有意义的实数 x 的集合，即满足不等式 $x + 2 \geqslant 0$ 的实数解的集合。解不等式，得解集 $\{x \mid x \geqslant -2\}$。

③ 此函数的定义域是使 $\sqrt{x+1}$ 和 $\dfrac{1}{2-x}$ 同时有意义的实数 x 的集合，即由 $x+1 \geqslant 0$ 和 $2-x \neq 0$ 的解集的交集组成的实数 x 的集合。所以这个函数的定义域是 $\{x \mid x \geqslant -1\} \cap \{x \mid x \neq 2\}$，也可以表示为 $\{x \mid -1 \leqslant x < 2\} \cup \{x \mid x > 2\}$。

例 5　求函数 $f(x) = \dfrac{1}{x^2+3}$，$x \in \mathbf{R}$ 在 $x = 0$，1，2，a 时的函数值，并求函数的值域。

解：$f(0) = \dfrac{1}{0^2+3} = \dfrac{1}{3}$；　　　　$f(1) = \dfrac{1}{1^2+3} = \dfrac{1}{4}$；

$f(2) = \dfrac{1}{2^2+3} = \dfrac{1}{7}$；　　　　$f(a) = \dfrac{1}{a^2+3}$。

容易看出，这个函数当 $x = 0$ 时，函数取得最大值 $\dfrac{1}{3}$，当自变量 x 的绝对值逐渐变大时，函数值随着逐渐变小，但永远会大于 0。于是可知这个函数的值域为集合 $\left\{ f(x) \mid f(x) = \dfrac{1}{x^2+3} \right\} = \left\{ f(x) \mid 0 < f(x) \leqslant \dfrac{1}{3} \right\}$。

注：除了概念以外，函数定义域和值域的求解也是本节教学的重点。这里教师通过两个例题的讲解让学生理解定义域和值域的求解方法。值得注意的是，由于求解定义域和值域的过程其实也是集合的运算过程，因此教师在讲授的过程中要注意使用集合的语言和方法。对于函数定义域和值域的求解问题，高中阶段在学习了集合之后，均应用集合的表示方法表示。

3. 学生练习

1）已知函数 $y = x^2 + 2$，设定义域为 A，值域为 B。求：①函数的定义域 A；②函数的值域 B；③当 $y = 6$ 时，求 A 中对应的 x 值。

2）已知 $f(x) = \dfrac{1}{3x+5}$，求函数的定义域和值域。

4. 课堂答疑、小结

教师：本节内容是在初中函数知识的基础上进一步深化，从集合论的角度给出了函数定义，内容比较抽象，同学们还有哪些问题，可以提出。

学生提出疑问后，可以由同学讨论解决并解答，对于同学普遍疑惑的可由教师做出解答。

教师：同学们通过本节课的学习，都学会了哪些知识呢？我们来一起做一个总结。

学生：我学到了函数的概念、求解函数定义域和值域的方法，以及函数的三要素。

教师：非常好，希望同学们课后多做练习。

5. 布置作业 （略）

8.3.5　教学案例分析

本节课先从学生熟悉的简单函数入手，从而引出本节内容。通过具体实例的观察、分析和总结，使学生理解函数的概念，认识到函数关系的实质是两个数集之间的一种对应关系。

教师在授课时应规范地使用集合语言、符号和表示方法，并通过例题讲解和习题演练培养学生规范使用集合语言符号的能力和习惯。为培养和提高学生使用集合语言表述数学问题的能力，例题和练习题的选择也应注意体现集合的思想方法。

8.4　自主——合作课堂教学模式案例分析

8.4.1　教材分析

1. 教学内容和地位

教学内容是"有理数的乘法（2）"。有理数的乘法是有理数的基本运算之一，是后面学习实数运算、代数式的运算、解方程等问题的基础。乘法交换律的灵活运用可以简化运算，提高运算速度，能够帮助学生树立学习数学的信心。

2. 教学重点和难点分析

教学重点：乘法运算律的理解和运用。

教学难点：乘法运算律的灵活运用及运算中符号的确定。

8.4.2　教学目标分析

1. 知识与技能
掌握有理数乘法的交换律、结合律和分配律。

2. 过程与方法
使学生经历合作探究有理数乘法运算律的过程，培养学生观察、分析和概括的能力。

3. 情感态度价值观
培养学生团结协作的精神，通过数学问题的解决，体会成功的喜悦。

8.4.3　教学方法和学法分析

本节课主要以自主学习和合作学习相结合的教学方式，创设平等、和谐的教学环境，充分调动学生主动参与知识探索过程，培养学生的主动参与意识、实践意识和合作意识。

8.4.4　教学过程

教师：我们来看看课前延伸的第 1 题~第 3 题，分别类似于小学中学过的哪些运算律？

学生：第 1 题运用的是乘法交换律，第 2 题运用的是乘法结合律，第 3 题运用的是乘法的分配律。

教师：前面所探索的加法交换律、加法结合律对任意有理数仍然适合，在引入了负数这个新的成员之后，乘法运算律是否还会成立呢？

[评析：创设情境，回忆小学里的乘法交换律和乘法结合律、乘法分配律，让学生感受引入了负数后运算律是否成立，激发学生的求知欲。]

教师：现在，我们再来看这几道题。

1) $5×(-6)$；$(-6)×5$；

2) $[3×(-4)]×(-5)$；$3×[(-4)×(-5)]$；

3) $5×[3+(-7)]$；$5×3+5×(-7)$。

（以同桌两人为一组进行讨论，并把它们运算的结果及发现的内容写在黑板上与全班同学分享）

教师：很好，刚才几组同学都表现得非常好，当然下面的很多同学也都做得不错。从你们所运算的结果，我们共同发现了有理数也满足了乘法运算律。你能从上面几道题发现哪些有理数的运算律呢？

学生：1）说明有理数乘法具有交换律；2）说明有理数乘法具有结合律；3）说明有理数乘法具有分配律。

教师：非常好！我们来一起总结有理数乘法的运算律。

1）有理数的乘法交换律：两个数相乘，交换因数的位置，积相等。即 $ab=ba$（a，b，c 为任意有理数）。

2）有理数的乘法结合律：三个数相乘，先把前两个数相乘，或者先把后两个数相乘，积相等。即 $(ab)c=a(bc)$（a，b，c 为任意有理数）。

3）有理数的乘法分配律：一个数与两个数的和相乘，等于把这个数分别与这两个数相乘，再把积相加。即 $a(b+c)=ab+ac$（a，b，c 为任意有理数）。

注意："逆向"问题，也可以这样表示：$ab+ac=a(b+c)$，你们觉得要注意什么呢？

学生1：在运用乘法分配律进行计算时，应注意符号。

学生2：可以进行变形从而简化运算。

教师：总结你们的发言，具体的注意事项有：

1）这里的"和"不再是小学中说的"和"的概念，而是指"代数和"。

2）运用乘法运算律进行计算时，注意符号。

3）几个数直接相乘，有时计算量较大，要适当运用乘法交换律、乘法结合律。

4）有理数乘法运算时，有时可以反向运用分配律，逆用乘法分配律。

教师：下面我们一起来看几道例题。

例6 计算：

1）$30 \times \left(\dfrac{1}{2} - \dfrac{2}{3} + \dfrac{2}{5} \right)$；2）$4.98 \times (-5)$。

学生：第1）题直接运用乘法分配律进行计算，第2）题直接计算，但注意符号为负。

教师：动动脑筋，第2）题有更简单的方法吗？

学生：我知道，把4.98变形为（5-0.02），再用乘法分配律进行计算，这是小学里学过的简便计算。

教师：太好了。1）直接运用乘法分配律，注意符号；2）中这两个数直接相乘，计算量较大，若稍加变形，把4.98变形为（5-0.02）再利用乘法分配律，计算量就少得多了。

[评析：这部分的内容比较简单，老师要通过实例帮助学生理解和消化，让学生从感性的层面体验适当变形后用分配律能够简化计算。也可以让学生自己举例加以理解。]

教师：我们再来看这道例题。

例 7　$(-13) \times \dfrac{1}{3} + (-13) \times \left(-1\dfrac{2}{3}\right) + (-13) \times 2\dfrac{1}{3}$。

请你们观察后寻找解题方法。

请学生1，学生2到黑板上来板演解题过程，其余同学在自己的本子上做。

学生1：解：原式 $= -\dfrac{13}{3} + \dfrac{65}{3} - \dfrac{91}{3} = \left(-\dfrac{13}{3} - \dfrac{91}{3}\right) + \dfrac{65}{3} = -\dfrac{104}{3} + \dfrac{65}{3} = -13$。

学生2：解：原式 $= (-13) \times \left[\dfrac{1}{3} + \left(-1\dfrac{2}{3}\right) + 2\dfrac{1}{3}\right]$

$$= (-13) \times \left[\left(\dfrac{1}{3} + 2\dfrac{1}{3}\right) + \left(-1\dfrac{2}{3}\right)\right] = (-13) \times \left(2\dfrac{2}{3} - 1\dfrac{2}{3}\right)$$

$$= (-13) \times 1 = -13。$$

教师：这两位学生用了不同解法。方法1直接做题，先乘除，后加减；方法2用简便方法，很显然第2种方法简单。你们能帮我总结一下吗？

学生：在进行有理数乘法运算时，可以反向运用分配律，逆用乘法分配律。

教师：在学习了上面这些内容后，让我们接受更大的挑战吧。

例 8　计算：$-3.14 \times 35.2 + 6.28 \times (-23.3) - 1.57 \times 36.4$。

教师：这是一题较繁的计算题，能不能直接进行简便计算？

学生：不能。

教师：那怎么解决呢？直接进行计算？

学生：我仔细观察后发现3.14，6.28，1.57之间的倍数关系，所以可以逆用乘法分配律进行计算。

解：原式 $= -3.14 \times 35.2 + 3.14 \times 2 \times (-23.3) - 3.14 \times \dfrac{1}{2} \times 36.4$

$$= -3.14 \times 35.2 + 3.14 \times (-46.6) - 3.14 \times 18.2 = -3.14 \times (35.2 + 46.6 + 18.2)$$

$$= -3.14 \times (81.8 + 18.2) = -3.14 \times 100 = -314。$$

教师：他回答得太好了！让我们为他的精彩回答鼓掌。

[评析：本问题主要考查学生乘法分配律的灵活运用，同时考查学生发现规律的能力，因为问题较为复杂，在解决的过程中教师应适当点拨和启发，使学生能够顺利完成讨论。]

教师：下面完成几道练习题。

计算：1）$35 \times 5 \times \left(-\dfrac{1}{7}\right)$；　　2）$(-5) \times (-4) \times (-25)$；

3）$\left(-\dfrac{7}{8}\right) \times 15 \times \left(-1\dfrac{1}{7}\right)$；　　4）$\left(\dfrac{9}{10} - \dfrac{1}{15}\right) \times 30$；

5）$71\dfrac{15}{16} \times (-8)$；　　6）$-2.56 \times 4 + (-2.56) \times 3.5 + (-2.56) \times 2.5$。

教师：请6名同学板演，并由他们讲解每步的根据和目的，以及书写的规范化。

教师：纵观这道题的解答过程，你能总结得到什么？小组同学可进行交流。

［评析：当堂训练、当堂反馈的这一环节的实施不但使学生对所学的新知识得到及时巩固和提升，同时又使还存在模糊认识的学生对知识点的认识更加清晰，这就让学生在学习新知识的第一时间得到最清晰的认识，这正是高效的价值所在。］

教师：通过本节课的学习，你懂得了哪些知识？

学生1：本节课我们学习了有理数乘法的运算律，并能正确运用乘法运算律进行简化计算。

学生2：在计算中，有时将算式进行适当变形，有时用逆向分配律，运用技巧解决复杂计算问题。

学生3：在运用有理数乘法运算律时，要注意审题，从而达到简便而准确。

教师：好，今天就到这儿，请大家记好今天的作业，谢谢！

作业（略）

8.4.5　教学案例分析

本节课的模式与方法的选用与实施，使整个教学过程成了学生内心体验参与的过程、学生主动构建知识的过程、问题解决的过程、思维训练的过程、思想方法形成的过程、学习方法形成的过程、师生间、学生间的相互交流合作的过程，更是一个学生创新精神和实践能力培养、提高的过程。

在本课例中无论是问题引入、方程推导，还是例题的解决，都给予学生充分的时间进行尝试、研究、讨论，然后以不同的方式交流，有几个学生的、也有全班的。在这一过程中，教师走下讲台，走入学生中间，倾听学生的思路、讨论，把握学生的思维情况，及时调整课堂教学节奏，使全体学生都能信心百倍地投入教学过程。这样，不仅提供了学生自主学习的机会，也提高了学生自主参与学习的意识和信心。另外利用现代技术为学生创造一个更有利于群体间交流的活动环境，也充分体现以学生发展为本的现代教育思想。

8.5　网络——探究课堂教学模式案例分析

8.5.1　教材分析

1. 教学内容和地位

教学内容为"勾股定理"（北京师范大学出版的九年义务教育初级中学《数学》八年级上册的内容）。

勾股定理是初中数学教学内容中必不可少的一部分。它所反映的教学内容与学生平日接触到的数学现象及日常生活密切相关，是培养学生应用数学思维和创新能力的好素材。

2. 教学重点和难点分析

教学重点：勾股定理及其应用。勾股定理是平面几何中一个最基本、最重要的定理，也是以后学习解直角三角形的基础知识之一；勾股定理在生产生活中应用广泛，它不仅在数学领域，而且在其他自然科学领域中也得到了广泛应用。

教学难点：勾股定理的证明。勾股定理的证明方法有很多种，教材是通过构造图形，利用面积相等来证明的。学生对证明思路的获得感到一定的困难。

8.5.2　教学目标分析

1. 知识与技能

利用网络学会网上信息收集方法；了解有关勾股定理的历史及定理的证明过程；了解勾股定理的多种证明方法；掌握勾股定理的内容。通过学生自己搜索信息，提高了对信息加工和整合的能力。

2. 过程与方法

理解勾股定理证明的推导过程，培养学生自主探究的学习方法，能准确地表达自己的思路和观点；通过学生网上的归纳总结，提高了学生的自学能力及抽象概括能力。

3. 情感态度价值观

通过网络教学，学生感受到探索的乐趣，了解了我国古代有关勾股定理的历史，对学生进行德育教育；通过师生之间和学生之间的网上合作，培养学生的合作精神及集体主义观念。

8.5.3 教学方法和学法分析

在教学目标的指导下，采用"探索性学习模式"实施教学。这种方法是以建构主义理论为基础，以学生主动探索数学知识和强化创新意识为主要特征的研究型教学方式。在探索过程中经历"提出问题—分析问题—收集信息—交流分析—提炼总结—深化反思"六个不同的教学环节。在整个教学过程中，学生每个人一台计算机采取自主探索学习方式，自主选择途径获取信息，自己不能解决的问题可以通过小组讨论解决。教师的作用在于组织、点拨、引导。

8.5.4 教学过程

网络教学是以学生为中心，教师是组织者、引导者、参与者。利用网络创设情境，提供教学资源，充分调动学生的积极性。网络环境下的教学过程包括两个阶段：课前准备阶段和课堂教学设计阶段。

1. 课前准备阶段

网络环境下的教学，课前准备工作变得更加有意义。教师不仅要熟悉勾股定理的教学内容，还要搜集与教学内容相关的资料，了解网上资源的状况，适当建立索引或指南，便于学生从互联网上直接有效地获取信息资源。教师的教学思想与设计要在课件制作中体现出来，教师对教学中可能出现的问题要做出适当的预测。

2. 课堂教学设计阶段

1）提出问题、创设情境：建构主义认为，知识是学习者在一定的情境即社会文化背景下获得的。网络教学实现了这种建构意义下的学习环境过程，根据网络的特点、学生的认知结构及"勾股定理"的内容，提出主题。

首先，教师播放准备好的课件，通过几个典型的三角形，让学生观察每个三角形的特点及三边的关系怎样？学生很快回答出：三角形的三边关系是两边之和大于第三边、两边之差小于第三边。教师又说，对于特殊的直角三角形来说，三边除了具有上述这些关系外，是否还有特殊的关系？学生带着这些问题边观察、边思考。在这种情境中学生产生了探索的欲望。

其次，教师让学生用"几何画板"亲自动手做实验。画一个直角三角形，使它的两个直角边分别为3cm和4cm。画完后，量出第三条边的长度是5cm，让学生找出关系，教师在计算机上再演示，发现 $3^2+4^2=5^2$。此时，教师提出这就是今天的研究问题：勾股定理。

2）搜集信息：学生带着教师提出的问题，主动去搜集相关信息。为了防止学生在网络环境中"信息迷航"和"认知超载"，教师尽可能对搜索的过程和方法进行必要的提示。由于长期受传统教学模式的影响，学生自主学习的能力有一定的差距。教师应该针对不同的学生给予不同的指导，指导学生掌握如何自主选择最佳的学习途径，也可给出一些网址如：

http：//www. kepu. net. cn/gb/basic/szsx/8/8_81/8_81_1016. htm（总统巧证勾股定理）。

http：//www. 360doc. com/content/17/0227/19/37752273_632485909. shtml（勾股定理的多种证法）。

让学生直接搜索。起初教师的引导、帮助可能多一些，以后要逐渐减少，让学生自主探索。通过搜索对"勾股定理"的历史及证明方法有一定的认识，从而牢固地建立起学生自己的知识体系，逐步培养学生成为更熟练的信息处理者。

对于英语学得好的学生，教师可以介绍一些英文的网址，提高学生的学习兴趣。如：

http：//www. cut-the-knot. org/pythagoras/morey. shtml（欧几里得证明方法）。

http：//www. cut-the-knot. org/pythagoras/index. shtml#pappa（多个证明方法）。

通过了解中外证明勾股定理的不同方法，增加了学生的学习内容，开阔了学生的视野，同时了解祖国的悠久文化，对学生来说也是一次德育教育课。

3）信息交流：通过探索，学生找到了有关"勾股定理"的资料，把收集到的信息带到学习小组进行讨论交流，学生分成 3~5 人一组，展示各自下载的信息。通过交流得出了很多结论：

① 勾股定理的由来及历史：相传是古希腊数学家毕达哥拉斯于公元前 550 年首先发现的。其实，我国古代对这一定理的发现和应用，比毕达哥拉斯早得多。如果说大禹治水因年代久而无法确切考证，那么周公与商高的对话则可以确定在公元前 1100 年左右的西周时期，比毕达哥拉斯要早了五百多年。勾股定理的别称有：毕达哥拉斯定理、商高定理、百牛定理、驴桥定理和埃及三角形等。

② 勾股定理的内容：在直角三角形中，两条直角边的平方和等于斜边的平方。

③ 勾股定理的证明方法：据不完全统计，勾股定理的证明方法多达 400 多种。其中有：拼图法、弦图法、割补法、总统法等。下面介绍 2 种。第一种证法是我国古代著名的数学家赵爽发现的。他将一个大正方形的面积减去 4 个全等的

直角三角形的面积之和等于小正方形的面积，从而得到在直角三角形中，两条直角边的平方和等于斜边的平方，这就是"弦图法"。第二种证法是美国第二十任总统加菲尔德发现的。证明思路是上底为 a，下底为 b，高为 $a+b$ 的直角梯形，它是由腰长为 c 的等腰直角三角形和两个直角边为 a、b 的直角三角形组成的。用梯形的面积减去两个直角三角形的面积等于以 c 为腰的等腰直角三角形的面积，化简得 $a^2+b^2=c^2$，后人称为"总统法"。

④ 勾股定理的应用：可以解决已知直角三角形中边的计算；可以证明线段平方关系；可以解决一些实际问题。

4）归纳总结：在上述几个环节的基础上，让学生根据探索的问题，把交流中获得的知识、结论加以归纳整理，从定理的发现、内容、证明及应用，形成一个知识结构。如图 8.5.1 所示：

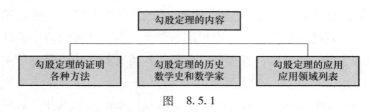

图 8.5.1

在这个过程中教师要发挥好主导作用，在学生归纳的基础上，教师进行必要的补充：①勾股定理仅适用于直角三角形。②勾股定理揭示了直角三角形三边之间的关系，只要知道其中的两边就能求第三边。③在记忆时，注意分清两直角边的平方和，而不是两直角边和的平方。④勾股定理的作用是能把三角形的形的特征（一角为 $90°$）转化为数量关系，即三边满足 $a^2+b^2=c^2$。⑤了解了勾股定理在国外称为毕达哥拉斯定理和英文的定理表述方法。

5）深化主题：通过自主探索，使学生从生动的史料中深入理解了勾股定理的历史文化价值和实际应用价值。学生通过反思网络的使用过程，认识到网络的学习价值。掌握了资源收集的基本方法，搜索资料时只要键入"勾股定理"这样的"关键词"就可以查到相关的信息。在这节中学生收集到的勾股定理的证法很多，通过对比找到了这些证明过程的共性，还找到了一些用没有学过的知识的证明方法，如构造相似三角形证法、射影定理证法、构造圆证法等，以及一些相关概念，如直角三角形的三条边均为自然数的一组数叫作勾股数。

8.5.5 教学案例分析

这节课充分发挥了网络教学的优势，教学设计充分体现"主导—主体"现代教学思想。彻底地改变了传统教学过程中学生被动接受信息的状态,学生能够自主地探索获取知识,愿意学习也学会学习,学生主动参与的意识提高了,获得的信息量也增加了。在教师指导下,通过网络资源,把学生引上探索问题之路,为学生构造一道靓丽的思维风景线,调动了每一个学生的学习主动性和创造性,体现了学生的主体地位,有利于学生潜能的开发和创造性思维的培养。

8.6 互联网——翻转课堂教学模式案例分析

8.6.1 教材分析

1. 教学内容和地位

教学内容为"一次函数与二元一次方程"。

"一次函数与二元一次方程"是在学生已经学习了一次函数和一元一次方程(组)的前提下,从更高的角度来认识一次函数与方程(组)间的关系。首先从函数的角度重新分析二元一次方程(组),再探究一次函数与二元一次方程(组)间存在的联系,在探究过程中一方面巩固了前面所学的知识,同时也为接下来的学习奠定了坚实的基础,另一方面在培养和提升学生的数形结合思想和函数思想等方面也起到了重要作用。

2. 教学重点和难点分析

教学重点:一次函数与二元一次方程(组)间的关系及其探究过程。

教学难点:运用函数和方程(组)的相关知识解决实际问题。

8.6.2 教学目标分析

1. 知识与技能

理解一次函数与二元一次方程(组)的关系;能利用函数图像写出二元一次方程组的解,能通过解方程组求直线的交点坐标。

2. 过程与方法

经历一次函数与二元一次方程(组)关系的探索及相关实际问题的解决过程;学会用函数的观点去认识问题,体会转化的思想方法、数学结合的思想方法、特殊与一般的思想方法。

3. 情感态度价值观

通过探究活动,养成严谨的学习态度;通过师生间、学生间交流与小组活动，感受学习的乐趣，体验数学的价值和神奇。

8.6.3 教学方法和学法的分析

在教学目标的指导下，采用"互联网——翻转课堂教学模式"实施教学。翻转课堂需要在信息化的环境中完成，是学生在课前完成对教师提供的学习资源的学习，师生在课堂上一起完成作业答疑、协作探究和互动交流等活动的一种教学活动。这种教学模式各个环节的设计都以学生的能力发展为目标，将学习过程的两个阶段——知识传授和知识内化进行颠倒，形成学生在课外完成知识学习、课上将知识内化吸收的新型教学结构。

8.6.4 教学过程

互联网——翻转课堂教学模式以学生为中心，强调学生的自主学习，同时形成多元互动，尊重学生的个体差异，让不同水平的学生都能得到发展。整个教学活动主要由三个部分组成：课前部分、课中部分和课后部分。

1. 课前知识传递部分

（1）教师活动

布置学生观看教学视频，发布自测练习题，根据学生的答题情况以及反馈的问题调整教学。

（2）学生活动

1）学生自主观看教学视频。

在教师的组织下，学生自行观看教学视频"一次函数与二元一次方程"，实现对本课知识和技能的理解和掌握。这一环节非常关键，关系到基于翻转课堂的混合式教学模式中的课堂活动部分能否顺利展开。因此学生在观看视频时要保持高度注意，把关键知识点和疑惑的问题及时记录下来，通过暂停或回放的方式解决疑惑。

2）学生自主完成自测练习。

在观看教学视频的讲解部分后，学生对一次函数与二元一次方程（组）的关系有了一定的了解，掌握了用图像法解二元一次方程（组）的方法。此时学生可以通过完成教师留下的自测练习检测自己的学习情况，再根据练习完成的情况由学生自己决定是否需要再次观看教学视频进行学习，及时解决完成自测练习时遇到的困惑，同时也能加深对所学知识与技能的理解和掌握。

3）学生自主学习反馈。

在学生完成观看教学视频和自测练习后，将自己在学习与练习中遇到的疑难问题在学习小组内交流，由数学课代表整理汇总提交给教师，再由教师对这些问题进行再次总结，从中提炼出具有探究性的典型问题，并以此设计课堂教学中的探究活动。这种反馈模式可以让学生及时反思自己的学习情况，也能让教师及时发现学生在学习过程中出现的问题，并能够给予针对性地解决，有利于提高教学效率。根据学生观看和练习后的反馈，大部分的学生都能够掌握本节的知识点，对于少部分学生来说，完全理解一次函数与二元一次方程（组）的关系还是较为困难的。除此之外，不少学生会容易在计算坐标时出现失误，导致画图时描点不正确，最后无法得到正确答案。

2. 课堂知识内化部分

（1）课前学习汇报

在上课的前几分钟内，随机抽取一组学生汇报课前学习的知识和遇到的问题，检查学生是否认真地完成了课前视频学习，汇报后其他学生可以提问质疑或对问题给予解答，再由教师根据学生的课前学习情况和汇报结果，将数学课代表汇总的问题再次重点讲解。

重点讲解内容如下：二元一次方程组的解与两条直线的交点坐标的对应关系，引导学生用函数的观点去看待二元一次方程组的解。

（2）发布课堂探究任务

任务一：已知 $\begin{cases} x = \dfrac{4}{3} \\ y = \dfrac{5}{3} \end{cases}$ 是方程组 $\begin{cases} x+y=3 \\ y-\dfrac{x}{2}=1 \end{cases}$ 的解，那么一次函数 $x+y=3$ 和 $y-\dfrac{x}{2}=1$ 的交点是_____；

任务二：解方程组 $\begin{cases} x-y=1 \\ 2x+y=5 \end{cases}$，你有哪些解法？

任务三：张老师在中国移动办理上网业务时，发现两种上网收费方式：方式 A 以 0.1 元/min 的价格按照上网时间收取费用；方式 B 每月收取 20 元基础费用，再以 0.05 元/min 的价格按照上网时间收取费用，他选择哪种方式更加划算？

（3）学生开展探究活动

学生根据教师基于一次函数和二元一次方程（组）的关系布置的探究性任务，先尝试独立思考完成作业，遇到困难则采取小组讨论的方式寻求解决，在这

273

个过程中，教师需要在观察学生参加活动情况的同时参与到讨论中去。当小组讨论出现争议或者无法解决的问题时，如不少学生对于任务三存在困惑，教师需要及时给予提示，让学生注意数形结合，当然，学生也可以随时向教师请求一对一指导。除了教师的帮助，还可以同学之间互助，教师要表扬主动上台讲解的同学并为其加上平时分作为奖励，激励学生积极思考、勇于发言。同时，教师要支持和鼓励学生从不同角度去思考和解决问题，促进学生对问题有全面的了解，形成多样化解题思维。

这个环节是基于翻转课堂的混合式教学模式的一大优势，把课堂交还给学生，让学生成为课堂活动的主体，教师在其中发挥着引导和辅助的作用。在这种模式下，教师既能为学生提供贴心的一对一辅导，让学生的问题得到及时解决，又能满足学生个性化学习和能力发展的需求。良好的课堂气氛让学生间的互动更加积极，锻炼了学生的交流表达能力，培养了学生的合作精神和创新意识。

（4）探究成果展示

在探究活动结束后，学生整理自己独立探究和小组合作探究的成果并在全班进行汇报，各个小组争相发言，教师随机抽取了1、2、4三个小组中的成员在黑板上进行了成果展示，通过展示促进学生间的信息共享。任务一较为简单，只要理解了一次函数与二元一次方程组的关系，立刻可以得出答案。任务二也不难，学生很容易想出代数法和图像法两种解题方法，同时总结出两种方法各自的优点，即图像法可以直观地得到答案，而代数法得到的结果更为准确。任务三则是一道应用题，需要用所学知识解决实际问题，因此首先要读懂题意，再找到合适的解决办法，每个小组都想到了要列方程组，设上网时间为 x，方式 A 收费为 $y_A = 0.1x$，方式 B 收费为 $y_B = 20 + 0.05x$，在同一直角坐标系中分别画出这两个函数的图像，找到交点坐标，再结合图像就很容易得到问题的答案。但第二组还提出了另一种解题方法，即设上网时间为 x，设按照方式 A 和方式 B 收费的差为 y，可以得到一次函数 $y = 0.05x - 20$，然后画出该函数的图像，再找到图像与 x 轴的交点，也很容易得到问题的解决。在展示探究结果的时候，很多同学也分享了自己在探究过程中遇到的问题、解决的思路以及情感态度的体会。这样让学生达到知识的内化，同时产生学习成就感，进而提高学习数学的兴趣。最后由教师补充强调：并不是所有的二元一次方程（组）求解都适合用图像法，要具体问题具体分析，选择最合适的方法。

（5）成果评价反馈

在探究成果汇报完毕后，由其他小组对以上三个小组展示的内容进行评价，指出汇报内容的好与不好之处，教师在学生评价的基础上补充和纠正。

该环节的进行旨在通过过程性评价获取有助于完善教学的反馈信息，学生参与活动的状态及各方面能力的发展，总结出今后开展基于翻转课堂的混合式教学活动时的注意事项。

3. 课后巩固环节

教师在课后发布拓展任务，为了满足学生个性化学习的需要，从题库中选取不同难度的题目供学生选择。教师根据学生提交的课后作业的完成情况进行评价，把优秀作业上传公共平台进行展示，并给予加分奖励。

任务一：知识技能拓展。

在同一直角坐标系中画出直线 $y=2x+10$ 与 $y=5x+4$ 的图像，根据图像回答下列问题：

1）方程组 $\begin{cases} 2x-y=-10 \\ 5x-y=-4 \end{cases}$ 的解为多少？

2）不等式 $2x+10<0$ 的解集为多少？

3）不等式 $2x+10<5x+4$ 的解集为多少？

任务二：综合能力拓展。

如图 8.6.1 所示，l_1 和 l_2 分别表示一种白炽灯和一种节能灯的费用 y（费用 = 灯售价+电费，单位：元）与照明时间 x 的函数图像，假设两种灯的使用寿命都是 2000h，照明效果一样。

1）根据图像分别求出 l_1 和 l_2 的关系式；

2）当照明时间为多少时，两种灯的费用相同；

3）小明房间计划照明 2500h，两种灯各买一个，请你帮他设计最省钱的用灯方式。

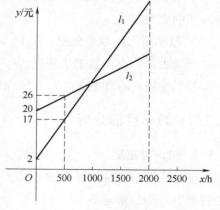

图 8.6.1　综合能力拓展题图像

任务一除了本节一直强调的需要注意数形结合之外，同时要联系之前所学过的不等式的相关知识。任务二是一个综合应用题，比起课堂探究的综合题，这一题对学生看图获取信息的能力要求更高，计算也更加复杂。

8.6.5　教学案例分析

在设计一节基于翻转课堂的混合式教学课时，要注意的问题有很多。首先，要在课前做到有效的知识传递，让学生带着知识走进课堂，这对教学视频的选择提出了要求。其次，要保证通过课堂探究活动让知识最大程度的内化，这要求教师在设计课堂探究活动时以发挥学生主体性为前提，调动学生的积极性。再次，为了在课后对所学知识进行有效巩固，教师要安排合理的拓展任务，让学生的应用能力在完成任务的过程中得到锻炼。

8.7　引导——发现课堂教学模式案例分析

8.7.1　教材分析

1. 教学内容和地位

有理数的加减法是整个初中数学的一个基础，它直接关系到有理数运算、实数运算、代数式运算、解方程、研究函数等内容的学习。有理数的加减法是本章的一个重点，本节内容的学习将关系到学生能否接受和形成有理数范围内进行各种运算的思维方式。

2. 教学重点和难点分析

教学重点：有理数加法法则。

教学难点：有理数加法法则的探索。

8.7.2　教学目标分析

1. 知识与技能

使学生理解有理数加法的意义，初步掌握有理数加法法则，能够运用加法法则进行有理数加法运算。

2. 过程与方法

1）通过足球净胜球问题的研究，探索有理数加法的运算规则，培养学生数形结合的能力。

2）通过有理数加法的运算，培养学生的运算能力。

3. 情感态度价值观

1）通过合作交流，使学生经历观察、比较、推断、归纳形成一般规律的过程，体验数学规律探索的过程，形成数学探究的积极态度。

2）通过实际例子的引入，激发学生学习数学的兴趣。

8.7.3　教学方法和学法的分析

按照建构主义原则，以学情制定教法与学法，根据学生思维的最近发展区，以学生熟悉的生活中的问题引导学生成为知识的发现者。本节内容通过引例，引导学生发现有理数加法的运算法则，使学生通过学数学、做数学的过程实现对知识的再创造和主动构建。教学过程中充分体现教师的主导地位和学生的主体地位，通过精心设计问题，激发学生的求知欲和学习兴趣，在愉悦的体验中学习知识、培养能力。

8.7.4　教学过程

1. 知识引入

教师：正有理数及 0 的加法运算，在小学已经学过，然而实际问题中做加法运算的数有可能超出正数范围。例如，足球循环赛中，可以把进球数记为正数，失球数记为负数，它们的和叫作净胜球数。假如，红队进 4 个球，失 2 个球；蓝队进 1 个球，失 1 个球。

于是红队的净胜球数为 4+(-2)，蓝队的净胜球数为 1+(-1)。

这里用到正数和负数的加法，这样的加法该怎样进行运算呢？下面就让我们一起来探讨"有理数的加减法（一）"。

学生：领会新课意图，主动投入到学习中。

2. 讲授新课

教师：看下面的问题：

一个物体做左右方向的运动，我们规定向左为负，向右为正，向右运动 5m 记作 5m，向左运动 5m 记作-5m；假如物体先向右移动 5m，再向右移动 3m，那么两次运动后总的结果是什么？

学生：两次运动后物体从起点向右移动了 8m，写成算式就是 5+3=8。

教师：假如物体先向左运动 5m，再向左运动 3m，那么两次运动后总的结果是什么？

学生 1：8m。

学生 2：不明白。

教师：这个问题中，物体运动的方向有正有负，这和我们之前学习过的数轴

有些类似，那么我们是否可以用数轴来分析呢？（引导学生通过已知解决未知）

学生展开讨论。

学生3：我们把数轴的原点作为第一次运动的起点，第二次运动的起点是第一次运动的终点，有第二次运动的终点与原点的相对位置得出两次运动的结果。两次运动后物体从起点向左运动了8m。

教师：怎样用算式表示？

学生：5+3＝8。

教师：假如物体先向右运动5m，再向左运动3m，那么两次运动后总的结果是什么？

学生：两次运动后物体从起点向右运动了2m，写成算式就是5-3＝2。

利用数轴，求以下状况时物体两次运动的结果：

1）先向右运动3m，再向左运动5m，物体从起点向＿＿＿运动了＿＿＿m。

2）先向右运动5m，再向左运动5m，物体从起点向＿＿＿运动了＿＿＿m。

3）先向左运动5m，再向右运动5m，物体从起点向＿＿＿运动了＿＿＿m。

教师：同学们，请你们自己利用数轴进行分析，完成填空。

学生：边看课本边完成填空。

教师：教师巡察，关心有困难的学生，了解各小组自主学习的进展状况。

小组讨论。

教师：巡察了解各小组的完成状况，准时收集信息。

学生：完成后各小组成员相互沟通。

教师：请各组选派代表发言。

学生1：（第一组）依次填（1）左；-2；（2）没走；0；（3）没走；0。

学生2：（第二组）（1）左；-2；（2）左或右；0；（3）左或右；0。

教师：以上两种答案，哪种比较准确？

学生：（大部分）第二种。

教师：能说说理由吗？

学生：因为向右运动5m记作5m，向左运动5m记作-5m，两次运动的结果是5+（-5）＝0。

教师：说得真好！那第一题和第三题用算式怎样表示？

学生：3+（-5）＝-2；-5+5＝0。

教师：我们再看下面的问题：

假如物体第一秒向右（左）运动5m，第二秒原地不动，两秒后物体从起点向右或向左运动了多少 m？

学生：5m。

教师：怎样列算式？

学生：5+0=5。

学生：或（-5）+0=-5。

教师：两位同学回答正确吗？

学生：（全体）正确。

教师：回答得特别好。

如今我们来观看上面得出的 7 个式子，你能发现什么规律？

① 5+3=8；② 5+3=8；③ 5-3=2；④ 3+（-5）=-2；

⑤ 5+（-5）=0；⑥ （-5）+5=0；⑦ 5+0=5 或（-5）+0=-5。

教师：同学们在观看时，留意考虑它的符号，同桌之间相互商量。

教师：下面请同学说说自己的发现。

在学生回答的基础上，教师适当补充得出有理数的加法法则：

1）同号的两数相加，取相同的符号，并把肯定值相加。

2）肯定值不相等的异号两数相加，取肯定值较大的加数的符号，并用较大的肯定值减去较小的肯定值。互为相反数的两个数相加得零。

3）一个数同 0 相加，仍得这个数。

3. 巩固提高

教师：如今我们来解决本章开头提出的问题：

① 4+（-2）=？② 1+（-1）=？

学生：4+（-2）=2；1+（-1）=0。

教师：你依据有理数加法法则的第几条？

学生：第二条。

例 9　计算：

① （-3）+（-9）；② （-4.7）+3.9。

例 10　在括号里填上合适的数，使以下等式成立。

① ____+11=27；② 7+____=4；③ 7+（-4）= ____；④ （-9）+____=9；

⑤ （-8）+____=-15；⑥ 12+____=0；⑦ ____+（-1）=-6。

教师：哪位同学上黑板演算例 1？

学生 1：上黑板板演。

教师：下面请一位同学口答例 2。

学生 2：回答。

集体纠正。

4. 课堂小结

教师：这节课学习了什么内容？

学生 1：有理数的加法。

学生 2：有理数的加法法则。

教师：在实际生活中有什么作用？

学生 3：可以用来解决生意中的盈利问题。

学生 4：解决足球赛中的问题。

教师：有理数的加法在我们的日常生活中随处都可用到，有待同学们去挖掘。

8.7.5 教学案例分析

利用引导发现法教学，能使学生主动地发现问题，并通过研究、探讨，自己能够解决问题，培养了学生发现问题并解决问题的能力；通过具体问题的引入，一方面提高学生的学习兴趣，另一方面使学生感受数学在实际生活中的应用。

参 考 文 献

[1] 马忠林. 数学教学论 [M]. 南宁：广西教育出版社，1996.

[2] 张雄. 数学教育学概论 [M]. 西安：陕西科学技术出版社，2001.

[3] 孙杰远. 现代数学教育学 [M]. 桂林：广西师范大学出版社，2004.

[4] 田万海. 数学教育学 [M]. 杭州：浙江教育出版社，1991.

[5] 张奠宙，唐瑞芬，刘鸿坤. 数学教育学 [M]. 南昌：江西教育出版社，1991.

[6] 张奠宙，宋乃庆. 数学教育概论 [M]. 北京：高等教育出版社，2004.

[7] 翁凯庆. 数学教育学教程 [M]. 成都：四川大学出版社，2002.

[8] 鞠翠美. 教学反思的策略与方法研究 [J]. 学苑教育，2013（11）：29.

[9] 魏作霖，张锐. 数学新课程对教案编写的新要求 [J]. 数学教学研究，2010，29（4）：61-64.